U0161172

网络优化选论

张丽华　程丛电　编著

科学出版社

北京

内 容 简 介

本书共 8 章. 第 1—4 章是关于网络流的, 其中第 1 章讲述网络流的基础知识; 第 2 章讲述多商品网络流; 第 3 章研究几个具体的多商品网络流问题; 第 4 章介绍路径泛函. 第 5—8 章是关于车辆路径的, 其中第 5 章综述求解标准车辆路径问题的文献并介绍四种经典模型; 第 6 章讨论绿色车辆路径问题; 第 7 章研究周期车辆路径问题; 第 8 章讨论满载车辆路径问题. 每章后面都列出了参考文献. 另外, 2.4 节里的算法 2.1、算法 2.2, 3.1 节里的算法 3.1, 6.1 节里的禁忌搜索算法、遗传算法, 7.2 节里的改进的 C-W 节约算法、改进的最近邻算法, 8.2 节里的遗传算法, 都是用 MATLAB 来编程实现的, 读者可扫描封底左下角的二维码获得这些算法的 MATLAB 程序的电子版.

本书可用作相关科研与技术人员的参考资料, 以及相关专业研究生的参考教材.

图书在版编目 (CIP) 数据

网络优化选论/张丽华, 程丛电编著. —北京: 科学出版社, 2021.6
ISBN 978-7-03-068321-2

Ⅰ. ①网⋯　Ⅱ. ①张⋯②程⋯　Ⅲ.①最短路-研究　Ⅳ. ①O157.5

中国版本图书馆 CIP 数据核字 (2021) 第 043744 号

责任编辑: 王丽平　李　萍 / 责任校对: 彭珍珍
责任印制: 吴兆东 / 封面设计: 无极书装

科 学 出 版 社 出版
北京东黄城根北街 16 号
邮政编码: 100717
http://www.sciencep.com

北京厚诚则铭印刷科技有限公司　印刷
科学出版社发行　各地新华书店经销
＊
2021 年 6 月第 一 版　开本: 720 × 1000　B5
2024 年 3 月第二次印刷　印张: 16 1/4
字数: 330 000
定价: **118.00 元**
(如有印装质量问题, 我社负责调换)

前　　言

随着社会的向前发展, 特别是电子商务和互联网络的出现与发展, 实际生产中与网络相关的问题越来越多, 因此出现了各种类型的网络, 如交通网络、通信网络、社会网络、互联网络等. 寻求满意地解决相关网络问题的研究叫做网络优化, 如社交网络优化、公路网络优化、物流网络优化等. 顺应发展趋势, 学术界有关网络优化的文章增长迅猛, 新的研究方向不断涌现, 网络优化问题基本理论和应用的研究也在不断地深入与完善, 一些关于网络优化方面的非常好的专著陆续出版. 本书与其他著作不同, 有自身特点. 本书的特色是介绍了网络流和车辆路径问题中某些比较前沿和热门的问题, 包括建立的一些数学模型和求解方法, 特别是, 较详细地介绍了作者在这些方面的研究成果.

本书经长期酝酿, 意在简明地介绍一些相关的基础知识和研究动态, 以及某些近期的研究成果, 并努力展示它们的联系与共性, 以使更多的人能够较好地学习与应用这些网络优化的理论和方法, 增强学习兴趣, 掌握研究动态, 把握新的研究问题, 从而能够更好地运用这些知识投入研究与解决实际问题.

第 1—4 章由程丛电编著, 这部分主要讲述网络流的基础知识与某些新的研究成果. 第 5—8 章由张丽华编著, 这部分主要讲述车辆路径方面比较前沿的内容与一些新的研究成果, 如周期车辆路径问题和绿色车辆路径问题, 并且在各章中对相应车辆路径问题的国内外文献做了较为详细的综述和述评.

本书可以作为相关科研与技术人员的参考资料, 以及相关专业研究生的参考教材.

本书的出版得到了沈阳师范大学学科专项经费 (计算数学, 054-91900304003) 的资助, 还得到了沈阳师范大学数学与系统科学学院的资助. 在本书的编写过程中, 科学出版社给予了大力的支持, 责任编辑王丽平给予了热心的帮助, 南开大学的李勇建教授对书稿进行了认真审阅, 并提出了宝贵的意见和建议, 在此一并表示衷心的感谢. 本书在编写过程中, 参考了许多文献并受到了很大启发, 在此向参考文献的作者表示感谢.

作者虽倾尽全力, 但水平有限, 书中不妥之处在所难免, 恳请各位专家和读者多多批评与赐教, 不胜感激!

张丽华　程丛电

2021 年 1 月

符 号 说 明

$|A|$: 集合 A 的基数

$\mathbf{R}$: 实数集合

$\mathbf{R}_+$: 非负实数集合, 即 $\mathbf{R}_+ = [0, +\infty)$

$\mathbf{R}^+$: 正实数集合, 即 $\mathbf{R}^+ = (0, +\infty)$

$\mathbf{Z}_+$: 非负整数集合

$\mathbf{Z}^+$: 正整数集合

$+\infty$(或inf): 正无穷大

$\mathcal{R}$: 一个图上的全体路段

$\delta(v)$: 图的节点 v 的度数

$\delta^-(v)$: 图的节点 v 的入度

$\delta^+(v)$: 图的节点 v 的出度

Δ: 一个图的度数

$\varnothing$: 空集

(G, c): 一个底图为 G, 容量为 c 的网络

$[(G, c), H]$: 一个底图为 G、容量为 c、全体原点和汇点集合为 H 的多商品
网络

$\log x$: x 的自然对数

$\mathcal{P}$: 一个路径集合

$(\mathcal{P}, V)$: 一个路径集合为 $\mathcal{P}$, 节点集合为 V 的一般路径系统

$[u, v]$: 图上的分别以 u 和 v 为顶点的边

(u, v): 图上的以 u 为始点, v 为终点的路段

目　　录

第1章 网 络 流

物流是现代社会发展过程中的一类十分广泛而重要的问题, 近年来吸引了学术界的极大关注, 经济、政治、数学等方面的专家都在从各自的视角出发努力地研究这一问题. 网络流 (network flows) 是某些物流问题的一种数学模型, 是物流学说的重要理论基础. 该项理论研究网络上的一类最优化问题, 是组合最优化理论中的一项主要内容, 它通过类比水流解决问题, 与线性规划密切相关, 是一项既古老又年轻的数学研究内容.

早在 20 世纪的中叶, L.R. 福特 (L.R. Ford) 和 D.R. 富尔克森 (D.R. Fulkerson) 关于网络流的系列工作就奠定了网络流这一学术研究领域的基础, 见 [1—3]. 1955 年, T.E. 哈里斯在研究铁路最大通量时首先提出在一个给定的网络上寻求两点间最大运输量的问题. 1956 年, L.R. 福特和 D.R. 富尔克森等给出了解决这类问题的算法, 从而建立了网络流理论.

实际中的很多问题都可以转化或抽象成网络流问题, 如运输货物时的物流问题、水流问题、匹配问题等; 网络流的应用已遍及通信、运输、电力、工程规划、任务分派、设备更新以及计算机辅助设计等众多领域.

一连串的水管构成一个排水网络, 一般情况下, 每条水管有一特定的阔度, 因此可以保持特定的水流量; 任何水管汇合, 流入汇点的总水量必须等于流出的水量, 否则缺水, 或者会积水; 有一个作为源点的入水口和一个作为汇点的出水口, 这时直观地说, 一个流便是由源点到汇点而使从出水口源点流出与流入汇点的总水量一致的可能路径, 而该网络的总流量是水从出口流出的速率.

流可以是关于在交通网络上的人或物, 或电力分配系统上的电力. 对于任何这样的实物网络, 进入任何中途节点的流需要等于离开该节点的流. Bollobás 曾以基尔霍夫电流定律 (Kirchhoff current law) 描绘该限制的特性, 同时较晚的作者 Chartrand 也曾提及它在某些守恒方程中的普遍化作用.

在生态学中也可找到网络流的应用: 当考虑在食物网中不同组织之间养料及能量的流时, 网络流便自然地产生. 与这些网络有联系的数学问题和那些液体流或交通网络流中所产生的难题有很大分别. 由 Robert Ulanowicz 及其他人发展的生态系统网络分析包含使用信息论及热力学的概念去研究这些网络随时间的演变问题.

随着社会生产和科学技术的发展, 特别是计算机的飞速发展, 网络流的理论和应用也在不断发展, 实际中不断地涌现出各种各样的网络流问题, 顺应着这一时代的潮流, 理论界关于网络流的研究蓬勃发展, 有关成果与日俱增, 参见文献 [4—8]. 传统的网络流理论主要讨论单商品流 (或说 s-t-流) 与多商品流, 当前出现了具有增益的流、多终端流, 以及网络流的分解与合成等新课题.

本章我们主要讲述单商品流的基础知识与基本理论.

1.1   预 备 知 识

本节介绍必要的基础知识.

设 V 是一有限集合, E 是 V 中连接相异两点 u 和 v 的弧线的集合, 二元组合 (V, E) 叫做一个图 (graph), 其中 V 的元素叫做节点 (node) (图的有些术语不是唯一的, 如节点有时也叫做结点, 或顶点, 或端点, 或点). E 中的元素叫做边 (edge).

通常, 用 $G = (V, E)$ 表示全体节点是 V, 全体边是 E 的一个图. 用 $[u, v]$ 表示图 G 中的以 u 和 v 为端点的边 ($[u, v] = [v, u]$).

设 $G = (V, E)$ 是一个图. 若 $u, v_1, v_2, \cdots, v_l, v \in V$, 且 $[u, v_1], [v_1, v_2], \cdots, [v_l, v] \in E$, 则称 $[u, v_1], [v_1, v_2], \cdots, [v_l, v]$ 首尾相接的图形为 G 的一条链, 记为 $[u, v_1, v_2, \cdots, v_l, v]$, 或 $[u, v_1] + [v_1, v_2] + \cdots + [v_l, v]$; 当 $u = v$ 时, 称其为闭链, 或圈.

设 $e \in E$ 是一条两端点分别为 u 和 v 的边, 用 (u, v) 表示沿着 e 始点为 u 而终点为 v 的一个路段 (road). 注意, $(u, v) \neq (v, u)$. 当沿着 e 只有一个路段 (u, v) 时, 称 e 为有向边; 当沿着 e 有两个路段 (u, v) 和 (v, u) 时, 称 e 为无向边. 通常, 用 $\mathcal{R}$ 表示 G 的全体路段. 设 r 是一个路段, 分别用 $b(r)$ 和 $d(r)$ 表示 r 的始点和终点; 当路段 $(d(r), b(r))$ 存在时, 我们也用 r^- 来表示这一路段.

当 G 的每一条边都无方向时, 称它为一个无向图 (undirected graph); 当 G 的每一条边都有方向时, 称它为一个有向图 (directed graph); 当 G 既有无方向的边, 又有有方向的边时, 称它为一个混合图 (hybrid graph). (关于图的基础知识请参考 [9] 的第 2 章或文献 [10].)

以下, 当无特殊说明时, 所提到的图均可为此三种图中的任何一种, 并用 $(V, E, \mathcal{R})$ 表示一个全体路段为 $\mathcal{R}$ 的图. 对于有向图, 通常我们不区分它的边与路段; 对于无向图, 有时我们分别用 $\vec{e}$ 和 $\overleftarrow{e}$ 表示边 e 上的两个路段.

设 $u, v_1, v_2, \cdots, v_l, v \in V$, 且 $(u, v_1), (v_1, v_2), \cdots, (v_l, v)$ 都是路段, 由这组路段依次首尾相接组成的图形叫做一条 u-v-路径 (u-v-path), 记为 $P = (u, v_1, v_2, \cdots, v_l, v)$. 当 $u = v$ 时, 称 P 为一个路径圈 (circuit path or cycle path). 一条无圈的路径称为无圈路径. 又若 $(v, v_l), (v_{l-1}, v_{l-2}), \cdots, (v_1, u)$ 也都是路段, 称路段 $(v, v_l, v_{l-1}, v_{l-2}, \cdots, v_1, u)$ 为路径 P 的负向路径, 记为 P^-. v-u-路径也称为负向的 u-v-路径.

注 1.1 (1) 关于图 $G = (V, E)$, 设 $u, v \in V$, 当有多条以 u 和 v 为端点的边且需要区分它们时, 可用 $(u, 1, v), (u, 2, v), \cdots, (u, k, v)$ 来分别表示它们.

(2) 当需要明确边 e 时, 用 (u, e, v) 表示边 e 上的路段.

(3) 为了说明 "单行路"、带有平行边的图, 以及无向图的路径等, 书中给出了混合图与路段的概念, 并在内容上对它们做了适当的考虑.

关于给定的 $s, t \in V$, 设 $\mathcal{P}^-$ 是一族无圈 t-s-路径, $\mathcal{P}^+$ 是一族无圈 s-t-路径, $\mathcal{C}$ 是不同时过 s 与 t 的圈组成的集合, 则称 $\mathcal{P} = (\mathcal{P}^- \cup \mathcal{P}^+ \cup \mathcal{C})$ 为一个 s-t-路径系统. 当 $\mathcal{C} = \varnothing$ 时, 称其为无圈的路径系统; 当 $\mathcal{C} = \varnothing, \mathcal{P}^- = \varnothing$ 时, 称其为正向 s-t-路径系统; 当 $\mathcal{P}$ 为 G 中的全体无圈 s-t-路径时, 称其为 G 上的最大正向 s-t-路径系统. 参见文献 [11].

设 G 是一个图, $c : E \to \mathbf{R}_+(= (0, +\infty))$ 是一个 E 到 $\mathbf{R}_+$ 的单值映射, 二元组合 (G, c) 叫做一个网络 (network), 映射 c 称为 G 上的一个容量 (capacity). 当 G 是有向图时, 称 (G, c) 为有向网络; 当 G 是无向图时, 称 (G, c) 为无向网络.

用 $|A|$ 表示集合 A 的基数. $\forall v \in V$, 用 $E(v)$ 表示集合 $\{[v, x] : x \in (V - \{v\})\}$, 用 $\mathcal{R}^-(v)$ 表示集合 $\{(x, v) \in \mathcal{R} : x \in (V - \{v\})\}$, 用 $\mathcal{R}^+(v)$ 表示集合 $\{(v, x) \in \mathcal{R} : x \in (V - \{v\})\}$, 用 $\mathcal{R}(v)$ 表示集合 $[\mathcal{R}^-(v) \cup \mathcal{R}^+(v)]$. 称 $\delta(v) = |E(v)|$ 为节点 v 的度; 称 $\delta^-(v) = |\mathcal{R}^-(v)|$ 为节点 v 的入度, 称 $\delta^+(v) = |\mathcal{R}^+(v)|$ 为节点 v 的出度. 对于有向图, 我们有 $\delta(v) = \delta^-(v) + \delta^+(v)$. 称 $\Delta = \max\{\delta(v) : v \in V\}$ 为图 G 的度或节点的最大度.

$V(\mathcal{P})$ 表示 $\mathcal{P}$ 中路径上的节点的全体. 设 P 是一条路径, $V(P)$ 表示其上的全体节点, $E(P)$ 表示其通过的全体边, 即 $E(P) = \{e : P \text{ 经过边 } e\}, \mathcal{R}(P) = \{r : r \in P\}$. 设 $v \in V, \mathcal{P}^-(v) = \{P : P \in \mathcal{P}, \text{ 存在 } u \text{ 使 } (u, v) \in \mathcal{R}(P)\}, \mathcal{P}^+(v) = \{P : P \in \mathcal{P}, \text{ 存在 } u \text{ 使 } (v, u) \in \mathcal{R}(P)\}$.

1.2 网络流的基本概念

本节通过给出几种主要的流的定义, 介绍网络流的基础知识.

定义 1.1[11] 给定网络 (G, c), 设 $s, t \in V$, 若映射 $f : \mathcal{R} \to \mathbf{R}_+$ 满足

$$\begin{cases} f(r) \leqslant c(e), & e \text{ 是 } G \text{ 的有向边}, \\ f(r) + f(r^-) \leqslant c(e), & e \text{ 是 } G \text{ 的无向边}, \end{cases} \quad \forall e \in E \text{ 和 } r = r(e); \tag{1.1}$$

$$\sum_{r \in \mathcal{R}^-(v)} f(r) = \sum_{r \in \mathcal{R}^+(v)} f(r), \quad \forall v \in (V - \{s, t\}) \quad (\text{中节点守恒公式}) \tag{1.2}$$

(这里, $r = r(e)$ 是边 e 上的路段, 当 e 是有向边时, 其上只有一个路段; 当 e 是无向边时, 其上有两个路段 r 和 r^-), 则称 f 为 (G, c) 上的一个路段 s-t-流, 简称 s-t-流,

或流; $v(f) = \sum_{e \in \mathcal{R}^+(s)} f(e) - \sum_{e \in \mathcal{R}^-(s)} f(e)$ 称为 f 的流值. (G,c) 上的全体流记为 F$[(G,c)]$, 通常称 s 为源点, t 为汇点. (G,c) 上的全体路段 s-t-流记为 F$[(G,c)]$.

注 1.2　(1) 在定义 1.1 中, 若再设有一映射 $l : E \to \mathbf{R}_+$ 满足 $l(e) \leqslant c(e)$, 称 $l(e)$ 为边 e 的容量下界, 并将 (1.1) 式改为

$$\begin{cases} l(e) \leqslant f(r) \leqslant c(e), \\ l(e) \leqslant f(r) + f(r^-) \leqslant c(e), \end{cases}$$

则称所定义的流为有下界的 s-t-流.

(2) 若再将 $\mathcal{R}$ 中的每一路段看作一条有向边, 则 $(V, \mathcal{R})$ 形成一个有向图, 再将网络 (G,c) 中的容量 c 改为 $c : \mathcal{R} \to \mathbf{R}_+$ 是由 $\mathcal{R}$ 到 $\mathbf{R}_+$ 的映射, 则定义 1.1 就定义出有向网络 $((V, \mathcal{R}), c)$ 中的流.

(3) 设 $g : E \to \mathbf{R}_+$, 寻找满足条件: $f(r) \leqslant g(e)$ (e 是有向边, r 是 e 上的路段), $f(r) + f(r^-) \leqslant g(e)$ (e 是无向边, r 和 r^- 都是 e 上的路段) 的流 f 是值得考虑的问题.

(4) 在定义 1.1 中, 我们并不要求 $s \neq t$. 事实上, 当 $s = t$ 时, 该定义所给出的流在实际中是很有用处的, 它可以作为供暖、货币流通等的数学模型.

定义 1.2[11]　设 $\mathcal{P}$ 为 (G,c) 上的一个 s-t-路径系统. 若映射 $y : \mathcal{P} \to \mathbf{R}_+$ 满足

$$\sum_{e \in E(P), P \in \mathcal{P}} y(P) \leqslant c(e), \quad \forall e \in E, \tag{1.3}$$

则称 y 为 (G,c) 上的一个路径 s-t-流, 或 $\mathcal{P}$ 上的 s-t-流, 简称 $\mathcal{P}$ 上的流; 称

$$V(y) = \sum_{P \in \mathcal{P}^+} y(P) - \sum_{P \in \mathcal{P}^-} y(P) \tag{1.4}$$

为 y 的流值. $\mathcal{P}$ 上的全体流记为 F$[\mathcal{P}]$. 当 $\mathcal{P}^- = \varnothing$ 或 y 在 $\mathcal{P}^-$ 上为 0 时, 称 y 为 $\mathcal{P}$ 上的无逆 s-t-流; 当 $(\mathcal{P}^- \cup \mathcal{C}) = \varnothing$ 或 y 在 $(\mathcal{P}^- \cup \mathcal{C})$ 上为 0 时, 称 y 为 $\mathcal{P}$ 上的正向 s-t-流.

定义 1.3　设 $\mathcal{P}_1, \mathcal{P}_2$ 为 (G,c) 上的两个 s-t-路径系统, y_1 和 y_2 分别是 $\mathcal{P}_1, \mathcal{P}_2$ 上的流, 且 $\mathcal{P}_1 \subset \mathcal{P}_2$, $y_2(P) = y_1(P), \forall P \in \mathcal{P}_1$; $y_2(P) = 0, \forall P \in \mathcal{P}_2 - \mathcal{P}_1$, 则称 $\mathcal{P}_2$ 是 $\mathcal{P}_1$ 的一个扩张, 称 y_2 为 y_1 在 $\mathcal{P}_2$ 上的一个等值延拓.

命题 1.1　设 y 为路径系统 $\mathcal{P}$ 上的一个流, $v \in V(\mathcal{P})$, 则当 $v \neq s, t$ 时, 有 $\mathcal{P}^-(v) = \mathcal{P}^+(v)$, 且

$$\sum_{P \in \mathcal{P}^+(v)} y(P) - \sum_{P \in \mathcal{P}^-(v)} y(P) = 0 \quad (\text{中节点守恒公式}). \tag{1.5}$$

证　设 $P \in \mathcal{P}$, 由于 $v \neq s, t$, 当存在 $u \in V(P)$ 使得 $(u,v) \in \mathcal{R}(P)$ 时, 有唯一的 $w \in V(P)$ 使得 $(v,w) \in \mathcal{R}(P)$; 反之亦然. 因此, 命题成立.　　　　证毕

s-t-流是当前文献中论述最多的一种流, 并且是当前应用最广泛的一种流, 除了这种流以外, 下面的几种流也是当前较为重要且应用较为广泛的流.

定义 1.4 令 $S = \{s_i : i = 1, 2, \cdots, k\}$, 称为源点集合; $T = \{t_j : j = 1, 2, \cdots, l\}$, 称为汇点集合, $\mathcal{P}^+ = \{s_i\text{-}t_j\text{-}路径 : i = 1, 2, \cdots, k; j = 1, 2, \cdots, l\}$ (全体 s-t-路径集合), $\mathcal{P}^- = \{负向 s_i\text{-}t_j\text{-} 路径 : i = 1, 2, \cdots, k; j = 1, 2, \cdots, l\}$ (全体负向 s-t-路径集合), $\mathcal{P} = \mathcal{P}^- \cup \mathcal{P}^+$, $k \geqslant 1$, $l \geqslant 1$, $k + l \geqslant 3$. 映射 $y : \mathcal{P} \to \mathbf{R}_+$ 满足

$$\sum_{e \in E(P), P \in \mathcal{P}} y(P) \leqslant c(e), \quad \forall e \in E(\mathcal{P}),$$

称之为 (G, c) 上的多源多汇流 (multi-source and multi sink flow).

$$V(y) = \sum_{P \in \mathcal{P}^+} y(P) - \sum_{P \in \mathcal{P}^-} y(P)$$

称为 y 的流值.

注 1.3 (1) 多源多汇流满足下面的节点公式:

$$\sum_{(u,v) \in \mathcal{R}(P), P \in \mathcal{P}} y(P) = \sum_{(v,w) \in \mathcal{R}(P), P \in \mathcal{P}} y(P), \quad \forall v \in \left(V - \bigcup_{i=1}^{k} \bigcup_{j=1}^{l} \{s_i, t_j\} \right). \quad (1.6)$$

(2) 若在定义 1.4 中命 $k = l = 1$, 则其定义的多源多汇流即为定义 1.2 所定义的路径 s-t-流.

(3) 我们也可以像定义 1.1 那样建立路段上的多源多汇 s-t-流的定义, 为了避免烦琐, 在此不再赘述.

定义 1.5 给定有向网络 (G, c), 以及满足 $\sum_{v \in V} b(v) = 0$ 的数组 $b : V \to \mathbf{R}$, 若映射 $f : E \to \mathbf{R}_+$ 满足 $\forall e \in E$ 均有 $f(e) \leqslant c(e)$, 且 $\forall v \in V$ 都有

$$\sum_{e \in \mathcal{R}^+(v)} f(e) - \sum_{e \in \mathcal{R}^-(v)} f(e) = b(v),$$

则称其为 (G, c) 上的 b-流.

定义 1.6 给定有向网络 (G, c), $s, t \in V$, 以及满足 $\sum_{v \in V} b(v) = 0$ 的数组 $b : V \to \mathbf{R}$ 和映射 $\gamma : E \to \mathbf{R}_+$. 若映射 $f : E \to \mathbf{R}_+$ 满足 $\forall e \in E$ 均有 $f(e) \leqslant c(e)$, 且 $\forall v \in (V - \{s, t\})$ 都有 $\sum_{e \in \mathcal{R}^+(v)} \gamma(e)f(e) - \sum_{e \in \mathcal{R}^-(v)} f(e) = b(v)$, 则称 f 为 (G, c) 上的一般 b-s-t-流, 称 $V(f) = \sum_{e \in \mathcal{R}^+(s)} \gamma(e)f(e) - \sum_{e \in \mathcal{R}^-(s)} f(e)$ 为 f 的流值. 当 $\forall v \in (V - \{s, t\})$ 都有 $\sum_{e \in \mathcal{R}^+(v)} \gamma(e)f(e) - \sum_{e \in \mathcal{R}^-(v)} f(e) = 0$ 时, 称 f 为 (G, c) 上的一般 s-t-流. (G, c) 上的全体一般 s-t-流记为 GF $[(G, c)]$.

定义 1.7 设 $\mathcal{P}$ 为 (G, c) 上的一个正向 s-t-路径系统, $\gamma : E \to \mathbf{R}_+$ 为一映射, 且 $\forall P = (r_1, r_1, \cdots, r_k, \cdots, r_l) \in \mathcal{P}$, 令

$$\gamma_P(e_k) = \gamma(e_1)\gamma(e_2) \cdots \gamma(e_k), \quad \gamma(P) = \gamma(e_1)\gamma(e_2) \cdots \gamma(e_l), \quad \gamma'(P) = \gamma(e_1),$$

这里, e_k 为 r_k 的边. 若映射 $y : \mathcal{P} \to \mathbf{R}_+$ 满足

$$\sum_{e \in E(P), P \in \mathcal{P}} \gamma_P(e) y(P) \leqslant c(e), \quad \forall e \in E, \tag{1.7}$$

则称 y 为 (G, c) 上的一个一般路径 s-t-流, 或 $\mathcal{P}$ 上的一般路径 s-t-流, 简称 $\mathcal{P}$ 上的一般流; 称

$$V(y) = \sum_{P \in \mathcal{P}} \gamma(P) y(P) \tag{1.8}$$

为 y 的流值. $\mathcal{P}$ 上的全体一般流记为 GF[$\mathcal{P}$].

1.3 最大网络流问题

本节通过给出几种主要的最大流问题 (maximum flow problem) 的定义, 介绍网络流的基础知识.

最大流问题是网络流理论与应用的重要组成部分, 在实际中有着极为广泛的应用, 目前网络流理论的应用主要表现在求解各种最大流问题方面. 许多问题的网络系统中都存在着流和最大流问题. 例如, 在交通网络中有人流、车流、货物流, 城市供水网络与农田灌溉网络中有水流, 控制与通信网络中有信息流, 金融网络中有现金流, 送电网络中有电流, 输油网络中有石油流, 供暖网络中有气流、水流, 等等. 这些流都有流量与最大流量问题. 在一定条件下求解给定问题的最大流量就是网络最大流问题. 该问题要求我们讨论如何充分利用装置的能力, 使得运输的流量最大, 以取得最好的实际效果.

广义地讲, 最大 s-t-流问题、最小费用流问题 (minimum cost flow problem)、最大多商品流问题等与流相关的优化问题都属于最大流问题. 狭义地讲, 当前, 最大流问题专指关于单商品流的各种优化问题. 例如, 经典的最大流问题, 最小费用最大流问题, 单位网络上的最大流、平面网络上的最大流、二分网络上的最大流等特殊网络上的最大流问题, 无源汇有上下界最大流问题, 有源汇有上下界最大流问题, 有源汇有上下界最小流问题, 等等.

最大流问题是运筹学、组合最优化、图论等学科的重要组成内容. 它与线性规划问题、图的点连通度和边连通度问题、最短路径问题 (shortest path problem)、指派问题 (assignment problem)、匹配问题 (matching problem) 等诸多组合最优化问题有着密切的联系. 经典的最大流问题, 即最大 s-t-流问题, 可以通过转化为线性规划问题进行解决, 反过来某些线性规划问题也可以通过转化为经典的最大流问题而获得巧妙的解决.

最大 s-t-流问题定义如下.

定义 1.8 给定网络 (G,c) 和 $s,t \in V$, 问题在 (G,c) 上找一流 f^* 使得

$$V(f^*) = \max\{V(f) : f \in F[(G,c)]\} = \text{OPT}(G,c), \tag{1.9}$$

称为 (G,c) 上的最大 s-t-流问题, 简称最大流问题 (MFP-R), 其中的 f^* 叫做 (G,c) 上的一个最大流或最大流问题 (1.9) 的一个解. 设 $\mathcal{P}$ 为 (G,c) 上的一个路径系统, 问题找 $\mathcal{P}$ 上的流 y^* 使得

$$V(y^*) = \max\{V(y) : y \in F[\mathcal{P}]\} = \text{OPT}(\mathcal{P}), \tag{1.10}$$

称为 $\mathcal{P}$ 上的最大流问题 (MFP-P).

许多网络流问题可以通过转化为线性规划问题进行解决. 关于 MFP-R 和 MFP-P, 我们有如下结论.

命题 1.2 设 G 是有向图, 则

(1) MFP-R 等价于如下线性规划问题:

$$\max \sum_{e \in \mathcal{R}^+(s)} x_e - \sum_{e \in \mathcal{R}^-(t)} x_e,$$

$$\text{s.t.} \sum_{e \in \mathcal{R}^+(v)} x_e = \sum_{e \in \mathcal{R}^-(v)} x_e, \quad v \in (V - \{s,t\});$$

$$x_e \leqslant c(e), \quad e \in E;$$

$$x_e \geqslant 0, \quad e \in E.$$

(2) MFP-R 有解.

命题 1.3 (1) MFP-P 等价于如下线性规划问题:

$$\max\left\{ \sum_{P \in \mathcal{P}^+} y(P) - \sum_{P \in \mathcal{P}^-} y(P) : y, \sum_{e \in P, P \in \mathcal{P}} y(P) \leqslant c(e), \forall e \in E \right\}.$$

(2) MFP-P 有解.

命题 1.4 无圈路径系统 $\mathcal{P}$ 上的最大流一定是正向流.

最大流最小割定理是网络流理论中的一个极其重要的定理, 它与 L.R. 福特和 D.R. 富尔克森算法的正确性证明息息相关, 现我们就有向图的情形介绍该定理.

定义 1.9 给定有向网络 (G,c), 设 $s,t \in V$, $X \subset V$ 满足 $s \in X$, $t \in (V - X)$, 则称边集 $E(X, V - X) = \{(x,y) : x \in X, y \in (V - X)\}$ 为 G 的一个 s-t-截. 称

$$\sum_{(x,y) \in E(X, V-X)} c((x,y))$$

为 $E(X, V - X)$ 的容量.

引理 1.1[10]　　给定有向网络 (G,c), 设 $s,t \in V$, $X \subset V$ 满足 $s \in X$, $t \in (V - X)$, f 为 (G,c) 上的一个路段 s-t-流, 则有

(1) $v(f) = \sum_{e \in \mathcal{R}^+(X)} f(e) - \sum_{e \in \mathcal{R}^-(X)} f(e)$;

(2) $v(f) \leqslant \sum_{e \in \mathcal{R}^+(X)} f(e)$,

这里, $\mathcal{R}^+(X) = E(X, V - X)$; $\mathcal{R}^-(X) = \{(y,x) : x \in X, y \in (V - X)\}$.

定理 1.1[10] (最大流最小割定理)　　在任意有向网络中, s-t-最大流的流值等于 s-t-截的最小容量.

最大 s-t-流问题是最经典的最大流问题. 1955 年, T.E. 哈里斯在研究铁路最大流通量时首先提出在一个给定的网络上寻求两点间最大运输量的问题, 即最大 s-t-流问题; 1956 年, L.R. 福特和 D.R. 富尔克森等指出网络的最大流的流值等于最小割 (截集) 的容量这个重要事实, 并根据这一原理设计了用标号法求最大流的方法, 从而建立了网络流理论. 在当前的网络流理论中, 除已介绍过的最大 s-t-流问题以外, 还有下面几种较常见的最大流问题.

定义 1.10　　给定有向网络 (G,c), 以及费用函数

$$\hat{c} : \{(e, x_e) : e \in E, x_e \in [0, c(e)]\} \to \mathbf{R}_+,$$

问题在 (G,c) 上找一流 f^* 使得

$$V(f^*) = \max \{V(f) : f \in \mathrm{F}[(G,c)]\} = \mathrm{OPT}(G,c) \tag{1.11}$$

且 $\hat{c}(f) = \sum_{e \in E} f(e)\hat{c}(e, f(e))$ 最小, 称为 (G,c) 上的最小费用最大流问题 (MO-MFP-R).

定义 1.11　　给定网络 (G,c), 以及费用函数

$$\hat{c} : \{(e, x_e) : e \in E, x_e \in [0, c(e)]\} \to \mathbf{R}_+,$$

设 $\mathcal{P}$ 为 G 上的最大正向 s-t-路径系统, 问题找 $\mathcal{P}$ 上的流 y^* 使得

$$V(y^*) = \max \{V(y) : y \in \mathrm{F}[\mathcal{P}]\} = \mathrm{OPT}(\mathcal{P}) \tag{1.12}$$

且 $\hat{c}(y) = \sum_{e \in E} [\sum_{e \in P, P \in \mathcal{P}} y(P)\hat{c}(e, y(P))]$ 最小, 称为 (G,c) 上的最小费用最大 (路径) 流问题 (MO-MFP-P).

定义 1.12　　对于给定的有向网络 (G,c), 满足 $\sum_{v \in V} b(v) = 0$ 的数组 $b : V \to \mathbf{R}$, 以及费用函数 $\hat{c} : \{(e, x_e) : e \in E, x_e \in [0, c(e)]\} \to \mathbf{R}_+$, 问题在 (G,c) 上求一个 b-流 f, 使费用 $\hat{c}(f) = \sum_{e \in E} f(e)\hat{c}(e, f(e))$ 最小 (或判定 b-流不存在), 称为最小费用流问题; 问题判断 (G,c) 上的 b-流是否存在称为可行流问题 (feasible flow problem, FFP).

注 1.4 (1) 最小费用最大流问题与最小费用流问题是两个不同的问题, 在此我们通过介绍最小费用流问题来表明二者的区别.

(2) 当前在大多数文献, 如文献 [9,10,12] 中, 最小费用流问题是指 (固定边 e 时) 费用函数 $\hat{c}(e, x_e)$ 为 x_e 的线性函数时, 定义 1.12 所定义的问题; 而当 $\hat{c}(e, x_e)$ 为 x_e 的凸函数时, 称定义 1.12 所定义的问题为凸最小费用流问题.

(3) 当 $\hat{c}(e, x_e)$ 为 x_e 的线性函数时, 最小费用流问题可以写成下面的线性规划问题:

$$\max \quad \sum_{e \in E} \hat{c}(e) x_e,$$
$$\text{s.t.} \quad \sum_{e \in \mathcal{R}^+(v)} x_e - \sum_{e \in \mathcal{R}^-(v)} x_e = b(v), \quad v \in V;$$
$$x_e \leqslant c(e), \quad e \in E;$$
$$x_e \geqslant 0, \quad e \in E.$$

(4) 可行流问题 FFP 有解当且仅当对于每一个子集 $S \subseteq V$, $b(S) - c(S, V-S) \leqslant 0$, 其中, $b(S) = \sum_{v \in S} b(v)$, $c(S, V-S) = \sum_{e \in E(S, V-S)} c(e) - \sum_{e \in E(V-S, S)} l(e)$, $E(X, V-X) = \{(x, y) : x \in X, y \in (V-X)\}$. 见文献 [12] 之 6.7 节.

(5) 如下 HITCHCOCK(希契科克) 运输问题是一种特殊的最小费用流问题.

定义 1.13[10] 对于满足 $V = A \cup B, A \neq \varnothing, B \neq \varnothing, A \cap B = \varnothing; E \subseteq A \times B$ 的网络 (G, ∞), 与满足 $\sum_{v \in V} b(v) = 0, b(v) \geqslant 0, \forall v \in B; b(v) \leqslant 0, \forall v \in A$ 的数组 $b : V \to \mathbf{R}$, 以及费用 $\hat{c} : E \to \mathbf{R}$, 问题在 (G, ∞) 上求一个 b-流 f, 使费用 $\hat{c}(f) = \sum_{e \in E} f(e) \hat{c}(e)$ 最小 (或判定 b-流不存在), 称为 HITCHCOCK 运输问题. 这里, ∞ 表示 $\forall e \in E, c(e) = \infty$.

定义 1.14[12] 给定有向网络 (G, c) 和 $s, t \in V$, 若 $c(e) = 1, \forall e \in E$, 则称 (G, c) 为单位容量网络 (unit capacity network). 又若 $\forall v \in (V - \{s, t\}), \delta^-(v) = 1, \delta^+(v) = 1$ 至少一个成立, 则称其为简单单位容量网络 (simple unit capacity network). 单位容量网络上的最大 s-t-流问题称为单位容量网络上最大流.

定义 1.15 给定有向网络 (G, c) 和 $s, t \in V$, 映射 $\gamma : E \to \mathbf{R}_+$, 问题在 (G, c) 上找一般流 f^* 使得

$$V(f^*) = \max \{V(f) : f \in \mathrm{GF}[(G, c)]\}, \tag{1.13}$$

称为一般最大 s-t-流问题, 简称一般最大流问题 (generalized maximum flow problems, GMFP-R), 其中 f^* 叫做 (G, c) 上的一个一般最大流或一般最大流问题的一个解.

定义 1.16   给定网络 (G, c) 和 $s, t \in V$. 设 $\mathcal{P}$ 为 (G, c) 上的一个正向 s-t- 路径系统, 问题找 $\mathcal{P}$ 上的一般流 y^* 使得

$$V(y^*) = \max \{ V(y) : y \in \mathrm{GF}[\mathcal{P}] \}, \tag{1.14}$$

称为 $\mathcal{P}$ 上的一般最大流问题 (GMFP-P).

在已给出的流和流优化问题的基础上, 还可以建立许多种网络流与关于网络流的优化问题, 如一般最小费用最大流问题, 等等. 此类工作是值得发展与研究的.

研究最大流的有效求解算法是网络流研究领域的一项主要工作. 1955 年, T.E. 哈里斯在研究铁路最大流通量时, 首先提出了在一个给定的网络上寻求两点间最大运输量的问题; 1956 年, L.R. 福特和 D.R. 富尔克森等给出了解决这类问题的一个算法, 即现在著名的 Ford-Fulkerson 标号算法, 网络流理论由此诞生. 在 L.R. 福特和 D.R. 富尔克森等的工作之后, 还有许多学者进一步致力于最大流有效求解算法的研究, 他们的工作使得求解最大流的方法更加丰富和完善. 目前这方面的工作已很成熟, 关于经典最大流问题, 除 Ford-Fulkerson 标号算法外, 还有不少其他算法, 例如最大容量增广路算法、容量变尺度算法、最短增广路算法、一般的预流推进算法、最高标号预流推进算法等等. 关于有效求解其他最大流问题的工作也已足够丰富. 由于许多专著对此都已进行了较为详细的论述, 在此我们就不讨论这方面的问题了. 有兴趣的读者, 可参考文献 [9, 10, 12, 13].

1.4 应 用 实 例

许多问题的网络系统中都存在着流, 在交通网络中有人流、车流、货物流, 城市供水网络与农田灌溉网络中有水流, 控制与通信网络中有信息流, 金融网络中有现金流, 送电网络中有电流, 输油网络中有石油流, 供暖网络中有气流、水流, 等等. 将一连串的水管当作一个网络, 每条水管有一特定的阔度, 因此只可以允许一特定的水流量通过, 在任何水管的汇合处, 流入汇合点的水量必须等于流出汇合点的水量, 否则会造成缺水或团积水等不良现象; 将入水口视为源点, 出水口视为汇点, 水从源点进入而从汇点流出的过程便形成了该网络中的一个流. 在生态学中也可找到网络流的应用, 当考虑食物网络中不同组织之间的养料与能量的供给问题时, 在我们大脑的视频中便会自然地产生出相应的网络流. 网络流模型在 OI(信息学竞赛) 中也有重要的应用, 许多高端的竞赛如 APIO, CTSC 等都非常重视选手在网络流上的建模技巧. 由此可见, 网络流在实际中有着非常广泛与重要的应用. 本节通过几个实例进一步地说明这种广泛性与重要性.

例 1.1[12]   可行流问题.

可行流问题要求我们判断一个给定的有向网络 (G, c) 与满足 $\sum_{v \in V} b(v) = 0$ 的一个数组 $b: V \to \mathbf{R}$ 是否存在 b-流, 即可行流问题是否有解. 如下分情况说明可行流问题是如何从实践中产生的. 假设在某些海港具有一定量的可用商品, 而另外的一些港口需要用这些商品. 我们知道这种可用商品在这些海港的库存量, 另外的港口的需求量, 以及每条航线的最大运送量. 我们希望知道可用的供应条件是否能够满足所有的需要.

我们可以按照下述方法通过求解一个扩展网络上的最大流问题来解决可行流问题. 引入两个新的节点, 源点 s 和汇点 t. 对于每个满足 $b(v) \geqslant 0$ 的节点 v, 增加一个具有容量 $b(v)$ 的路段 (s, v), 叫做源点路段; 而对于每个满足 $b(v) < 0$ 的节点 v, 增加一个具有容量 $-b(v)$ 的路段 (v, t), 叫做汇点路段. 称这个新的网络为变换网络. 然后, 我们解关于变换网络的最大流问题 MFP. 如果最大流使得所有的源点路段和汇点路段都达到饱和状态, 则相应的 b-流存在, 即可行流问题有解; 否则可行流问题无解.

这种方法的合理性是很容易说明的. 如果 f 是可行流问题的一个解, 并且对于每个源点路段 (s, v) 有 $f((s, v)) = b(v)$; 而对于每个汇点路段 (v, t) 有 $f((v, t)) = -b(v)$, 那么它一定是变换网络的一个最大流 (由于它饱和所有的源点路段和汇点路段). 类似地, 如果 f 是变换网络上的一个饱和所有的源点路段和汇点路段最大流, 那么它在原网络中一定是可行流问题的一个解. 因此, 在原网络中可行流问题有解的充分必要条件为在变换网络上有一个饱和所有的源点路段和汇点路段的流.

例 1.2[12]   代表问题 (problem of representatives).

一个城镇有 r 个居民 $R_1, R_2, \cdots, R_r$; q 个俱乐部 $C_1, C_2, \cdots, C_q$ 和 p 个政党 $P_1, P_2, \cdots, P_p$. 每个居民至少是一个俱乐部的成员, 并且只能够属于一个政党. 每个俱乐部必须派一名他的成员在城镇管理委员会当它的代表, 并且政党 P_k 在城镇管理委员会中的成员不能超过 u_k. 能够找出一个满足这一 “平衡” 性质的城镇管理委员会吗?

现我们通过一个具体例子来说明如何将该问题转化为最大流问题. 考虑 $r = 7$, $q = 4$, $p = 3$ 的情景, 并将它规划为图 1.1 中的最大流问题. 节点 $R_1, R_2, \cdots, R_7$ 代表居民, 节点 $C_1, C_2, \cdots, C_4$ 代表俱乐部, 节点 P_1, P_2, P_3 代表政党. 这个网络也包含一个源点 s 和一个汇点 t. 它还包含关于表示每个俱乐部的节点 C_i 的路段 (s, C_i), 表示居民 R_j 是属于俱乐部 C_i 的路段 (C_i, R_j), 表示居民 R_j 是属于政党 P_k 的路段 (P_k, R_j). 最后, 对于每个 $k = 1, 2, 3$ 再增加一个容量为 u_k 的路段 (P_k, t). 所有其他路段都具有单位容量.

下面, 我们找这个网络中的一个最大流. 如果最大流的值等于 q, 那么该城镇就有满足这一 “平衡” 性质的城镇管理委员会; 否则, 它就没有这样的管理委员会.

关于该断言的证明很容易通过说明如下两个事实而得到.

(1) 网络中任意的一个值为 q 的流对应于一个满足这一 "平衡" 性质的城镇管理委员会;

(2) 任意的一个满足这一 "平衡" 性质的城镇管理委员会也孕育着网络中的一个值为 q 的流.

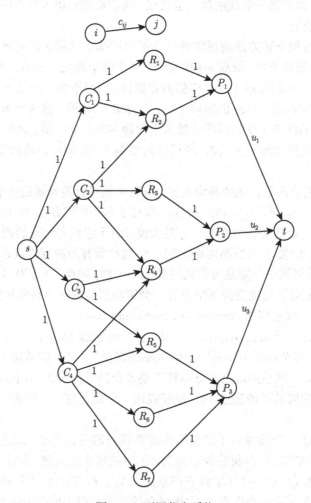

图 1.1　不同代表系统

该模型在许多资源分配场合具有应用. 例如, 假定居民为熟练技术工人全体, 俱乐部 C_i 为具有某种特长的熟练技术工人, 政党 P_k 对应于一个具有特殊资历的群体. 在这种具体情况下, 一个 "平衡" 性质的城镇管理委员会对应于熟练技术工人向联邦管理董事会的一个使得每个技术群体在董事会中都有代表, 并且没有哪个特殊资历的阶层能在董事会中具有主导地位的一个分配.

例 1.3[12] 矩阵舍入问题 (matrix rounding problem).

该应用考虑一个矩阵的元素、行的和、列的和的一致舍入问题. 给定一个行的和为 α_i, 列的和为 β_j 的 $p \times q$ 的实数矩阵 $D = \{d_{ij}\}$. 我们能够将一个整数舍入为接近它且比它小的整数 a^+ 或接近它且比它大的整数 a^-, 并且向上舍入, 还是向下舍入完全由我们决定. 矩阵舍入问题要求我们通过舍入一个矩阵的元素、行的和与列的和使得其每一行的和与每一列的和都分别等于已指定的数. 称这样的舍入为一致舍入.

我们将说明如何通过解关于各个路段流都具有非负下界的网络的可行流问题来发现这样的舍入方案. 我们通过表 1.1 所示的矩阵舍入问题来说明我们的方法. 图 1.2 表示关于该问题的最大流网络. 网络中的节点 i 和节点 j' 分别对应矩阵的第 i 行和第 j 列. 注意到在该网络中, 关于每个元素 d_{ij} 都有一相应的路段 (i, j'), 关于每个行和都有一相应的路段 (s, i), 关于每个列和都有一相应的路段 (j', t), 并且关于每一路段上的流的上下界分别为 d_{ij}^+ 和 d_{ij}^-. 我们容易建立起一个关于矩阵的一致舍入与网络的可行流之间的一一对应. 因此, 我们能够通过解相应网络的最大流问题来寻找一个一致舍入.

表 1.1 矩阵舍入问题

			行和
3.1	6.8	7.3	17.2
9.6	2.6	0.7	12.9
3.6	1.2	6.5	11.3
列和 16.3	10.6	14.5	

这种矩阵舍入问题产生于一些应用过程. 例如, 美国人口调查局要用普查信息构建几百万个广泛满足各种需求的数据表. 依照法律, 有义务保护信息资源, 并且不能够泄露归属于个人的统计信息. 我们可以按照下面的方式做一个表来伪装信息. 我们调整表中的每个登记, 包括行的和与列的和、向上或向下到某适当的整数 k 的几倍、使得表中所有的登记连续增加达到指定的行与列和, 而新表中所有的登记的和达到原表中所有登记和所要调整到的水准. 除了用调整元素至某适当整数 k 的倍数代替调整元素至 1 的倍数以外, 该人口普查问题与上述矩阵舍入问题是一样的. 所以, 我们可以通过定义一个如上所述的相关网络来解该问题. 但是这里, 定义一个路段流关于一个相关实数 α 的上界与下界分别为小于或等于 α 的整数的最大倍数与大于或等于 α 的整数的最小倍数.

例 1.4[12] 恒速平行机调度问题 (scheduling on uniform parallel machines problem).

在本应用中, 我们考虑关于在 M 个恒速平行机上加工一个任务集 J 中工件的调度问题. 每一工件 $j \in J$ 有一个加工要求 (processing requirement) p_j(表示完成任务所需要的天数), 一个准备时间 (release date) r_j(代表工件 j 可以开始加工的时间) 和一个工期 (due date) $d_j \geqslant r_j + p_j$(代表要求的完工时间). 我们假定一台机器同一时间只能够加工一个工件, 并且一个工件同一时间最多能够在一台机器上加工. 但是, 我们允许加工中断 (即我们可以打断一个工件的加工过程, 并且在不同时间在机器上加工). 该调度问题要求确定一个加工工件的能够保证全部工件按时完工的可行调度 (feasible scheduling) 或表明这样的调度不存在.

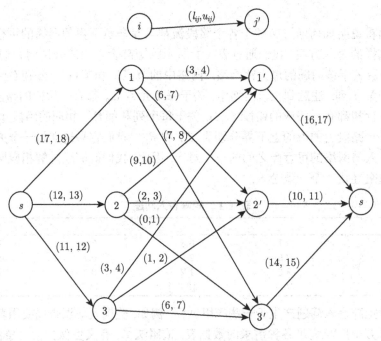

图 1.2　　关于矩阵舍入问题的网络流

此类调度问题起源于涉及大量工件的批量生产系统. 上面描述的可行调度问题是此类问题的基础问题, 可以用作更多一般调度问题的子程序, 例如最大延迟问题 (maximum lateness problem)、(赋权) 最小完工时间问题 ((weighted)minimum completion time problem) 和 (赋权) 最大效用问题 ((weighted)maximum utilization problem).

我们将该可行排序问题转化为最大流问题进行解决. 在表 1.2 所描述的 $M = 3$ 的具体情况下来说明这种转化. 首先, 按照上升顺序排列所有工件 j 的准备时间与工期, 并确定 $P \leqslant 2|J| - 1$ 个互不相交的关于两个相邻标志时点之间时间的区间. 用 $T_{k,l}$ 表示始点为时点 k、终点为时点 l 的区间. 关于我们的实例, 该准备时间与工期的排列为: 1, 3, 4, 5, 7, 9. 我们有 $T_{1,2}, T_{3,3}, T_{4,5}, T_{5,6}, T_{7,8}$ 五个区间. 注意到在每

个区间中可加工工件 (即那些可以加工且工期未到的工件) 的集合是不变的, 我们可以在一个区间中加工所有满足 $r_j \leqslant k, d_j \geqslant l+1$ 的工件 j.

表 1.2 调度问题

工件 (j)	加工时间 (p_j)	释放时间 (r_j)	工期 (d_j)
1	1.5	3	5
2	1.25	1	4
3	2.1	3	7
4	3.6	5	9

下面将该可行调度问题转化为一个二部图网络 (bipartite network) G 上的最大流问题. 引入源点 s, 汇点 t, 对应于每个工件 j 的节点, 以及对应于每个区间 $T_{k,l}$ 的节点, 见图 1.3. 用一个容量为 p_j 的路段连接源点 s 与工件节点 j, 表示我们需要安排 p_j 单位机器时间来加工工件 j. 用一个容量为 $(l-k+1)M$ 的路段连接汇点 t 与区间节点 $T_{k,l}$, 表示从时点 k 至时点 l 期间可用的机器时间总数. 最后, 如果 $r_j \leqslant k, d_j \geqslant l+1$, 用一个容量为 $(l-k+1)$ 的路段连接工件节点 j 与区间节点

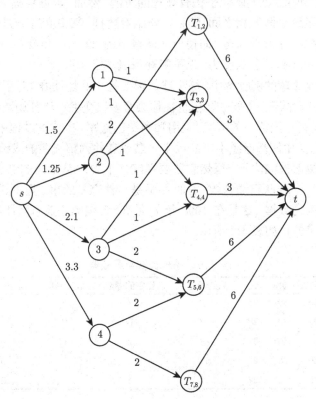

图 1.3 恒速机调度问题的网络流

$T_{k,l}$ 表示从时点 k 至时点 l 期间可分配给工件 j 的最大数量机器时间. 接着解关于这个网络的最大流问题: 该调度问题有可行调度当且仅当这个最大流的值等于 $\sum_{j \in J} p_j$(换句话讲, 在每个路段 (s,j) 上的流的值为 p_j). 这种转化的正确性可以通过表明可行调度与从源点到汇点的流值为 $\sum_{j \in J} p_j$ 的流之间的一一对应关系来进行说明.

例 1.5[14]   网络流和棒球赛淘汰问题.

1996 年 9 月 10 日,《旧金山纪事报》的体育版上登载了《巨人队正式告别 NL 西区比赛》一文, 宣布了旧金山巨人队输掉比赛的消息. 当时, 圣地亚哥教士队凭借 80 场胜利暂列西区比赛第一, 旧金山巨人队只赢得了 59 场比赛, 要想追上圣地亚哥教士队, 至少还得再赢 21 场比赛才行. 然而, 根据赛程安排, 巨人队只剩下 20 场比赛没打了, 因而彻底与冠军无缘.

有趣的是, 报社可能没有发现, 其实在两天以前, 也就是 1996 年 9 月 8 日, 巨人队就已经没有夺冠的可能了. 那一天, 圣地亚哥教士队还只有 78 场胜利, 与洛杉矶道奇队暂时并列第一. 此时的巨人队仍然是 59 场胜利, 但还有 22 场比赛没打. 因而, 表面上看起来, 巨人队似乎仍有夺冠的可能. 然而, 根据赛程安排, 圣地亚哥教士队和洛杉矶道奇队互相之间还有 7 场比赛要打, 其中必有一方会获得至少 4 场胜利, 从而拿到 82 胜的总分; 即使巨人队剩下的 22 场比赛全胜, 也只能得到 81 胜. 由此可见, 巨人队再怎么努力, 也不能获得冠军了.

在美国职业棒球的例行赛中, 每个球队都要打 162 场比赛 (对手包括但不限于同一分区里的其他队伍, 和同一队伍也往往会有多次交手), 所胜场数最多者为该分区的冠军; 如果有并列第一的情况, 则用加赛决出冠军. 在比赛过程中, 如果我们发现, 某支球队无论如何都已经不可能以第一名或者并列第一名的成绩结束比赛, 那么这支球队就提前被淘汰了 (虽然它还要继续打下去). 从上面的例子中可以看出, 发现并且证明一个球队已经告败, 有时并不是一件容易的事. 为了说明这一点, 我们展示一组虚构的数据 (这是在 1996 年 8 月 30 日美国联盟东区比赛结果的基础上略做修改得来的), 如表 1.3 所示.

表 1.3   棒球比赛结果数据

球队	胜	负	余	纽约扬基队	巴尔的摩队	波士顿队	多伦多队	底特律队
纽约扬基队	75	59	28	0	3	8	7	3
巴尔的摩队	72	62	28	3	0	2	7	4
波士顿队	69	66	27	8	2	0	0	0
多伦多队	60	75	27	7	7	0	0	0
底特律队	49	86	27	3	4	0	0	0

其中, 纽约扬基队暂时排名第一, 总共胜 75 场, 负 59 场, 剩余 28 场比赛没打,

其中和巴尔的摩队还有 3 场比赛, 和波士顿队还有 8 场比赛, 和多伦多队还有 7 场比赛, 和底特律队还有 3 场比赛 (还有 7 场与不在此分区的其他队伍的比赛). 底特律队暂时只有 49 场比赛获胜, 剩余 27 场比赛没打. 如果剩余的 27 场比赛全都获胜的话, 是有希望超过纽约扬基队的; 即使只有其中 26 场比赛获胜, 也有希望与纽约扬基队战平, 并在加赛中取胜. 然而, 根据表里的信息已经足以判断, 其实底特律队已经没有希望夺冠了, 大家不妨自己来推导一下.

有没有什么通用的方法, 能够根据目前各球队的得分情况和剩余的场次安排, 有效地判断出一个球队是否有夺冠的可能? 1966 年, Schwartz 在一篇题为 *Possible winners in partially completed tournaments* 的论文中指出, 其实刚才提出的问题, 可以归结为一个简单而巧妙的网络流模型, 如图 1.4 所示.

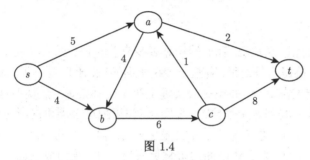

图 1.4

让我们先来看一个似乎完全无关的问题. 假设图 1.4 是一个交通网示意图, 其中 s 点是出发点 (或者说入口), t 点是终点 (或者说出口), 其余所有的点都是交叉路口. 点与点之间的连线代表道路, 所有道路都是单行道, 汽车只能沿着箭头方向行驶. 由于道路的宽度、限速不同等原因, 每条道路都有各自的最大车流量限制, 我们已经把它们标在了图上. 例如, 道路 $b \to c$ 的最大车流量为 6, 这就表示当你站在这条道路上的任意一点时, 单位时间内最多可以有 6 辆汽车经过你所在的位置. 假设在 s 点处源源不断地有汽车想要到达 t 点, 这些汽车已经在 s 点处排起了长队. 那么, 应该怎样安排每条道路的实际流量, 才能让整个交通网络的总流量最大化, 从而最大限度地缓解排队压力呢?

其中一种规划如图 1.5 所示, 各道路上标有实际流量和最大流量, 此时整个交通网络的流量为 6. 由 s 点出发的汽车平分两路, 这两条路的实际流量均为 3, 分别驶入 a 路口和 b 路口. 在 b 路口处还有另外一条驶入的路, 流量为 2. 从 $s \to b$ 和 $a \to b$ 这两条路上来的车合流后驶入 $b \to c$, 因而 $b \to c$ 的实际流量就是 5. 这 5 个单位的车流量是 c 路口的驶入汽车的唯一来源, 这些车分为两拨, 其中 1 个单位的车流量进入 $c \to a$ 路, 另外 4 个单位的车流量直接流向了终点. a 路口的情况比较复杂, 其中有两条路是驶入的, 实际流量分别为 3 和 1; 有两条路是驶出的, 实际流量分别为 2 和 2. 注意, 我们实际上并不需要关心从每条路上驶入的车都从哪儿出去了, 也不需要关心驶往各个地方的车又都是从哪儿来的, 只要总的流入量等于总的流出量, 这个路口就不会发生问题.

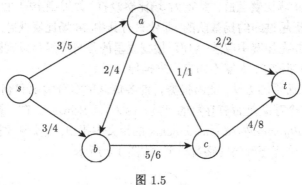

图 1.5

有些朋友可能已经发现, 我们的规划多少有些奇怪: 图中存在 $a \to b \to c \to a$ 这么一个 "圈", 搞得不好的话, 有些车会在里面转圈, 永远到不了 t 点. 不过, 我们只关心整个系统的总流量, 并不关心实际上每个个体的命运. 换句话说, 我们可以假设汽车与汽车之间都是无差异的. 事实上, 如果把这个圈里的所有道路的实际流量都减 1, 整个网络的总流量仍然不会发生变化, 但得到的却是一个更简洁、更明晰的流量规划. 不过, 为了让后面的讲解更有趣一些, 我们故意选取了一个复杂的规划.

给定一个交通网络图, 给出图中每条道路允许的最大流量, 再指定一个点作为源点 (通常用 s 表示), 指定一个点作为汇点 (通常用 t 表示). 如果为每条道路设定一个实际流量 (通常可以假设流量值为整数), 使得每条道路的实际流量都不超过这条道路的最大流量, 并且除了 s 点和 t 点之外, 其他每个点的总流入量都等于总流出量, 我们就说这是一个网络流. 由于制造流量的只有 s 点, 消耗流量的只有 t 点, 其他点的出入都是平衡的, 因此很容易看出, 在任意一个网络流中, s 点的总流出, 一定等于 t 点的总流入. 我们就把这个数值叫做网络流的总流量. 我们通常关心的是, 如何为各条道路设定实际流量, 使得整个图的总流量最大.

图 1.5 的流量显然还没有达到最大, 因为我们还可以找出一条从 s 到 t 的路径, 使得途中经过的每条道路的流量都还没满. 例如, $s \to a \to b \to c \to t$ 就是这样的一条路径. 把这条路径上的每条道路的实际流量都加 1, 显然能够得到一个仍然合法, 但总流量比原来大 1 的网络流. 新的网络流如图 1.6 所示.

我们还能进一步增加流量吗? 还能, 但是这一次就不容易看出来了. 考虑路径 $s \to b \to a \to c \to t$, 注意这条路径中只有 $s \to b$ 段和 $c \to t$ 段是沿着道路方向走的, 而 $b \to a$ 段和 $a \to c$ 段与图中所示的箭头方向正好相反. 现在, 我们把路径中所有与图中箭头方向相同的路段的实际流量都加 1, 把路径中所有与图中箭头方向相反的路段的实际流量都减 1. 于是, 整个网络变成了图 1.7 的样子. 此时你会发现, 这番调整之后, s 点的流出量增加了 1 个单位, t 点的流入量增加了 1 个单位, 其他所有点的出入依旧平衡. 因此, 新的图仍然是一个合法的网络流, 并且流量增加了 1 个单位.

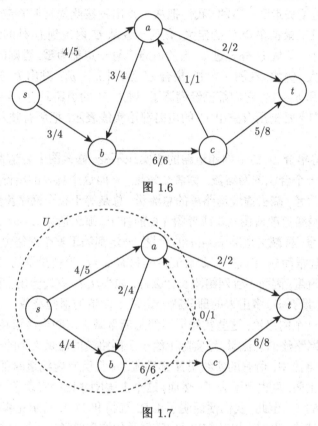

图 1.6

图 1.7

现在, 我们有了两种增加网络流流量的通用模式, 考虑到前者实际上是后者的一个特例, 因而它们可以被归结为一种模式. 首先, 从 s 点出发, 寻找一条到 t 点的路径, 途中要么顺着某条流量还没满的 (还能再加流量的) 道路走一步, 要么逆着某条流量不为零的 (能够减少流量的) 道路走一步. 我们把这样的路径叫做 "增广路径". 找到一条增广路径之后, 增加或者减少沿途道路的流量, 从而在保证网络流仍然合法的前提下, 增加网络流的总流量.

1956 年, 美国数学家 L.R. 福特和 D.R. 富尔克森共同发表了一篇题为 *Maximal flow through a network* 的论文, 论文中指出, 为了找出一个网络中的最大流量, 我们只需要用到上面这种流量改进模式. 换句话说, 如果不能用上述模式增加某个网络流的流量, 即如果图中不存在增广路径, 那么此时的流量就一定达到最大值了.

例如, 在图 1.7 中, 网络流的流量已经达到了 8 个单位, 我们再也找不到增广路径了. 这就说明, 图 1.7 中的流量已经不能再改进, 流量最大就是 8 了.

这个结论有一个非常漂亮的证明. 假设现在有这么一个网络流, 它里面不存在任何增广路径, 这就意味着, 从 s 点出发, 沿着尚未满流的道路走, 或者逆着尚有流量的道路走, 是无法走到 t 点的. 我们把从 s 点出发按此规则能够走到的所有点组成的集合记作 U. 根据集合 U 的定义, 任何一条从 U 内走到 U 外的道路一定都已经满流了, 任何一条从 U 外走进 U 内的道路流量一定都为零, 否则的话集合 U 都还能进一步扩大. 例如, 在图 1.7 中, 集合 U 就是 $\{s, a, b\}$. 驶出 U 的道路有两条, 分别是 $a \to t$ 和 $b \to c$, 它们都已经满流了; 驶入 U 的道路只有 $c \to a$, 它的流量一定为零. 我们不妨把所有驶出 U 的道路都用实线表示, 把所有驶入 U 的道路都用虚线表示.

现在, 保持集合 U 的范围和道路的虚实线不变, 修改图中各道路的实际流量, 使之成为任意一个合法的网络流. 读者会发现, 下面这个重要的结论始终成立: 实线道路里的总流量, 减去虚线道路里的总流量, 总是等于整个网络流的流量. 比如, 把图 1.7 中的网络流改成图 1.5 或者图 1.6 的样子, 那么道路 $a \to t$ 的流量加上道路 $b \to c$ 的流量, 再减去道路 $c \to a$ 的流量, 一定都等于整个网络流的总流量. 为什么? 其实道理很简单, 别忘了, 制造流量的只有 s 点, 消耗流量的只有 t 点, 其他点只负责转移流量, 因而不管网络流长什么样, 如果从 U 里边流出去的流量比从外边流入 U 的流量更多, 多出来的部分就一定是 s 制造的那些流量.

对于任意一个网络流, 这些实线道路的总流量减去这些虚线道路的总流量, 就可以得出整个网络流的总流量, 这实际上给出了网络流的流量大小的一个上限 —— 如果在某个网络流中, 所有的实线道路都满流, 并且所有虚线道路都无流量, 那么流量值便达到上限, 再也上不去了. 然而, 这个上限刚才已经实现了, 因而它对应的流量就是最大的了. 至此, 我们便证明了 L.R. 福特和 D.R. 富尔克森的结论.

根据这一结论, 我们可以从零出发, 反复寻找增广路径, 一点一点增加流量, 直到流量不能再增加为止. 这种寻找最大流的方法就叫做 Ford-Fulkerson 算法.

在运筹学中, 网络流问题有着大量直接的应用. 然而, 网络流问题还有一个更重要的意义 —— 它可以作为一种强大的语言, 用于描述很多其他的实际问题. 很多乍看上去与图论八竿子打不着的问题, 都可以巧妙地转化为网络流问题, 用已有的最大流算法来解决. 让我们来看一看, Schwartz 是如何用网络流来解决棒球赛淘汰问题的.

一支队伍必然落败, 意即这支队伍在最好的局面下也拿不到第一. 让我们来分析一下底特律队可能的最好局面. 显然, 对于底特律队来说, 最好的局面就是, 剩余 27 场比赛全都赢了, 并且其他四个队在对外队的比赛中全都输了. 这样, 底特律队将会得到 76 胜的成绩, 从而排名第一. 但是, 麻烦就麻烦在, 剩下的四个队内部之间还会有多次比赛, 其中必然会有一些队伍获胜. 为了让底特律队仍然排在第一, 我们需要保证剩下的四个队内部之间比完之后都不要超过 76 胜的成绩. 换句话说, 在纽约扬基队、巴尔的摩队、波士顿队、多伦多队之间的 $3 + 8 + 7 + 2 + 7 + 0 = 27$ 场比赛中, 纽约扬基队最多还能胜 1 次, 巴尔的摩队最多还能胜 4 次, 波士顿队最多还能胜 7 次, 多伦多队最多还能胜 16 次. 只要这 27 场比赛所产生的 27 个胜局能够按照上述要求分给这四个队, 底特律队就有夺冠的希望.

网络流是描述这种 "分配关系" 的绝佳模型. 为了简便起见, 我们把这四个队分别记作 a, b, c, d. 我们为每支队伍都设置一个节点, 并且为这四个节点各作一条指向汇点 t 的道路. a 和 b 之间有 3 场比赛, 于是我们设置一个名为 a-b 的节点, 然后从源点 s 引出一条道路指向这个节点, 并将其最大流量设定为 3; 再从这个节点出发, 引出两条道路, 分别指向 a 和 b, 其最大流量可以均设为 3, 或者任意比 3 大的值 (一般设为无穷大, 以表示无须限制). 因而, 在一个网络流中, 节点 a-b 将会从源点 s 处获得最多 3 个单位的流量, 并将所得的流量再分给节点 a 和节点 b. 如果把每个单位的流量理解成一个一个的胜局, 那么网络流也就可以理解为这些胜局的来源和去向. 类似地, 我们设置一个名为 a-c 的节点, 从 s 到 a-c 有一条道路, 最大流量为 8, 从 a-c 再引出两条道路, 分别指向右边的 s 和 c. 除了 c 和 d 之间没有比赛以外, 其他任意两队之间都有比赛, 因此在最终的网络当中, 有 a-b, a-c, a-d, b-c, b-d 共 5 个代表比赛的节点. 每一个合法的网络流, 也就代表了这些比赛所产生的胜局的一种归派方案. 我们希望找出一种胜局归派方案, 使得 a, b, c, d 获得的胜局数量分别都不超过 1, 4, 7, 16. 因而, 给 $a \to t, b \to t, c \to t, d \to t$ 四条道路的最大流量依次设为 1, 4, 7, 16. 最后, 利用 Ford-Fulkerson 算法寻找整个网络的最大流, 若流量能够达到 27, 这就说明我们能够仔细地安排四支队伍之间全部比赛的结果, 使得它们各自获得的胜局数都在限制范围之内, 从而把第一名的位置留给底特律队; 如果最大流的流量无法达到 27, 这就说明四个队之间的比赛场数太多, 无法满足各队获胜局数的限制, 那么底特律队也就不可能取胜了.

事实上, 在图 1.8 所示的网络中, 可能的最大流量是 26 (其中一种网络流方案如图 1.9 所示), 没有达到 27, 因而底特律队也就必败无疑了. 类似地, 我们也可以为其他队伍建立对应的网络, 依次计算每个队伍的命运, 从而完美解决了棒球赛淘汰问题.

例 1.6[15]   BMZ 公司的最大流问题.

背景

BMZ 公司是欧洲一家生产豪华汽车的制造商. 它因为提供优质的服务而获得很好的声誉, 保持这个声誉一个很重要的秘诀就是它有着充裕的汽车配件供应, 从而能够随时供货给公司众多的经销商和授权维修店.

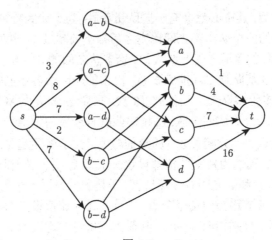

图 1.8

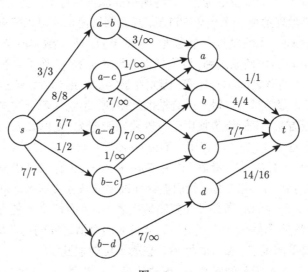

图 1.9

　　这些供应件主要存放在公司的配送中心里, 这样一有需求就可以立即送货, 卡尔 (BMZ 公司的供应链的经理) 优先考虑的是改进这些配送中心的不足之处.

　　该公司在美国有几个配送中心. 但是, 离洛杉矶中心最近的一个配送中心却坐落离洛杉矶 1000 多英里 (1 英里 =1.609344 千米) 的西雅图. 保证洛杉矶中心良好的供应是尤为重要的. 因此, 现在那里的供应不断减少的现状成为公司高层管理真正关心的问题.

　　大部分的汽车配件以及新车是在该公司坐落于德国的斯图加特的总厂和新车一起生产的. 也就是这家工厂向洛杉矶中心供应汽车配件. 每月有超过 300000 立

方英尺 (1 英尺 = 0.3048 米) 的配件需要运到. 现在, 下个月需要多得多的数量以补充正在减少的库存.

问题

卡尔需要尽快制订一个方案, 使得下个月从总厂运送到洛杉矶配送中心的供应件尽可能多. 他认识到了这是个最大流的问题, 一个使得从总厂运送到洛杉矶配送中心的配件量最大的问题. 因为总厂生产的配件量要远远大于能够运送到配送中心的量, 所以, 可以运送多少配件的限制条件就是公司配送网络的容量.

这个配送网络如图 1.10. 在图中, 标有 ST 和 LA 的节点分别代表斯图加特的工厂和洛杉矶的配送中心. 由于工厂所在地有一个铁路运转点, 所以首先通过铁路把配件运输到欧洲的三个港口: 鹿特丹 (RO)、波尔图 (BO) 和里斯本 (LI) ; 然后通过船运到美国的港口纽约 (NY) 或新奥尔良 (NO); 最后用卡车送到洛杉矶的配送中心.

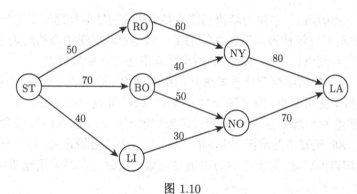

图 1.10

经营这些铁路、船舶和卡车的组织是独立的公司, 这些公司为很多的公司运输货物. 由于对这些老主顾原有的承诺, 这些公司不可以在短时间内为任何一个客户大量增加运输空间配额. 因此, BMZ 公司只能够保证获得下个月每条运输航线有限的运输空间. 图 1.10 已经给出可以获得的空间数量, 以 100 立方米为 1 个单位 (由于每 100 立方米比 3500 立方英尺大一点, 所以, 需要运送的这批货物体积是很大的).

模型描述和求解

这是一个最大流问题, 每一条弧旁边的数字代表了该弧的容量. 通过标号法求得最大流, 在各线路上的运输方案如表 1.4 所示. 最大流量为 150 单位.

进一步改善的方案

在柏林, 即斯图加特的工厂的北面, 公司有一家较小一点的工厂也生产汽车配件. 虽然通常这家工厂用来协助供应给北欧、加拿大和美国北部地区的配送中心 (包括在西雅图的一个), 但是它也同样可以运输配件到洛杉矶的配送中心去. 而且,当洛杉矶配送中心出现库存短缺时, 西雅图的配送中心有能力供应配件给洛杉矶配送中心的客户.

表 1.4   最大流分配方案

出发点	目的地	运输量
斯图加特	鹿特丹	50
斯图加特	波尔图	70
斯图加特	里斯本	30
鹿特丹	纽约	50
波尔图	纽约	30
波尔图	新奥尔良	40
里斯本	新奥尔良	30
纽约	洛杉矶	80
新奥尔良	洛杉矶	70

受到这一点的启发, 卡尔为解决当前洛杉矶存货短缺的问题开发了一个更好的方案. 他决定与其仅仅使得从斯图加特的工厂到洛杉矶配送中心的运输量最大, 不如使得两个工厂到洛杉矶和西雅图这两个配送中心的运输量最大.

图 1.11 显示的网络模型代表扩展后的配送网络. 这个经过扩展的网络包括了两个工厂和两个配送中心. 除了图 1.11 的节点以外, 节点 BE 代表了位于柏林的较小的工厂, 节点 HA 和节点 BN 分别代表为这家工厂提供服务的汉堡和波士顿另外两大港口. SE 代表了西雅图. 和以前一样, 弧代表了运输路线, 每一条弧旁边的数字代表了该弧的容量, 即下个月可以通过这条运输路线的最大运输单位数.

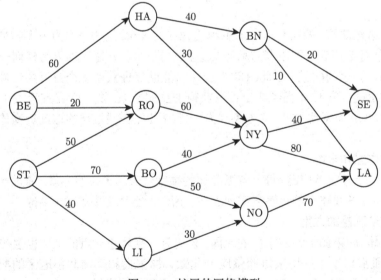

图 1.11   扩展的网络模型

将经过扩展的 BMZ 问题看作最大流问题的网络模型. 重新求解, 得到改善的最大流分配方案如表 1.5 所示. 最大流量为 220 单位. 其中, 运送到洛杉矶的单位数由 150 增长到 160, 另外的新加 60 单位到西雅图作为洛杉矶库存短缺的备份, 这个方案不但解决了洛杉矶的危机, 而且也使卡尔赢得了高层管理的称赞.

表 1.5 改善的最大流分配方案

出发点	目的地	运输量
斯图加特	鹿特丹	60
斯图加特	波尔图	10
斯图加特	里斯本	50
鹿特丹	纽约	70
波尔图	纽约	30
波尔图	新奥尔良	30
里斯本	新奥尔良	30
纽约	洛杉矶	60
新奥尔良	洛杉矶	30

问题

(1) 标号法求解最大流问题时, 如何获得初始可行流?

(2) 对于图 1.11 所示的扩展的网络模型, 是否满足最大流问题对网络图的要求? 应如何处理?

例 1.7[12] 油轮调度问题 (tanker scheduling problem).

一个船运公司约定在几对不同的源点与汇点之间传送易腐蚀的货物. 由于货物易于腐蚀, 顾客有准确的日期 (即传送日期) 要求, 货物必须在所要求的日期到达目的地 (货物既不能够早到也不能够晚到). 船运公司想要确定他们按要求完成这批货物运送任务所需的最少船数.

为了说明该问题的建模方法, 我们考虑一个具有四艘货船, 且每艘船满载表 1.6(a) 所示特征货物的例子. 关于该实例, 按照表中第一行指定的要求, 公司必须在港口 A 装载一船合适的货物于第 3 日运到港口 C. 表 1.6 中的 (b) 和 (c) 表示在这些港口之间载货船的转运时间 (包括所允许的装卸时间) 和无货船的返回时间.

我们通过建立一个如图 1.12(a) 所示的网络来解这个问题. 这个网络包含表示每次船运任务的节点, 以及每个在完成了船运任务节点 i 后能够完成船运任务节点 j 的边 (i, j), 也就是说, 边 (i, j) 意味着任务 j 的开始时间不早于任务 i 的完成时间与船由任务 i 的终点到任务 j 的始点的时间. 这个图中的一条有向路径对应着一个船运任务 (包括装卸与运送) 的可行执行序列. 该油轮调度问题要求我们确定网络中包含每个节点的有向路径的最小数.

我们可大致地将这个问题转化为最大流问题. 将每个节点 i 分成新的两个节点

i' 和 i'', 并增加边 (i', i''), 叫做船运任务边. 我们置边 (i', i'') 的容量下界为 1, 以保证至少有一单位的流量通过该边. 还增加一个源点 s, 并通过把它与每个船运节点相连接来表示船进入服务状态; 同时, 也还增加一个汇点 t, 并通过把它与每个终点相连接来表示船已结束服务. 置网络中每条边的容量为 1. 图 1.12(b) 给出本例最后阶段的网络. 在该网络中, 每条由源点 s 到汇点 t 的有向路径对应这一只船的一个可行调度. 由此, 网络中流量为 v 的可行流可以分解为 v 只船的可行调度, 并且我们的问题可以归结为找具有最小流的可行流问题. 注意到由于船运任务边有下界要求, 零值流是不可行的, 我们可以用关于最大流的算法来解本最小流值问题.

表 1.6   油轮调度问题数据

(a) 油轮特征

油轮	始点	终点	交货日期
1	A	C	3
2	A	C	8
3	B	D	3
4	B	C	6

(b) 运输时间

	C	D
A	3	2
B	2	3

(c) 返回时间

	A	B
C	2	1
D	1	2

以上的例 1.1— 例 1.7 分别译自文献 [12] 的应用 6.1 和应用 6.2、文献 [13] 和文献 [14], 其中的图表序号做了重新编排. 网络流还有很多妙用, 感兴趣的读者不妨了解一下二分图最大匹配问题和任务分配等问题, 继续欣赏网络流模型之美.

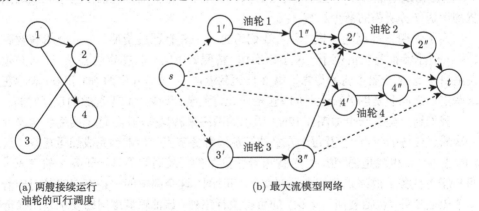

(a) 两艘接续运行　　　　　　　　(b) 最大流模型网络
　油轮的可行调度

图 1.12   油轮调度问题网络结构

1.5 网络流的两种定义的关系

本节讨论路段 s-t-流与路径 s-t-流的关系. 全部内容来自于文献 [11].

1.5.1 分解算法

本节将给出一个将路段 s-t-流分解为路径 s-t-流的算法, 并进行算法分析和根据所建构的算法给出 s-t-流的分解定理及有关推论.

我们先就对有向图情形的简单讨论, 大体说明一下将要建立的分解算法与分解定理的思路.

设 G 是一个有向图, f 是 (G,c) 上的一个 s-t-流, $e_0 = (s, v_0) \in \mathcal{R}^+(s)$, 下述过程叫做一个从 e_0 出发的向前运动: 若 $v_0 \neq s, t$, 在 E 中找 $e_1 = (v_0, v_1)$ 使 $f(e_1) > 0$, $v_1 = s$ 或 t 停止; 否则再在 E 中找 $e_2 = (v_1, v_2)$ 使 $f(e_2) > 0$ 且 e_2 不与 e_0, e_1 重合, $v_2 = s$ 或 t 停止; 否则再在 E 中找 $e_3 = (v_2, v_3)$ 使 $f(e_3) > 0$ 且 e_3 不与 e_0, e_1, e_2 重合, $v_3 = s$ 或 t 停止; $\cdots\cdots$.

命题 1.5 设 G 是一个有向图, f 是 (G,c) 上的一个 s-t-流, $e_0 \in \mathcal{R}^+(s)$, 则从 e_0 出发的向前运动是可行的 (即只要不见到 s 或 t 它就会向前走且在有限步内停止, 最后形成一个圈或 s-t-路径 P); 进一步, 命 $a = \min\{f(e) > 0 : e \in E\}$, 则

$$f_1(e) = \begin{cases} f(e), & e \notin P, \\ f(e) - a, & e \in P, \end{cases} \quad \forall e \in E$$

是 (G,c) 上的一个 s-t-流.

证 设该运动在第 k 步经 e_k 到达 v_k 且 $v_k \neq s$ 或 t, 由中介点公式, 必可找到满足向前条件的 $e_{k+1} = (v_k, v_{k+1})$, 也就是说运动不会停止; 又各步走的边不重合, 而 G 的边有限, 所以它必在有限步内停止, 即该运动是可行的. 因为该运动从 e_0 出发终止在 s 或 t, 所以它走过的是一条 s-t-路径或是一条闭的路径圈. 由此可知 f_1 满足中介点公式, 即它是 (G,c) 上的一个 s-t-流. 证毕

这个命题形象地告诉我们, 从 s 出发的流最终必流到 t. 对于无向图或混合图 $(V, E, \mathcal{R})$ 网络上的流 f, 当将 $\mathcal{R}$ 中的每一个路段看作一条边时, 它也可视为有向图 $(V, \mathcal{R})$ 上的一个流, 只是容量约束有所不同吧, 而该命题并未涉及容量, 所以它展示的事实对于无向图与混合图也是成立的. 下面的分解算法与分解定理就是根据该事实建立起来的.

算法 1.1 (子程序) 输入: 网络 (G,c), $s, t \in V$ 和 (G,c) 上的一个满足

$$\{r \in \mathcal{R} : g(r) > 0\} \neq \varnothing$$

的 s-t-流 g;

输出: (a) (G,c) 上的一条 s-t-路径或一个路径圈 (不同时过 s 和 t) P^* 与正的权 $w(P^*)$;

(b) (G,c) 上的一个满足

$$|\{r \in \mathcal{R} : g^*(r) > 0\}| < |\{r \in \mathcal{R} : g(r) > 0\}|$$

的 s-t-流

$$g^*(r) = \begin{cases} g(r), & r \notin \mathcal{R}(P^*), \\ g(r) - w(P^*), & r \in \mathcal{R}(P^*), \end{cases} \quad r \in \mathcal{R}.$$

过程:

(1) 从 $\{r \in \mathcal{R} : g(r) > 0\}$ 中取 (实际上从 $\mathcal{R}(s)$ 或 $\mathcal{R}(t)$ 中取就可以) r^*, 并置 $j := 0, i := 1, v_j := b(r^*), v_i := d(r^*)$.

(2) 若 $v_i \neq s, t$, 执行 (i); 若 $v_i = t$, 执行 (ii); 若 $v_i = s$, 执行 (iii).

(i) 若 $v_i \in \{v_j, \cdots, v_{i-1}\}$, 从 $\{v_j, \cdots, v_{i-1}\}$ 中找 $v_{i'}$ 使 $v_{i'} = v_i$, 令 $P^* = (v_{i'}, v_{i'+1}, \cdots, v_i)$, 转 (3); 否则, 从 $\mathcal{R}$ 中找 (v_i, v_{i+1}) 使 $g((v_i, v_{i+1})) > 0$(根据中介点公式, 这样的 (v_i, v_{i+1}) 是能够找到的), 并置 $i := i + 1$, 然后转 (2).

(ii) 若 $v_j \in \{v_{j+1}, \cdots, v_i\}$, 从 $\{v_{j+1}, \cdots, v_i\}$ 中找 $v_{j'}$ 使 $v_{j'} = v_j$, 令 $P^* = (v_j, v_{j+1}, \cdots, v_{j'-1}, v_{j'})$(圈), 转 (3); 若 $v_j = s$, 令 $P^* = (v_j, v_{j+1}, \cdots, v_{i-1}, v_i)$(s-t-路径), 然后转 (3); 否则, 从 $\mathcal{R}$ 中找 (v_{j-1}, v_j) 使 $g((v_{j-1}, v_j)) > 0$, 置 $j := j - 1$, 转 (ii).

(iii) 若 $v_j \in \{v_{j+1}, v_{j+2}, \cdots, v_i\}$, 从 $\{v_{j+1}, v_{j+2}, \cdots, v_i\}$ 中找 $v_{j'}$ 使 $v_{j'} = v_j$, 令 $P^* = (v_j, v_{j+1}, \cdots, v_{j'-1}, v_{j'})$(圈), 转 (3); 若 $v_j = t$, 令 $P^* = (v_j, v_{j+1}, \cdots, v_{i-1}, v_i)$ (负向 s-t-路径), 然后转 (3); 否则, 从 $\mathcal{R}$ 中找 (v_{j-1}, v_j) 使 $g((v_{j-1}, v_j)) > 0$, 置 $j := j - 1$, 转 (iii).

(3) 置 $w(P^*) = \min\{g(r) : r \in \mathcal{R}(P^*)\}$, 作 g^* 如下:

$$g^*(r) = \begin{cases} g(r), & r \notin \mathcal{R}(P^*), \\ g(r) - w(P^*), & r \in \mathcal{R}(P^*), \end{cases} \quad r \in \mathcal{R},$$

停机.

命题 1.6　算法 1.1 是可行的, 其运算的复杂度为 $O(n\Delta)$, 这里 $n = |V|, \Delta$ 为节点的最大度.

证　设 $(v_0, v_1) \in \mathcal{R}$ 且 $g((v_0, v_1)) > 0$, 在 $\mathcal{R}$ 中找 $(v_1, v_2), \cdots, (v_{i-1}, v_i)$ 使 $(v_0, v_1, v_2, \cdots, v_{i-1}, v_i)$ 为 G 中的路径且 $g((v_{k-1}, v_k)) > 0(1 \leqslant k \leqslant i)$, 当 v_i 为 s, 或 t, 或与某已出现的点重合时停止搜索, 称这一做法为一个由 (v_0, v_1) 出发的向前运动; 在 $\mathcal{R}$ 中找 $(v_{-1}, v_0), (v_{-2}, v_{-1}), \cdots, (v_j, v_{j+1})$ 使 $(v_j, v_{j-1}, \cdots, v_{-1}, v_0)$ 为 G 中

路径且

$$g((v_k, v_{k+1})) > 0 \quad (j \leqslant k \leqslant -1),$$

当 v_j 为 s, 或 t, 或与已出现的某点重合时停止搜索, 称这一做法为一个由 (v_0, v_1) 出发的向后运动, 不论是向前还是向后运动, 只要不碰上点 s, 或点 t, 或重点, 根据中介点公式就可以继续进行; 另一方面, 由于 V 中只有 n 个点, 它们最多走 n 步, 而绝不会无限地进行; 这也就是说其结果必然是因为碰上了 s, t 或重点而停止. 根据这一事实和算法 1.1 的具体过程可知, 算法 1.1 经过有限次运算后停机, 并在停机时输出一条 s-t-路径, 或一条负向 s-t-路径, 或一个路径圈 P^*. 至于结论输出权 $w(P^*)$ 和 g^* 是显然的.

最后, 根据 $w(P^*)$ 的定义, 命

$$h(r) = \begin{cases} 0, & r \notin \mathcal{R}(P^*), \\ w(P^*), & r \in \mathcal{R}(P^*), \end{cases} \quad r \in \mathcal{R},$$

则 h 是一个流且 $h \leqslant g$. 从而 $g^* = g - h$ 也是一个流, 且至少在一个路段上有 $g^* = 0$ 而 $g \neq 0$. 这也就是说, 输出 g^* 是满足 $|\{r \in \mathcal{R} : g^*(r) > 0\}| < |\{r \in \mathcal{R} : g(r) > 0\}|$ 的 s-t-流.

综上, 算法 1.1 是可行的. 现再进一步分析其复杂度. 易知, 该算法的循环过程由如下两阶段形成: ①向前或向后运动; ②找使 g 的值大于 0 的路段, 即关于某节点 v 从 $\mathcal{R}(v)$ 中找路段 (u, v)(或 (v, u)) 使 $g((u, v)) > 0$(或 $g((v, u)) > 0$). 另外, 一阶段最多走 n 步, 即最多执行 (循环)n 次; 而二阶段最多找 Δ 次, 即在 Δ 次内必可以完成, 且每个一阶段对应一个二阶段. 所以算法 1.1 的复杂度为 $O(n\Delta)$. 证毕

算法 1.2 (分解算法) 输入: 网络 $(G, c), s, t \in V$ 和 (G, c) 上的一个 $\{r : r \in \mathcal{R}, f(r) > 0\} \neq \varnothing$ 的 s-t-流 f.

输出: (a) (G, c) 上的一个 s-t-路径系统 $\mathcal{P}$;

(b) $\mathcal{P}$ 上的一个流 y, 且 $y(P) \neq 0, \forall P \in \mathcal{P}$.

过程:

(1) 置 $k := 0, f_k = f, \mathcal{P} := \varnothing$.

(2) 若 $\{r : r \in \mathcal{R}, f(r) > 0\} = \varnothing$, 置 $K = k$, 输出 $\mathcal{P}, y, w$, 然后停机. 否则, 置 $g := f_k$, 调用算法 1.1 求出 $P^*, w(P^*)$ 和 g^*, 然后, 令 $P_k = P^*, \mathcal{P} := \mathcal{P} \cup \{P_k\}, y(P_k) = w(P^*)$; 再置 $k := k + 1, f_k = g^*$, 转 (1).

定理 1.2   算法 1.2 是可行的, 其运算复杂度为 $O(nm\Delta)$, 且 $|\mathcal{P}| \leqslant 2m$. 这里 $n = |V|, m = |E|, \Delta$ 为节点的最大度.

证   注意到每次循环过后, f 至少减去一条值大于 0 的边, 可知 $\mathcal{P}$ 中无重复的边, 即 $\mathcal{P}$ 为 s-t-路径系统, 且 y 为 $\mathcal{P}$ 上的流, 从而可行性是成立的. 关于复杂度

根据命题 1.6, 在 k 的每次增值以后, $|\{r : r \in \mathcal{R}, f_k(r) > 0\}|$ 都至少减 1, 且 $|\mathcal{P}|$ 增加 1. 又 $|\mathcal{R}| \leqslant 2m$, 而当 $|\{r : r \in \mathcal{R}, f_k(r) > 0\}| = 0$ 时停机, 所以运算的复杂度为 $O(nm\Delta)$, 且 $|\mathcal{P}| \leqslant 2m$.   证毕

注 1.5 当存在着一个与 n 无关的常数 L, 使得每条边的平行边的数目都不超过该常数, 即 $m \leqslant Ln^2$ 时, 有 $O(nm\Delta) = O(n^5)$, 因而算法 1.2 是一个多项式算法, 由于这一条件在大多数情况下都是成立的, 所以一般来说算法 1.2 是一个多项式算法.

定理 1.3 (分解定理) 关于算法 1.2 中的流 f 和 y, 有

$$f(r) = \sum_{r \in \mathcal{R}(P), P \in \mathcal{P}} y(P), \quad \forall r \in \mathcal{R}, \tag{1.15}$$

$$V(f) = \sum_{P \in \mathcal{P}^+} y(P) - \sum_{P \in \mathcal{P}^-} y(P) = V(y). \tag{1.16}$$

这里, $\mathcal{P}^+$ 与 $\mathcal{P}^-$ 分别为 $\mathcal{P}$ 中的正向与负向 s-t-路径.

证 关于 $k = 0, 1, \cdots, K - 1$, 作映射 h_k 如下:

$$h_k(r) = \begin{cases} 0, & r \notin \mathcal{R}(P_k), \\ y(P_k), & r \in \mathcal{R}(P_k), \end{cases} \quad r \in \mathcal{R},$$

则 h_k 是 (G, c) 上的一个流, 且 $f_k = f_{k-1} - h_{k-1}, k = 1, 2, \cdots, K (f_k$ 是算法 1.2 之步 (1) 中定义的流). 由 $f_K = 0$, 有

$$0 = f_{K-1} - h_{K-1} = (f_{K-2} - h_{K-2}) - h_{K-1} = \cdots = f_0 - \left(\sum_{k=0}^{K-1} h_k\right),$$

$$f(r) = \sum_{r \in \mathcal{R}(P_k), P_k \in \mathcal{P}} h_k + \sum_{r \notin \mathcal{R}(P_k), P_k \in \mathcal{P}} h_k = \sum_{r \in \mathcal{R}(P), P \in \mathcal{P}} y(P), \quad \forall r \in \mathcal{R}.$$

(1.15) 式成立.

根据 (1.15) 式, 有

$$\sum_{r \in \mathcal{R}^+(s)} f(r) = \sum_{r \in \mathcal{R}^+(s)} \sum_{P \in \mathcal{P}, r \in \mathcal{R}(P)} y(P) = \sum_{r \in \mathcal{R}^+(s)} \left[\sum_{P \in (\mathcal{P}^+ \cup \mathcal{C}_s), r \in \mathcal{R}(P)} y(P) \right]$$

$$= \sum_{r \in \mathcal{R}^+(s)} \left[\sum_{P \in \mathcal{P}^+, r \in \mathcal{R}(P)} y(P) \right] + \sum_{r \in \mathcal{R}^+(s)} \left[\sum_{P \in \mathcal{C}_s, r \in \mathcal{R}(P)} y(P) \right]$$

$$= \sum_{P \in \mathcal{P}^+} y(P) + \sum_{P \in \mathcal{C}_s} y(P),$$

$$\sum_{r \in \mathcal{R}^-(s)} f(r) = \sum_{P \in \mathcal{P}^-} y(P) + \sum_{P \in \mathcal{C}_s} y(P),$$

其中, $\mathcal{C}_s$ 表示 $\mathcal{P}$ 中所有过点 s 的圈. 由此, (1.16) 式成立.   证毕

命题 1.7 设 G 为一个有向图, 则当运算停止时输出 t-s-路径集 $\mathcal{P}^-$, s-t-路径集 $\mathcal{P}^+$, 不同时过 s 与 t 的圈集 $\mathcal{C}$ 和权 $w : \mathcal{P} \to (0, +\infty)$, 它们满足: $|\mathcal{P}| \leqslant m$, 且

$$f(e) = \sum_{e \in E(P), P \in \mathcal{P}} w(P), \quad \forall e \in E, \tag{1.17}$$

$$V(f) = \sum_{P \in \mathcal{P}^+} w(P) - \sum_{P \in \mathcal{P}^-} w(P). \tag{1.18}$$

这里, $\mathcal{P} = (\mathcal{P}^- \cup \mathcal{P}^+ \cup \mathcal{C})$.

命题 1.8 设 G 是一个有向图或无向图, f 是网络 (G, c) 上的一个 s-t-流.

(1) 在 G 中所有 t-s-路径集 $\mathcal{P}^-$, s-t-路径集 $\mathcal{P}^+$, 不同时过 s 与 t 的圈集 $\mathcal{C}$ 和权 $w : \mathcal{P} \to (0, +\infty)$, 使得

$$f(e) = \sum_{e \in E(P), P \in \mathcal{P}} w(P), \quad f(e) > 0, \quad \forall e \in E, \tag{1.19}$$

$$f(e) = \sum_{e \in \bar{E}(P), P \in \mathcal{P}} w(P), \quad f(e) > 0, \quad \forall e \in \bar{E}(G \text{为无向图}),$$

$$V(f) = \sum_{P \in \mathcal{P}^+} w(P) - \sum_{P \in \mathcal{P}^-} w(P), \tag{1.20}$$

且 $|\mathcal{P}| \leqslant 2m$. 这里, $\mathcal{P} = (\mathcal{P}^- \cup \mathcal{P}^+ \cup \mathcal{C})$, $\bar{E} = \{\vec{e}, \overleftarrow{e} : e \in E\}$, 当 G 为无向图时, 视其为 "$\bar{G} = (V, \bar{E})$". 此外, 当 G 为无向图时, 我们还有

$$f(\vec{e}) + f(\overleftarrow{e}) = \sum_{e \in E(P), P \in \mathcal{P}} w(P), \quad f(\vec{e}) + f(\overleftarrow{e}) > 0, \quad \forall e \in E. \tag{1.21}$$

(2) 当 $V(f) > 0$ 时, G 中有 s-t-路径集 $\mathcal{P}^+$, 圈集 $\mathcal{C}$ 和权 $w : (\mathcal{P}^+ \cup \mathcal{C}) \to (0, +\infty)$, 使得

$$f(e) = \sum_{e \in E(P), P \in (\mathcal{P}^+ \cup \mathcal{C})} w(P), \quad f(e) > 0, \quad \forall e \in E(\bar{E}, G \text{为无向图}),$$

$$V(f) = \sum_{P \in \mathcal{P}^+} w(P), \quad \mathcal{P}^+ \neq \varnothing.$$

(3) 当 $V(f) > 0$ 时, G 中有圈集 $\mathcal{C}$ 和权 $w : \mathcal{C} \to (0, +\infty)$, 使得

$$f(e) = \sum_{e \in E(P), P \in (\mathcal{P}^- \cup \mathcal{C})} w(P), \quad f(e) > 0, \quad \forall e \in E(\bar{E}, G \text{为无向图}),$$

$$V(f) = -\left[\sum_{P \in \mathcal{P}^-} w(P) \right], \quad \mathcal{P}^- \neq \varnothing.$$

(4) 当 $V(f) = 0$ 时, G 中有 s-t-路径集 $\mathcal{P}^-$, 圈集 $\mathcal{C}$ 和权 $w : (\mathcal{P}^- \cup \mathcal{C}) \to (0, +\infty)$, 使得

$$f(e) = \sum_{e \in E(P), P \in \mathcal{C}} w(P), \quad f(e) > 0, \quad \forall e \in E(\bar{E}, G \text{为无向图}).$$

证 由命题 1.7, (1) 除 (1.21) 以外的结论成立. 当 G 为无向图时, 设 $e \in E$, 则

$$f(\vec{e}) = \sum_{\vec{e} \in \bar{E}(P), P \in \mathcal{P}} w(P), f(\vec{e}) > 0, \quad f(\overleftarrow{e}) = \sum_{\overleftarrow{e} \in \bar{E}(P), P \in \mathcal{P}} w(P), f(\overleftarrow{e}) > 0.$$

(注意 P 为有向图 $\bar{G}$ 中的路径, 且 $\{P : P \in \mathcal{P}, e \in E(P)\} = \{P : P \in \mathcal{P}, \vec{e}/\overleftarrow{e} \in \bar{E}(P)\}$.) 所以, 我们有式 (1.21). 从而 (1) 成立.

关于结论 (2). 在 (1) 的基础上, 设 $P_1 \in \mathcal{P}^-$, 不妨假定在 $\mathcal{P}^+$ 中没有 P 使得 $w(P) > w(P_1)$. 在 $\mathcal{P}^+$ 中任取 P_2, 将 P_1 与 P_2 首尾连接构成圈 P_3, 置 $\mathcal{C} := \mathcal{C} \cup \{P_3\}$, $\mathcal{P}^+ := \mathcal{P}^+ \backslash \{P_3\}$, $w(P_3) = w(P_2)$, $w(P_1) = w(P_1) - w(P_2)$; 若在 $\mathcal{P}^+$ 中还是没有 P 使得 $w(P) > w(P_1)$, 重复上面的过程; $\cdots$; 由于 $V(f) > 0$, 必在某次这样做之后, 在 $\mathcal{P}^+$ 中有 P_2 使得 $w(P_2) > w(P_1)$, 将 P_1 与 P_2 首尾连接构成圈 P_3, 并命 $\mathcal{C} := \mathcal{C} \cup \{P_3\}$, $\mathcal{P}^+ := \mathcal{P}^+ \backslash \{P_3\}$, $w(P_3) = w(P_2)$, $w(P_1) = w(P_1) - w(P_2)$. 这样之后, (1.19) 和 (1.20) 两式依然成立, 但 $\mathcal{P}^-$ 中减去了一条路径且 $\mathcal{P}^+ \neq \varnothing$. 由于 $\mathcal{P}^-$ 中的路径有限, 可以反复地采用这种方法将 $\mathcal{P}^-$ 变为 $\varnothing$ 且保证 $\mathcal{P}^+ \neq \varnothing$. 因此, (2) 成立. 类似地可以证明 (3) 和 (4) 也成立. 综上, 本命题成立. (这里的 $\mathcal{P}^-$, $\mathcal{P}^+$, $\mathcal{C}$ 与 w 分别是分解算法所输出的 $\mathcal{P}$ 中的全体 t-s-路径、全体 s-t-路径、全体圈与边上的权.)   证毕

注 1.6 (1) 命题 1.7 和命题 1.8 是为了更好地说明分解算法和分解定理而给出的, 这两对命题对分解算法和分解定理进行凸显与补充.

(2) 当 $s = t$ 时, 由于在算法 1.1 的 (2) 中总是先考虑去掉圈, 所以在最后的输出中, $\mathcal{P}^- = \mathcal{P}^+ = \varnothing$.

(3) 关于 s-t-流的分解问题, 1962 年 L.R. 福特和 D.R. 富尔克森给出并证明了文献 [3] 中的定理 2.2, 2000 年 B. 科尔特 (Bernhard Korte) 和 J. 菲根 (Jens Vygen) 给出并证明了文献 [10] 中的定理 8.8, 本书的分解算法和分解定理改进与推广了这两个定理.

(4) 当 G 是无向图时, $\bar{G}$ 中的 s-t-(t-s-) 路径也是 G 中的 s-t-(t-s-) 路径 (反之亦然). 这个事实告诉我们, 在分解定理中不论 G 是有向图还是无向图, $\mathcal{P}$ 都是 G 中的路径集, 从而它为我们用一种统一的形式来研究有向图上的流与无向图上的流开辟了道路.

定义 1.17 关于 s-t-流 f, 分别称算法 1.2 所给出的 $\mathcal{P}$ 和 y 为由 f 导出的路径系统和路径流 (亦称为流 f 的路径集表示函数); 称 y 在 $(\mathcal{P}^- \cup \mathcal{P}^+)$ 上的限制为 f 的去圈导出流.

推论 1.1 关于算法 1.2 中的 $f, \mathcal{P}$ 和 y, 设 $r \in \mathcal{R}^+(s)$, 且 $f(r) > 0$, 则存在一个过 s 而不过 t 的路径圈集 $\mathcal{C}_s$ 使得 $f(r) = \sum_{r \in \mathcal{R}(P), P \in (\mathcal{P}^+ \cup \mathcal{C}_s)} y(P)$.

证 由 (1.17)(或 (1.19)) 式, $f(r) = \sum_{r \in \mathcal{R}(P), P \in (\mathcal{P}^+ \cup \mathcal{P}^- \cup \mathcal{C})} y(P)$. 因为 $r \in \mathcal{R}^+(s)$, 所以 $\{P : P \in \mathcal{P}^-, r \in \mathcal{R}(P)\} = \varnothing$; 令 $\{P : P \in \mathcal{C}, r \in \mathcal{R}(P)\} = \mathcal{C}_s$, 则其为一个过 s 而不过 t 的路径圈集, 从而推论 1.1 成立. 证毕

推论 1.2 关于 s-t-流 f, 有

$$\sum_{r \in \mathcal{R}^+(s)} f(r) - \sum_{r \in \mathcal{R}^-(s)} f(r) = \sum_{r \in \mathcal{R}^-(t)} f(r) - \sum_{r \in \mathcal{R}^+(t)} f(r) \quad (\text{收发点守恒公式}).$$

证 根据 (1.17)(或 (1.19)) 式, 仿照 (1.18)(或 (1.20)) 式的证明可证: $V(f) = \sum_{r \in \mathcal{R}^-(t)} f(r) - \sum_{r \in \mathcal{R}^+(t)} f(r)$, 从而推论 1.2 成立. 证毕

推论 1.3 当 f 是网络 (G, c) 上的最大 s-t-流时, 关于算法 1.2 中的 $\mathcal{P}$ 有 $\mathcal{P}^- = \varnothing$.

证 若 $\mathcal{P}^- \neq \varnothing$, 从 $\mathcal{P}^-$ 中任取路径 P, 并命

$$f_1(r) = \begin{cases} f(r), & r \notin \mathcal{R}(P), \\ f(r) - y(P), & r \in \mathcal{R}(P), \end{cases} \quad r \in \mathcal{R},$$

则 f_1 是 (G, c) 上的一个 s-t-流, 且由 (1.18)(或 (1.20)) 式与 $y(P) \neq 0$ 可知 $V(f_1) > V(f)$, 这与 f 是最大流相矛盾. 因此, $\mathcal{P}^- = \varnothing$. 证毕

由于流在圈上的流通量不会加大流值, 根据命题 1.4 和推论 1.1, 对于最大流的存在与求解等问题, 我们仅需考虑正向流.

分解算法和分解定理表明了两种 s-t-流之间的密切联系, 并且使得可以在多项式时间内将路段流转化为路径流, 在许多方面, 路径流优越于路段流. 从定义来看, 路段流的约束分有向边与无向边两种情况, 而路径流的约束则是统一的, 拿最大流问题来说, 推论 1.3 说明路段最大流的去圈导出流是一个正向流, 这使得从路径流方面考虑最大流问题可以摆脱 "正负混杂" 的烦恼. 就二者相应的线性规划问题来说, 一个带有表现中介点守恒要求的复杂等式, 而另一个则没有. 受到以上事实的触动, 最后我们再进一步讨论一下两种流的转换问题.

1.5.2 流的转换

处理流的问题经常需要转换其表出形式, 本节在上面工作的基础上对两种流的转换问题做进一步的研究.

命题 1.9   设 y 为 $\mathcal{P}$ 上的路径流, 作 f 如下:

$$f(r) = \begin{cases} \displaystyle\sum_{r \in \mathcal{R}(P), P \in \mathcal{P}} y(P), & \{P \in \mathcal{P} : r \in \mathcal{R}(P)\} \neq \varnothing, \\ 0, & \{P \in \mathcal{P} : r \in \mathcal{R}(P)\} = \varnothing, \end{cases} \quad r \in \mathcal{R},$$

则 f 是一个路段流且 $V(y) = V(f)$.

证   由 (1.3) 式和 (1.5) 式分别知, (1.1) 式和 (1.2) 式成立, 因此 f 是 (G, c) 上的流. 最后, 再根据 f 的定义, (1.4) 式以及上面的有关过程得

$$\begin{aligned} V(f) &= \sum_{r \in F^+(s)} f(r) - \sum_{r \in F^-(s)} f(r) \\ &= \sum_{r \in F^+(s)} \left[\sum_{r \in \mathcal{R}(P), P \in \mathcal{P}} y(P) \right] - \sum_{r \in F^-(s)} \left[\sum_{r \in \mathcal{R}(P), P \in \mathcal{P}} y(P) \right] \\ &= \sum_{P \in (\mathcal{P}^+ \cup \mathcal{C}_s)} y(P) - \sum_{P \in (\mathcal{P}^- \cup \mathcal{C}_s)} y(P) \\ &= \sum_{P \in \mathcal{P}^+} y(P) - \sum_{P \in \mathcal{P}^-} y(P) = V(y). \end{aligned} \qquad \text{证毕}$$

定义 1.18   称命题 1.9 中的 f 为由 y 生成的路段流.

从分解定理和命题 1.9 可知, 一个流可以表示成边集上的函数, 也可以表示成路径集上的函数. 另外, 不论 G 是有向图还是无向图, 当 (G, c) 上的流转换成 $\mathcal{P}$ 上的流后形式是一样的. 因此, 可将 $\mathcal{P}$ 上的流看成 (G, c) 上的流的一种统一的形式. 根据这两个结论, 我们还可以得到下面的结论.

命题 1.10   由路段流 f 导出的路径流 y 的生成路段流恰好是 f.

命题 1.11   给定网络 (G, c), 设 $\tilde{\mathcal{P}}^+$ 是 G 上的最大正向 s-t-路径系统. 则有如下三项结论:

(1) 当 f 是 (G, c) 上的一个最大流时, 其导出的正向流 y (去圈导出流) 在 $\tilde{\mathcal{P}}^+$ 上的不变延拓 $\tilde{y}$(当 $y(P)$ 无定义时规定 $\tilde{y} = 0$) 是 $\tilde{\mathcal{P}}^+$ 上的最大流, 且 $V(f) = V(\tilde{y})$;

(2) 当 y 是 $\tilde{\mathcal{P}}^+$ 上的最大流时, 其生成的路段流 f 是 (G, c) 上的一个最大流, 且 $V(f) = V(y)$;

(3) $\text{OPT}[(G, c)] = \text{OPT}[\tilde{\mathcal{P}}^+]$.

证   在 (1) 的条件下, 如果 $\tilde{y}$ 不是 $\tilde{\mathcal{P}}^+$ 上的最大流, 那么必存在 $y_1 \in F[\tilde{\mathcal{P}}^+]$, 使得 $V(y_1) > V(\tilde{y})$. 设 f_1 是由 y_1 生成的 (G, c) 上的流, 则 $V(f_1) = V(y_1) > V(\tilde{y}) = V(f)$, 矛盾. 从而, (1) 成立. 在 (2) 的条件下, 如果 f 不是 (G, c) 上的最大流, 那么必存在 (G, c) 上的流 f_1 使得 $V(f_1) > V(f)$. 设 y_1 为由 f_1 导出的正向流在 $\tilde{\mathcal{P}}^+$ 上

的不变延拓, 则 $V(y_1) = V(f_1) > V(f) = V(y)$, 矛盾. 从而, (2) 成立. 最后, 由 (1) 和 (2) 与命题 1.9 和命题 1.10 知 (3) 成立.   证毕

本节内容进一步阐明了两种 s-t-流的内在联系. 特别地, 由于一个流在圈上的流量不会影响它的流值, 根据命题 1.1、推论 1.3 和命题 1.11 等结论, 对于最大流的存在与求解等问题, 仅需在最大正向 s-t-路径系统上进行考虑.

注 1.7   本节内容主要来自文献 [11], 编用时做了适当的补充与修改.

1.6 动 态 介 绍

关于网络流理论, 除了上面展示的内容以外, 还有不少内容, 例如动态流理论与应用, 不确定流理论与应用, 等等. 这里简单地介绍一下我们所了解的一些较新的研究动态.

前面我们讨论的都是静态网络流问题, 动态流是较其更为复杂与深刻的一种网络流, 该种流在战争中部队调动、紧急救援系统建设等实际问题中具有重要的应用, 请参见文献 [12] 的 19.6 节. 近期有些工作研究这种流, 例如, Fathabadi 和 Hosseini[16] 讨论了关于一类具有时间变化界的动态一般流的最大流问题; Bagherian[17] 研究了关于动态流的最大流问题的反问题.

近年来不少工作在鲁棒与随机的视阈下考虑网络流问题. 例如, Boginski 等[18] 给出了一种关于具有多重线路故障的网络流问题的线性规划求解方法, 某些确定条件下使用该方法可在多项式时间内求出问题的鲁棒最优解 (robust optimal solutions). Bertsimas 等[19] 从鲁棒最优的观点出发研究了不确定环境中的某些网络流问题.

21 世纪以来关于网络流的主要研究工作集中在各种实际流问题的建模和优化与计算方面. 除上述工作外, Angulo 等[20] 考虑了一类半连续网络流问题, 与一种相关的半连续运输问题, 以及一个关于此半连续运输问题生成的具体问题的随机解法的有效性问题. Shigeno[21] 讨论了一类非线性网络流问题具有凹收益的一般最大流问题. Goemans 等[22] 引入与研究了一类建立在多连接系统上的网络流模型, 该网络流是 L.R. 福特和 D.R. 富尔克森关于非周期网络流的推广, 在无线网络中具有一定的应用. Faigle 等[23] 在正则空间, 即全体单模矩阵 (unimodular matrices) 的核或行向量空间的普通推广意义下, 研究了有向空间中的最大流问题和最大协同流问题. Pferschy 和 Schauer[24] 研究了一类具有分离性约束的最大流问题. Nahapetyan 和 Pardalos[25] 建立了一种关于具有双线性目标函数与网络约束流问题的连续松弛技术. Fleischer 和 Wayne[26] 通过引入一种求解一系列一般最短路径问题的有效方法给出了关于求解一般最大流问题和一般最小费用最大流问题的迅速与简单的完全多项式近似方案. Oldham[27] 也通过运用一种左分配闭半环 (left-distributive closed

semiring) 发展一种求解一个一般最短路径问题的强多项式算法, 给出了关于一般
最大流问题和一般最小费用最大流问题求解的完全多项式组合近似方案. Sorokin
等[28] 考虑了一种指在运用 CVaR (conditional value-at-risk) 技术在限制潜在损失
的意义下为一类具有固定费用与多重不确定性故障的网络流提供一种鲁棒最优解
问题的数学规划问题; 并提供了一种可在大范围条件下成功处理这种问题的启发式
算法.

参 考 文 献

[1] Ford L R, Fulkerson D R. Maximal flow through a network[J]. Canadian Journal of Mathematics, 1956, 8: 399-404.

[2] Ford L R, Fulkerson D R. A simple algorithm for finding maximal network flows and an application to the Hitchcock problem[J]. Canadian Journal of Mathematics, 1957, 9: 210-218.

[3] Ford L R, Fulkerson D R. Flows in Networks [M]. Princeton: Princeton University Press, 1962.

[4] Sheu J B. An emergency logistics distribution approach for quick response to urgent relief demand in disasters[J]. Transportation Research Part E: Logistics and Transportation Review, 2007, 43: 687-709.

[5] Yi W, Kumar A. Ant colony optimization for disaster relief operations[J]. Transportation Research Part E: Logistics and Transportation Review, 2007, 43: 660-672.

[6] 程丛电, 唐恒永, 赵传立. 一个多物资网络流问题的逼近算法 [J]. 辽宁大学学报 (自然科学版), 2008, 35(2): 170-174.

[7] 程丛电, 李振鹏. 具有全局性公平满意度的最大多物资网络流问题 [J]. 应用数学学报, 2011, 34(3): 502-517.

[8] 姜雨, 张洪海, 夏洪山. 多机场网络系统流量分配策略 [J]. 系统工程理论与实践, 2011, 31(2): 379-384.

[9] 谢金星, 邢文训, 王振波. 网络优化 [M]. 2 版. 北京: 清华大学出版社, 2009.

[10] Korte B, Vygen J. Combinatorial Optimization: Theory and Algorthms[M]. Berlin: Springer-Verlag, 2000.
(中文版. 组合最优化: 理论与算法 [M]. 越民义, 林诒勋, 姚恩瑜, 张国川, 译. 北京: 科学出版社, 2014.)

[11] 程丛电. 混合图网络上的 s-t-流 [J]. 重庆师范大学学报 (自然科学版), 2012, 29(1): 12-17.

[12] Ahuja R K. Network Flows: Theory, Algorithms, and Application[M]. Upper Saddle River: Prentice Hall, 1993.

[13] 张宪超, 陈国良, 万颖瑜. 网络最大流问题研究进展 [J]. 计算机研究与发展, 2003, 40(9): 1281-1292.

[14] Matrix67. 网络流和棒球赛淘汰问题 [J]. 数学建模及其应用, 2016, 5(1): 69-72.

[15] 弗雷德里克 S. 希利尔. 数据、模型与决策：基于电子表格的建模和案例研究方法 [M]. 5
       版. 李勇建, 译. 北京: 机械工业出版社, 2015.

[16] Fathabadi H S, Hosseini S A. Maximum flow problem on dynamic generative network
       flows with time-varying bounds[J]. Applied Mathematical Modelling, 2010, 34: 2136-
       2147.

[17] Bagherian M. The inverse maximum dynamic flow problem[J]. Science China Mathe-
       matics, 2010, 53(10): 2709-2717.

[18] Boginski V L, Commander C W, Turko T. Polynomial-time identification of robust
       network flows under uncertain arc failures[J]. Optimization Letters, 2009, 3: 461-473.

[19] Bertsimas D, Nasrabadi E, Stiller S. Robust and adaptive network flows[J]. Operations
       Research, 2013, 61(5): 1218-1242.

[20] Angulo G, Ahmed S, Dey S S. Semi-continuous network flow problems[J]. Mathematical
       Programming, 2014, 145: 565-599.

[21] Shigeno M. Maximum network flows with concave gains[J]. Mathematical Programming,
       2006, 107: 439-459.

[22] Goemans M X, Iwata S, Zenklusen R. A flow model based on polylinking system[J].
       Mathematical Programming, 2012, 135: 1-23.

[23] Faigle U, Kern W, Peis B. Max-Flow on regular spaces [A/OL]. arXiv. org: 1206. 5167vl
       [math. CO], 2012.

[24] Pferschy U, Schauer J. The maximum flow problem with disjunctive constraints[J].
       Journal of Combinatorial Optimization, 2013, 26(1): 109-119.

[25] Nahapetyan A, Pardalos P M. A bilinear relaxation based algorithm for concave piece-
       wise linear network flow problems[J]. Journal of Industrial and Management Optimiza-
       tion, 2007, 3: 71-85.

[26] Fleischer L K, Wayne K D. Fast and simple approximation schemes for generalized
       flow[J]. Mathematical Programming, 2002, 91: 215-238.

[27] Oldham J D. Combinatorial approximation algorithms for generalized flow problems[J].
       Journal of Algorithms, 2001, 38: 135-169.

[28] Sorokin A, Boginski V, Nahapetyan A, Pardalos P M. Computational risk management
       techniques for fixed charge network flow problems with uncertain arc failures[J]. Journal
       of Combinatorial Optimization, 2013, 25: 99-122.

第2章 多商品网络流

多商品网络流或多种物资网络流 (multicommodity flow) 是多种物品 (货物) 在网络中从不同的源点流向不同的汇点的网络流, 求满足某特定条件的多商品网络流问题或其反问题称为多商品网络流问题 (multicommodity flow problem, MFP), 参见 [1—4]. 与第 1 章不同, 这里用 MFP 表示多商品网络流, 不是像第 1 章那样用 MFP 表示最大流问题. 多商品网络流问题是网络流领域的一个重要分支, 可用于处理诸多产生于紧急资源管理、计算机科学技术、通信和运输系统行为最优化、生产分配计划、网络设计以及金融流通等过程中的实际问题. 这是一个既古老又新颖的研究方向, 早在 L.R. 福特和 D.R. 富尔克森的系列工作奠定网络流研究领域基础时, 他们就曾研究过某些 MFP, 例如, 最大流量 MFP 与 Hitchcock 问题; 进入 21 世纪以后, 关于 MFP 的研究工作与日俱增, 蓬勃发展, 现已成为当前数学研究领域的一个 "热点" 课题; 在 21 世纪以前关于 MFP 的工作主要是研究最大流量 MFP 和最小费用 MFP 的有效算法; 随着社会生产的进步, 特别是现代交通运输 (含输油、送电和灌溉等)、无线通信、计算机和互联网的发展, 实际 MFP(生产实践中与多物资网络流相关的问题) 越来越多, 遂从 20 世纪 90 年代初以来在网络流研究领域中涌现出了许多新型有关 MFP 的研究工作, 参见 [5—20]. 尽管如此, 当前 MFP 的研究还很不成熟, 一些有着重要实际意义的研究内容一直被冷落或无人问津, 加强关于 MFP 的研究可以大力地促进科学、技术和文化的发展, 大力地促进社会生产力的发展.

本章主要讲述多商品网络流的基本理念与最大多商品网络流问题的求解方法.

2.1 基 础 知 识

第 1 章已说明或定义过的概念与记号本章不加说明地延续使用.

设 (G, c) 是一个具有边权的网络, $H = \{s_i, t_i : i = 1, 2, \cdots, k\}$, 二元组合 $[(G, c), H]$ 叫做一个 H 流通环境, 或多商品网络. 在 $[(G, c), H]$ 上, 设 $\mathcal{P}_i$ 是个 s_i-t_i-路径系统, 即 $\mathcal{P}_i = \mathcal{P}_i^- \cup \mathcal{P}_i^+ \cup \mathcal{C}_i$, 而 $\mathcal{P}_i^-$ 与 $\mathcal{P}_i^+$ 分别是 G 中的 t_i-s_i-路径集和 s_i-t_i-路径集, $\mathcal{C}_i$ 是 G 中不同时过 s_i 与 t_i 的圈集, $i = 1, 2, \cdots, k$, $\mathcal{P} = \bigcup_{i=1}^k \mathcal{P}_i$ 叫做一个路径系统; 当每个 $\mathcal{P}_i$ 都无圈时称 $\mathcal{P}$ 为无圈路径系统; 当 $\mathcal{P}_i^- = \varnothing, \mathcal{C}_i = \varnothing$, $i = 1, 2, \cdots, k$ 时, 称 $\mathcal{P}$ 为正向的; 当 $\mathcal{P}$ 是正向的, 且 $\mathcal{P}_i^+, i = 1, 2, \cdots, k$ 均为 G 上的最大正向 s_i-t_i-路径系统时, 称 $\mathcal{P}$ 为 $[(G, c), H]$ 上的最大正向路径系统.

定义 2.1 在 $[(G,c),H]$ 中, 设 G 是一个有向 (无向) 图, $f_i, i = 1, 2, \cdots, k$ 是 (G,c) 上的 s_i-t_i-流, 且

$$\sum_{i=1}^{k} f_i(e)\left([f_i(\overleftarrow{e}) + f_i(\vec{e})]\right) \leqslant c(e), \quad \forall e \in E,$$

则称流族 $f = \{f_i : i = 1, 2, \cdots, k\} (k \geqslant 2)$ 为 $[(G,c),H]$ 上的多商品网络流, 简称流; 称 $V(f) = \sum_{i=1}^{k} V(f_i)$ 为 f 的流值. $[(G,c),H]$ 上的全体流记为 $F[(G,c),H]$.

定义 2.2 设 $\mathcal{P}$ 为 $[(G,c),H]$ 上的一个无圈路径系统, 若映射 $y : \mathcal{P} \to \mathbf{R}_+$ 满足 $\sum_{e \in E(P), P \in \mathcal{P}} y(P) \leqslant c(e), \forall e \in E, k \geqslant 2$, 称 y 为 $\mathcal{P}$ 上的多商品网络流, 简称流; 当 $\mathcal{P}$ 是正向的时, 称 y 为正向流. $\mathcal{P}$ 上的全体流记为 $F[\mathcal{P}]$. $V_i(y) = \left[\sum_{P \in \mathcal{P}_i^+} y(P) - \sum_{P \in \mathcal{P}_i^-} y(P)\right]$ 称为 y 的由 s_i 到 t_i 的流值; $V(y) = \sum_{i=1}^{k} V_i(y)$ 叫做 y 的流值.

注 2.1 (1) 多商品网络流满足下面的节点公式:

$$\sum_{(u,v) \in \mathcal{R}(P), P \in \mathcal{P}_i} y(P) = \sum_{(v,w) \in \mathcal{R}(P), P \in \mathcal{P}_i} y(P) \tag{2.1}$$

$$\forall v \in [V(\mathcal{P}) - \{s_i, t_i\}], \quad i = 1, 2, \cdots, k.$$

(2) 多商品网络流与多源汇流很容易混淆, 特别是, 当它们以边函数的形式出现的时候, 我们可用节点公式 (2.1) 与 (1.6) 来区分它们.

(3) 在 $[(G,c),H]$ 或 $\mathcal{P}$ 上寻求满足某种特殊条件 (如总流量最大; 总的流量最大而各种物资的流量又相对均衡等) 的多商品网络流问题称为多商品网络流问题. 这类问题在现代工业、商业、军事等方面有着十分广泛的应用, 是当前网络流研究领域中的主要研究对象.

命题 2.1 设 $\mathcal{P}$ 为 $[(G,c),H]$ 上的一个无圈路径系统, y 是 $\mathcal{P}$ 上的一个流, 则 $\forall v \in [V(\mathcal{P}) - H]$, 有 $\mathcal{P}^-(v) = \mathcal{P}^+(v)$ 且 $\sum_{P \in \mathcal{P}^-(v)} y(P) = \sum_{P \in \mathcal{P}^+(v)} y(P)$(中节点公式).

证 设 $P \in \mathcal{P}^-(v)$, 则存在 $u \in V(P)$ 使得 $(u,v) \in \mathcal{R}(P)$, 由于 $v \notin H$, 有唯一的 $w \in V(P)$ 使得 $(v,w) \in \mathcal{R}(P)$, 即 $P \in \mathcal{P}^+(v)$; 反之亦然. 因此, 命题成立.

证毕

对于每一条边 e 给定一个获得因子 $\gamma(e)$, 传统的网络流就变成了一般的网络流. 在一般的网络流问题中, 进入弧的每一单位流量都以 $\gamma(e)$ 单位的流量输出. 对于传统的网络流来说, 每条弧的获得因子都是 1. 在 L.R. 福特和 D.R. 富尔克森关于网络流的专著 [21] 开创网络流研究领域之前, 就曾经有学者研究过一般的网络流问题, 见文献 [22, 23]. 由于获得因子可将一种对象转化为另一种对象, 运用获得因子可以使得两种不同的经典网络流互相转化, 统一为一种流. 例如, 将人民币转

换为美元; 木材转化为纸张. 因此, 我们可以刻画传送过程中具有蒸发与渗透的水渠网络中的流. 该种网络流是当前网络流研究领域里的主要研究对象, 具有广阔的发展空间.

传统的一般网络流不注重节点公式, 可是许多实际的一般网络流问题都与节点公式有关, 因此具有节点公式的一般网络流值得研究. 下面, 我们除给出一般网络流的定义外, 还定义两种具有节点公式的一般网络流. 为了简单, 我们总假设路径系统是正向的.

定义 2.3　给定 $[(G,c),H]\,(k \geqslant 2)$ 上的一个正向系统 $\mathcal{P}$, 与一个叫做获得因子的路段函数 $\gamma: \mathcal{R} \to \mathbf{R}_+$, 且 $\forall P = (r_1, r_2, \cdots, r_k, \cdots, r_l) \in \mathcal{P}$, 命

$$\gamma_P(r_k) = \gamma(r_1)\,\gamma(r_2)\cdots\gamma(r_k), \quad \gamma(P) = \gamma(r_1)\,\gamma(r_2)\cdots\gamma(r_l), \quad \gamma'(P) = \gamma(r_1).$$

若映射 $y: \mathcal{P} \to \mathbf{R}_+$ 满足

$$\sum_{|r|=e, r \in \mathcal{R}(P), P \in \mathcal{P}} \gamma_P(r) y(P) \leqslant w(e), \quad \forall e \in E(\mathcal{P}),$$

这里 $|r|$ 表示路段 r 所在的边, 则称 y 为 $\mathcal{P}$ 上的一个一般多商品网络流 (generalized multicommodity flow), 简称一般流, $\mathcal{P}$ 上的全体一般多商品网络流, 记为 GF($\mathcal{P}$). 当 y 还分别满足

$$\sum_{(u,v) \in E(P), P \in \mathcal{P}} \gamma_P((u,v)) y(P) = \sum_{(v,w) \in E(P), P \in \mathcal{P}} \gamma_P((v,w)) y(P),$$

$$\forall v \in \left(V(\mathcal{P}) - \bigcup_{i=1}^{k} \{s_i, t_i\} \right); \quad (\text{I-型节点守恒公式}) \tag{2.2}$$

$$\sum_{(u,v) \in E(P), P \in \mathcal{P}_i} \gamma_P((u,v)) y(P) = \sum_{(v,w) \in E(P), P \in \mathcal{P}_i} \gamma_P((v,w)) y(P),$$

$$\forall v \in (V(\mathcal{P}) - \{s_i, t_i\}), \quad i = 1, 2, \cdots, k \quad (\text{II-型节点守恒公式}) \tag{2.3}$$

时, 分别称其为 I-型一般流和 II-型一般流; 并用 GF$_\mathrm{I}$($\mathcal{P}$) 来表示全体 I-型一般流, 用 GF$_\mathrm{II}$($\mathcal{P}$) 来表示全体 II-型一般流. $V_i(y) = \sum_{P \in \mathcal{P}_i} y(P)\gamma(P)$ 叫做 y 的由 s_i 到 t_i 的流值; $V(y) = \sum V_i(y)$ 叫做 y 的 (总) 流值.

显然, I-型一般流和 II-型一般流较传统的多商品网络流和经典的网络流具有更多的外延, 由此可以看出它们的应用价值.

设 $v \in V(\mathcal{P}), P \in \mathcal{P}$. 若 $(u,v) \in \mathcal{R}(P)$, 则 $y(P) \cdot \gamma_P((u,v))$ 表示由 v 流入 P 的流值, 记为 $v^-(y, P)$; 若 $(v,w) \in \mathcal{R}(P)$, 则 $y(P) \cdot \gamma_P((v,w))$ 表示由 v 流出 P 的流值, 记为 $v^+(y, P)$. $\sum_{P \in \mathcal{P}} v^-(y, P)$ 叫做进入 v 的流值, 记为 $v^-(y)$; $\sum_{P \in \mathcal{P}} v^+(y, P)$ 叫做流出 v 的流值, 记为 $v^+(y)$.

I-型一般流和II-型一般流除分别满足节点公式 (2.2) 和 (2.3) 而外, 还分别满足下面的收发点流量守恒公式 (2.4) 和 (2.5).

定理 2.1 (1) 设 y 是一个多源多汇流 (见定义 1.4) 或 I-型一般流, 则

$$\sum \left[s_i^+ (y) - s_i^- (y) \right] = \sum \left[t_i^+ (y) - t_i^- (y) \right]. \quad \text{(收发点流量守恒公式)} \qquad (2.4)$$

(2) $\forall y \in \mathrm{GF_{II}}(\mathcal{P})$, 有 $V_i(y) = \sum_{P \in \mathcal{P}_i} \gamma'(P) y(P)$,

$$\sum \left[s_i^+ (y) - s_i^- (y) \right] = \sum \left[t_i^+ (y) - t_i^- (y) \right]$$
$$= V(y) = \sum_{P \in \mathcal{P}} \gamma'(P) y(P). \quad \text{(收发点流量守恒公式)} \qquad (2.5)$$

证 简明起见, 就有向图的情形进行证明, 并对式 (2.4) 仅就 I-型一般流进行证明.

设 $y \in \mathrm{GF_I}(\mathcal{P})$. $\forall (v_1, v_2) \in E(\mathcal{P})$, 当 $(v_1, v_2) \in E(P), P \in \mathcal{P}$ 时, 我们有

$$v_1^+ (y, P) = v_2^- (y, P).$$

根据该式并运用 (2.2) 可得

$$0 = \sum_{(v_1, v_2) \in E(\mathcal{P})} \left\{ \sum_{P \in \mathcal{P}} \left[v_1^+ (y, P) - v_2^- (y, P) \right] \right\}$$

$$= \sum_{v \in \left(V(\mathcal{P}) - \bigcup\limits_{i=1}^k \{s_i, t_i\} \right)} \left\{ \sum_{v \in V(P), P \in \mathcal{P}} \left[v^+ (y, P) - v^- (y, P) \right] \right\}$$

$$+ \sum \left[\sum_{s_i \in V(P), P \in (\mathcal{P} - \mathcal{P}_i)} (s_i^+ (y, P) - s_i^- (y, P)) + \sum_{P \in \mathcal{P}_i} s_i^+ (y, P) \right]$$

$$+ \sum \left[\sum_{t_i \in V(P), P \in (\mathcal{P} - \mathcal{P}_i)} (t_i^+ (y, P) - t_i^- (y, P)) + \sum_{P \in \mathcal{P}_i} t_i^+ (y, P) \right]$$

$$= \sum_{v \in \left(V(\mathcal{P}) - \bigcup\limits_{i=1}^k \{s_i, t_i\} \right)} (v^+ (y) - v^- (y)) + \sum s_i^+ (y)$$

$$- \sum s_i^- (y) + \sum t_i^+ (y) - \sum t_i^- (y)$$

$$= \left(\sum s_i^+ (y) - \sum s_i^- (y) \right) + \left(\sum t_i^+ (y) - \sum t_i^- (y) \right)$$

$$\Rightarrow \left(\sum s_i^+ (y) - \sum s_i^- (y) \right) = \left(\sum t_i^- (y) - \sum t_i^+ (y) \right).$$

当 $y \in \mathrm{GF_{II}}(\mathcal{P})$ 时, 根据 (2.3), 进一步有

$$\sum s_i^+(y) - \sum s_i^-(y)$$

$$= \sum \left[\sum_{s \in V(P), P \in (\mathcal{P}-\mathcal{P}_i)} (s_i^+(y,P) - s_i^-(y,P)) + \sum_{P \in \mathcal{P}_i} s_i^+(y,P) \right]$$

$$= \sum \left[\sum_{P \in \mathcal{P}_i} s_i^+(y,P) \right] = \sum \left[\sum_{P \in \mathcal{P}_i} \gamma'(P)y(P) \right];$$

$$\sum t_i^+(y) - \sum t_i^-(y)$$

$$= \sum \left[\sum_{t_i \in V(P), P \in (\mathcal{P}-\mathcal{P}_i)} (t_i^-(y,P) - t_i^+(y,P)) + \sum_{P \in \mathcal{P}_i} t_i^-(y,P) \right]$$

$$= \sum \left[\sum_{P \in \mathcal{P}_i} t_i^-(y,P) \right] = \sum V_i(y) = V(y).$$

从而 (2.5) 成立. 命 $k = 1$, 得 $V_i(y) = \sum_{P \in \mathcal{P}_i} \gamma'(P)y(P)$.   证毕

2.2 最大多商品网络流问题

与单商品网络流一样, 最大多商品网络流问题 (maximum multicommodity flow problem, MMFP) 是应用多商品网络流理论解决实际问题的基础, 是多商品网络流理论的重要内容, 本节讲述常见的最大多商品网络流问题, 以及它们与线性规划问题的关系.

定义 2.4 设 $[(G,c),H]$ 为一多商品流通环境, $\mathcal{P}$ 为 $[(G,c),H]$ 上的一个多商品路径系统, $b_i \geqslant 0$, $i = 1, 2, \cdots, k$.

问题在 $[(G,c),H](\mathcal{P})$ 上求多商品网络流 $f'(y')$ 使得其总流量最大, 即

$$V(f') = \max\{V(f)|f \in \mathrm{F}[(G,c),H]\} \left(= \mathrm{OPT}([(G,c),H]) = \hat{V}\right)$$

$$\left(V(y') = \max\{V(y)|y \in \mathrm{F}[\mathcal{P}]\}\right)\left(= \mathrm{OPT}(\mathcal{P}) = \hat{V}\right), \tag{2.6}$$

称为最大多商品网络流问题. 满足 (2.6) 的 $f'(y')$ 称为 MMFP 的解.

问题在 $[(G,c),H](\mathcal{P})$ 上求多商品网络流 $f'(y')$ 使得

$$V_i(f')(V_i(y')) \leqslant b_i, \quad i = 1, 2, \cdots, k,$$

且其总流量最大, 即

$$V(f') = \max\{V(f)|f \in \mathrm{F}[(G,c),H], V_i(f) \leqslant b_i, i = 1, 2, \cdots, k\}(= \bar{V})$$

$$\left(V(y') = \max\left\{ V(y) \,|\, y \in \mathrm{F}\,[\mathcal{P}]\,,\ V_i(y) \leqslant b_i,\ i = 1, 2, \cdots, k \right\} \left(= \bar{V}\right) \right), \qquad (2.7)$$

称为约束最大多商品网络流问题 (contained maximum multicommodity flow problem, CMMFP).

问题在 $[(G, c), H]\,(\mathcal{P})$ 上求多商品网络流 $f'(y')$ 使得

$$V_i(f')\,(V_i(y')) = b_i, \quad i = 1, 2, \cdots, k,$$

称为普通多商品网络流问题 (common multicommodity flow problem, CMFP), 参见 [4].

问题在 $[(G, c), H]\,(\mathcal{P})$ 上求多商品网络流 $f'(y')$ 使得

$$V_i(f')\,(V_i(y')) = \lambda b_i, \quad i = 1, 2, \cdots, k,\ \lambda \in [0, 1],$$

且其总流量最大, 即

$$V(f') = \max\left\{ V(f) \,|\, f \in F\,[(G, c), H]\,,\ V_i(f) = \lambda b_i,\ \lambda \in [0, 1], i = 1, 2, \cdots, k \right\}$$

$$\left(V(y') = \max\left\{ V(y) \,|\, y \in F\,[\mathcal{P}]\,,\ V_i(y) = \lambda b_i,\ \lambda \in [0, 1],\ i = 1, 2, \cdots, k \right\} \right), \qquad (2.8)$$

称为最大一致多商品网络流问题 (maximum concurrent multicommodity flow problem, MCMFP).

从某种意义上讲, 问题 CMMFP, CMFP 和 MCMFP 都可看作 MMFP 的衍生问题, 而 b_i 可以理解为关于商品 i 的需求量, 此外还可以将 (b_i) 理解为需求向量. 对于问题 MCMFP 来说, 实际上 $\lambda = \dfrac{V_i(y)}{b_i}$, 我们可将其理解为流 y 关于商品 i 的满意率. 当 b_i 充分大以致 $b_i \geqslant \mathrm{OPT}(\mathcal{P})$ 时, MMFP 和 CMMFP 是等价的.

定义 2.5 设 $[(G, c), H]$ 为一多商品流通环境, $\mathcal{P}$ 为 $[(G, c), H]$ 上的一个多商品路径系统, $b_i \geqslant 0,\ i = 1, 2, \cdots, k.$

问题在 $(\mathcal{P})$ 上求一个一般 (一般 I-型或一般 II-型) 多商品网络流 y' 使得其总流量最大, 即

$$V(y') = \max\left\{ V(y) \,|\, y \in \mathrm{GF}\,[\mathcal{P}] \right\} \qquad (2.9)$$

$$\left(V(y') = \max\left\{ V(y) \,|\, y \in \mathrm{GF_I}\,[\mathcal{P}] \right\} \text{或} \qquad (2.10)$$

$$V(y') = \max\left\{ V(y) \,|\, y \in \mathrm{GF_{II}}\,[\mathcal{P}] \right\} \right), \qquad (2.11)$$

称为最大一般 (一般 I-型或一般 II-型) 多商品网络流 (generalized maximum multicommodity flow problem), 记为 GMMF(IGMMF 或 IIGMMF).

问题在 $\mathcal{P}$ 上求一般多商品网络流 y' 使得

$$V_i(y') = \lambda b_i, \quad i = 1, 2, \cdots, k, \quad \lambda \in [0, 1],$$

且其总流量最大, 即

$$V(y') = \max\left\{V(y) \,\middle|\, y \in \mathrm{GF}\,[\mathcal{P}]\,,\ V_i(y) = \lambda b_i,\ \lambda \in [0,1],\ i = 1,2,\cdots,k\right\}, \quad (2.12)$$

称为一般最大一致多商品网络流问题 (generalized maximum concurrent multicommodity flow problem, GMCMFP).

又 $\forall e \in E$, 设单位流通过边 e 所需要的费用为 $\hat{c}(e)(\geqslant 0)$.

问题在 $\mathcal{P}$ 上求一般多商品网络流 y' 使得总流量最大, 且所需费用的和最小, 即

$$\sum_{e \in E} \hat{c}(e) \left[\sum_{e \in E(P), P \in \mathcal{P}} y'(P)\right]$$
$$= \min\left\{\sum_{e \in E} \hat{c}(e) \left[\sum_{e \in E(P), P \in \mathcal{P}} y(P)\right] \,\middle|\, V(y) = \hat{V},\ y \in \mathrm{F}[\mathcal{P}]\right\}, \quad (2.13)$$

称为一般最小费用最大多商品网络流问题 (generalized minimum cost maximum multicommodity flow problem, GMCMMFP).

问题在 $\mathcal{P}$ 上求一般最大一致多商品网络流 y'' 使得所需费用的和最小, 即

$$\sum_{e \in E} \hat{c}(e) \left[\sum_{e \in E(P), P \in \mathcal{P}} y''(P)\right] = \min\left\{\sum_{e \in E} \hat{c}(e) \left[\sum_{e \in E(P), P \in \mathcal{P}} y'(P)\right]\right\},$$
$$V(y') = \max\left\{V(y) \,\middle|\, y \in \mathrm{GF}\,[\mathcal{P}]\,,\ V_i(y) = \lambda b_i,\ \lambda \in [0,1],\ i = 1,2,\cdots,k\right\}, \quad (2.14)$$

称为一般最小费用一致多商品网络流问题 (generalized minimum cost concurrent multicommodity flow problem, GMCCMFP). 参见 [6].

上面介绍的多商品网络流问题大多可以用线性规划来表示, 特别是最大多商品网络流问题与装箱 (packing) 线性规划问题有如下命题 2.2 所述关系.

命题 2.2　当 $\mathcal{P}$ 是正向路径系统时有如下结论:

(1) $y'(\in \mathrm{F}\,[\mathcal{P}])$ 是 MMFP 的解当且仅当 $Y' = (y'(P))(\in \mathbf{R}^{|\mathcal{P}|})$ 是下面装箱线性规划问题的解:

$$\max\left\{\sum_{P \in \mathcal{P}} y(P) \,\middle|\, Y \in \mathbf{R}_+^{|\mathcal{P}|},\ \sum_{e \in E(P),\ P \in \mathcal{P}} y(P) \leqslant c(e),\ \forall e \in E(P)\right\}. \quad (2.15)$$

(2) $y' (\in \mathrm{F}\,[\mathcal{P}])$ 是 CMMFP 的解当且仅当 $Y' = (y'(P))\,(\in \mathbf{R}^{|\mathcal{P}|})$ 是下面装箱线性规划问题的解:

$$\max \left\{ \sum_{P \in \mathcal{P}} y(P) \,\middle|\, Y \in \mathbf{R}_+^{|\mathcal{P}|}, \sum_{e \in E(P), P \in \mathcal{P}} y(P) \leqslant c(e),\ \forall e \in E(\mathcal{P});\right.$$

$$\left. \sum_{P \in \mathcal{P}_i} y(P) \leqslant b_i,\ i = 1, 2, \cdots, k \right\}. \tag{2.16}$$

证 关于 (1) 的证明是平凡的. 由线性规划问题 (2.15) 与 (2.16) 的最优解存在, 知结论 (2) 成立. 证毕

命题 2.3 当 $\mathcal{P}$ 是正向路径系统时, $y\,(\in \mathrm{F}\,[\mathcal{P}])$ 是 CMFP 的解当且仅当 $Y = (y(P))\,(\in \mathbf{R}_+^{|\mathcal{P}|})$ 满足

$$\sum_{P \in \mathcal{P}_i} y(P) = b_i,\ i = 1, 2, \cdots, k; \qquad \sum_{e \in E(P), P \in \mathcal{P}} y(P) \leqslant c(e),\ \forall e \in E(\mathcal{P}). \tag{2.17}$$

命题 2.4 当 $\mathcal{P}$ 是正向路径系统时有如下结论:

(1) $y'\,(\in \mathrm{F}\,[\mathcal{P}])$ 是 MCMFP 的解当且仅当 $Y' = (y'(P))\,\left(\in \mathbf{R}_+^{|\mathcal{P}|}\right)$ 是下面线性规划问题的解:

$$\max \left\{ \sum_{P \in \mathcal{P}} y(P) \,\middle|\, Y \in R_+^{|\mathcal{P}|}, \sum_{e \in E(P), P \in \mathcal{P}} y(P) \leqslant c(e),\ \forall e \in E(\mathcal{P});\right.$$

$$\left. \sum_{P \in \mathcal{P}_i} \frac{1}{b_i} y(P) - \sum_{P \in \mathcal{P}_1} \frac{1}{b_1} y(P) = 0,\ i = 1, 2, \cdots, k \right\}. \tag{2.18}$$

(2) MCMFP 有解.

证 关于 (1) 的证明是平凡的. 下面证明 (2).

由于零向量 $\theta = (0, 0, \cdots, 0)$ 是 (2.18) 的一个可行解,

$$A = \left\{ Y \in R_+^{|\mathcal{P}|}, \sum_{e \in E(P), P \in \mathcal{P}} y(P) \leqslant c(e),\ \forall e \in E(\mathcal{P});\right.$$

$$\left. \sum_{P \in \mathcal{P}_i} \frac{1}{b_i} y(P) - \sum_{P \in \mathcal{P}_1} \frac{1}{b_1} y(P) = 0,\ i = 1, 2, \cdots, k \right\} \neq \varnothing.$$

当 A 中的元素有限时, MCMFP 有解是显然的. 当 A 中的元素无限时 $\sup \left\{ \sum_{P \in \mathcal{P}} y(P) \,|\, Y \in A \right\}$ 存在且有限. 设其为 a, 则 A 中有点列 $\{Y_j\}$ 使得 $\lim\limits_{j \to \infty} \left[\sum_{P \in \mathcal{P}} y_j(P) \right] = a$, 且 $\forall P \in \mathcal{P}$, $\lim\limits_{j \to \infty} y_j(P)$ 存在. $\forall P \in \mathcal{P}$, 令 $y'(P) = \lim\limits_{j \to \infty} y_j(P)$,

则 $Y' = (y'(P)) \in A$, 且

$$\sum_{P \in \mathcal{P}} y'(P) = \sum_{P \in \mathcal{P}} \lim_{j \to \infty} y_j(P) = \lim_{j \to \infty} \left[\sum_{P \in \mathcal{P}} y_j(P) \right] = a.$$

由 $a = \sup \left\{ \sum_{P \in \mathcal{P}} y(P) \,|\, Y \in A \right\}$, Y' 是 (2.18) 的最优解, 即 MCMFP 有解.　　证毕

命题 2.5　　问题 (2.9), (2.10), (2.11) 依次等价于如下的线性规划问题:

$$\max \left\{ \sum_{P \in \mathcal{P}} \gamma(P) y(P) : Y \in \mathbf{R}_+^{|\mathcal{P}|}, \sum_{e \in E(P), P \in \mathcal{P}} y(P) \leqslant c(e), \, \forall e \in E(\mathcal{P}) \right\};$$

$$\max \left\{ \sum_{P \in \mathcal{P}} \gamma(P) y(P) \,\middle|\, \sum_{P \in \mathcal{P}} \gamma'(P) y(P) : Y \in \mathbf{R}_+^{|\mathcal{P}|}, \right.$$

$$\sum_{e \in E(P), P \in \mathcal{P}} y(P) \leqslant c(e), \, \forall e \in E(\mathcal{P});$$

$$\sum_{(u,v) \in E(P), P \in \mathcal{P}} \gamma_P((u,v)) \, y(P) = \sum_{(v,w) \in E(P), P \in \mathcal{P}} \gamma_P((v,w)) \, y(P),$$

$$\left. \forall v \in \left(V(\mathcal{P}) - \bigcup_{i=1}^{k} \{s_i, t_i\} \right) \right\};$$

$$\max \left\{ \sum_{P \in \mathcal{P}} \gamma(P) y(P) \,\middle|\, \sum_{P \in \mathcal{P}} \gamma'(P) y(P) : Y \in \mathbf{R}_+^{|\mathcal{P}|}, \right.$$

$$\sum_{e \in E(P), P \in \mathcal{P}} y(P) \leqslant c(e), \forall e \in E(\mathcal{P});$$

$$\sum_{(u,v) \in E(P), P \in \mathcal{P}_i} \gamma_P((u,v)) \, y(P) = \sum_{(v,w) \in E(P), P \in \mathcal{P}_i} \gamma_P((v,w)) \, y(P),$$

$$\left. \forall v \in (V(\mathcal{P}) - \{s_i, t_i\}), i = 1, 2, \cdots, k \right\}.$$

2.3　分解与转换

两种多商品网络流 (边集上的多商品网络流与路径集上的多商品网络流) 有与两种单商品网络流相类似的关系, 本节进一步阐明这种关系, 即多商品网络流的分解定理, 转换表现形式.

2.3.1　分解

倘若不考虑约束条件 (2.1) 的话, 一个多商品资网络流 f 就是 k 个互不相关的 s-t-流, 根据这一事实和定理 1.3, 并注意到定理 1.3 与约束 (1.1) 无关, 我们便可以得到如下的多商品网络流分解定理.

定理 2.2 (分解定理)   对于 $[(G,c),H]$ 上的每一多商品网络流 f 都有路径集 $\mathcal{P}_i^-, \mathcal{P}_i^+, \mathcal{C}_i$, $i = 1, 2, \cdots, k$, 其中 $\mathcal{P}_i^-$ 和 $\mathcal{P}_i^+$ 分别是 G 上的 t_i-s_i-路径集和 s_i-t_i-路径集; $\mathcal{C}_i$ 为 G 中不同时过 s_i 与 t_i 的圈集, 和权 $w_i : (\mathcal{P}_i \cup \mathcal{C}_i) \to (0, +\infty)$ $(\mathcal{P}_i = \mathcal{P}_i^- \cup \mathcal{P}_i^+)$, 使得

$$f_i(r) = \sum_{r \in \mathcal{R}(P), P \in (\mathcal{P}_i \cup \mathcal{C}_i)} w_i(P), \quad f_i(r) > 0, \quad \forall r \in \mathcal{R}; \tag{2.19}$$

$$V(f_i) = \sum_{P \in \mathcal{P}_i^+} w_i(P) - \sum_{P \in \mathcal{P}_i^-} w_i(P), \quad i = 1, 2, \cdots, k. \tag{2.20}$$

推论 2.1   当 f 为 $[(G,c),H]$ 上的最大流时, 在定理 2.2 中 $\mathcal{P}_i^- = \varnothing$.

定义 2.6   在定理 2.2 中, 当 $\mathcal{P}_i^- = \varnothing$, $\mathcal{C}_i = \varnothing$, $i = 1, 2, \cdots, k$ 时, 称 f 为 $[(G,c),H]$ 上的正向流.

2.3.2 转换

命题 2.6   设 $\mathcal{P}$ 是 $[(G,c),H]$ 上的一个路径系统, y 是 $\mathcal{P}$ 上的流. 作 $f_i : \mathcal{R} \to \mathbf{R}_+$ 如下:

$$f_i(r) = \begin{cases} \displaystyle\sum_{r \in \mathcal{R}(P), P \in \mathcal{P}_i} y(P), & \{P \in \mathcal{P}_i : r \in \mathcal{R}(P)\} \neq \varnothing, \\ 0, & \{P \in \mathcal{P}_i : r \in \mathcal{R}(P)\} = \varnothing, \end{cases} \quad r \in \mathcal{P}, \quad i = 1, 2, \cdots, k,$$

$\mathcal{P}_i = \mathcal{P}_i^- \cup \mathcal{P}_i^+$, 则 $f = \{f_i : i = 1, 2, \cdots, k\}$ 为 $[(G,c),H]$ 上的多商品流, 且 $V(f_i) = V_i(y)$, $V(f) = V(y)$.

证   不妨只就 G 是有向图的情况进行证明. 一方面, $\forall e \in E$, 有

$$\sum_{i=1}^{k} f_i(e) = \sum_{i=1}^{k} \left[\sum_{e \in E(P), P \in \mathcal{P}_i} y(P) \right] = \sum_{e \in E(P), P \in \mathcal{P}_i} y(P) \leqslant c(e);$$

另一方面, $\forall v \in [V(\mathcal{P}_i) - \{s_i, t_i\}]$, 有

$$\{P \in \mathcal{P}_i : r \in \mathcal{R}(P), r \in \mathcal{R}^-(v)\} = \{P \in \mathcal{P}_i : r \in \mathcal{R}(P), r \in \mathcal{R}^+(v)\},$$

即

$$\sum_{r \in \mathcal{R}^-(v)} f_i(r) = \sum_{r \in \mathcal{R}^-(v)} \sum_{\substack{r \in \mathcal{R}(P), P \in \mathcal{P}_i \\ \{P \in \mathcal{P}_i : r \in \mathcal{R}(P)\} \neq \varnothing}} y(P) = \sum_{P \in \mathcal{P}_i, r \in \mathcal{R}(P), r \in \mathcal{R}^-(v)} y(P)$$

$$= \sum_{P \in \mathcal{P}_i, r \in \mathcal{R}(P), r \in \mathcal{R}^+(v)} y(P) = \sum_{r \in \mathcal{R}^+(v)} \sum_{\substack{r \in \mathcal{R}(P), P \in \mathcal{P}_i \\ \{P \in \mathcal{P}_i : r \in \mathcal{R}(P)\} \neq \varnothing}} y(P)$$

$$= \sum_{r \in \mathcal{R}^+(v)} f_i(r),$$

亦即 $f_i, i = 1, 2, \cdots, k$ 满足中节点守恒公式. 因此, f 是 $[(G, c), H]$ 上的多商品流. 关于 $V(f_i) = V_i(y)$, $V(f) = V(y)$ 的证明是平凡的, 从略.   证毕

定义 2.7 称命题 2.6 中的 f 为由 y 导出的 $[(G, c), H]$ 上的多商品流.

命题 2.7 设 $\mathcal{P}_i$ 和 w_i 分别是定理 2.2 中的路径集与权, $i = 1, 2, \cdots, k$, 则 $\mathcal{P} = \bigcup_{i=1}^k \mathcal{P}_i$ 是 $[(G, c), H]$ 上的一个路径系统, 由 $y(P) = w_i(P)$, $P \in \mathcal{P}_i$, $i = 1, 2, \cdots, k$, 定义的映射 y 是 $\mathcal{P}$ 上的流, 且 $V_i(y) = V(f_i)$, $V(y) = V(f)$.

证 不妨在有向图的情形下证明. $\forall e \in E$, 有

$$\sum_{e \in E(P), P \in \mathcal{P}} y(P) = \sum_{i=1}^k \left[\sum_{e \in E(P), P \in \mathcal{P}_i} y(P) \right] = \sum_{i=1}^k f_i(e) \leqslant c(e).$$

因此, y 是 $\mathcal{P}$ 上的流. 关于 $V_i(y) = V(f_i)$, $V(y) = V(f)$ 的证明是平凡的.   证毕

定义 2.8 称 $\mathcal{P}$ 为由 f 导出的无圈路径系统, y 为由 f 导出的 $\mathcal{P}$ 上的流.

类似于命题 1.11, 关于 $[(G, c), H]$ 上的最大流和 $[(G, c), H]$ 的最大正向路径系统 $\tilde{\mathcal{P}}^+$ 上的最大流, 我们有下面的命题 2.8.

命题 2.8 设 $\tilde{\mathcal{P}}^+$ 为 $[(G, c), H]$ 上的最大正向路径系统, 有如下三项结论:

(1) 设 f 是 $[(G, c), H]$ 上的最大流, $\mathcal{P}$ 是由 f 导出的无圈路径系统, y 为由 f 导出的 $\mathcal{P}$ 上的流, 则 y 在 $\tilde{\mathcal{P}}^+$ 上的等值延拓 $\tilde{y}$ 是 $\tilde{\mathcal{P}}^+$ 上的最大流;

(2) 设 y 是 $\tilde{\mathcal{P}}^+$ 上的最大流, 则由 y 导出的流 f 是 $[(G, c), H]$ 上的最大流;

(3) $\mathrm{OPT}\,[(G, c), H] = \mathrm{OPT}(\tilde{\mathcal{P}}^+)$.

2.4 算 法

本节探讨最大多商品网络流的求法. 根据命题 2.8, 为了方便, 我们仅就正向路径系统 $\mathcal{P}$ 上的流来进行讨论.

虽然许多 MFP 可表示为线性规划问题并可将求解转化为解相应的线性规划问题, 但在绝大多数情况下, 由于在具体的流未确定之前我们往往要在 $|\mathcal{P}|$ 可能成指数次幂增长的空间 $\mathrm{R}_+^{|\mathcal{P}|}$ 中考虑问题, 通过解线性规划问题来解决该类问题一般说来是很困难的, 所以寻找 MFP 的有效算法是一项令人非常兴奋的工作, 参见 [4] 中 19.2 节或 [24]. 在 20 世纪 50 年代初至 21 世纪初, 这项工作一直是网络流领域中的一项重要研究内容. 寻找多商品网络流问题的有效算法比寻找单商品网络流问题的有效算法要困难得多, 绝非平凡性工作. 以 MMFP 为例, 早在 20 世纪 50 年代, L.R. 福特和 D.R. 富尔克森就探讨过其近似求解问题, 此后不少学者陆续致力于该

项研究, 但大都缺乏严格扎实的数学基础, 不甚理想, 只能算是些框架性工作; 直至 2000 年才由 B. 科尔特和 J. 菲根[4] 根据 [25—28] 的工作, 给出并证明了一个求其 ε-近似解的完全多项式 (FPTAS) 近似方案 MFAS, 见 [4] 中 19.2 节的定理 19.6 的多商品网络流近似方案 (multicommodity flow approximation scheme, MFAS). 这充分表明了研究 MFP 近似求解算法的魅力.

算法 2.1 ([4], 19.2 节)

针对在非空正向路径系统 $\mathcal{P}|_{[(G,c),H]}$ 上找最大流问题 MMFP.

输入: G 为有向图的非空正向路径系统 $\mathcal{P}|_{[(G,c),H]}$ 上的最大流问题 MMFP 与误差参数 $\varepsilon \in \left(0, \dfrac{1}{7}\right)$.

输出: $\mathcal{P}|_{[(G,c),H]}$ 上的满足定理 2.3 的流 y^*.

过程:

(1) $\forall P \in \mathcal{P}$, 置 $y(P) = 0$; 置 $\delta = [n(1+\varepsilon)]^{-\left[\frac{5}{\varepsilon}\right]}(1+\varepsilon); z(e) := \delta, \forall e \in E(P)$.

(2) $\forall P \in \mathcal{P}$, 置 $z(E(P)) := \sum_{e \in E(P)} z(e)$, 在 $\mathcal{P}$ 中找出 P^* 使得 $z(E(P^*)) = \min\{z(E(P)) : P \in \mathcal{P}\}$. $z(E(P^*)) \geqslant 1$, 转 (4); $z(E(P^*)) < 1$, 进行下一步.

(3) 置

$$\gamma := \min\{c(e) : e \in E(P^*)\}, y(P^*) := y(P^*) + \gamma,$$
$$z(e) := z(e)\left[1 + \frac{\varepsilon\gamma}{c(e)}\right], \forall e \in (P^*),$$

然后转 (2).

(4) 令 $\xi = \max\left\{\dfrac{1}{c(e)}\sum_{e \in E(P), P \in \mathcal{P}} y(P) : e \in E(P)\right\}, y^*(P) := \dfrac{y(P)}{\xi}, \forall P \in \mathcal{P}$.

定理 2.3 ([4],19.2 节, 定理 19.6) 由算法 2.1 求出的 y^* 是 MMFP 的一个可行解, 且 $V(y^*) = \sum_{P \in \mathcal{P}} y^*(P) \geqslant \dfrac{1}{1+\varepsilon}\mathrm{OPT}(\mathcal{P})$. 该运算的复杂度为 $O\left(\dfrac{1}{\varepsilon^2}kmn\Delta \log n\right)$, 其中, $n = |V|, m = |E|, \Delta$ 是图 G 的最大度.

证 由 ξ 的定义知 $\sum_{e \in E(P), P \in \mathcal{P}} y^*(P) \leqslant c(e), \forall e \in E(\mathcal{P})$, 所以 y^* 是 $\mathcal{P}$ 上的一个流, 即 MMFP 的一个可行解.

因为在每次循环 (这里, 我们将从第 i 次为 z 赋值至第 $i+1$ 次为 z 赋值之前看作第 i 次循环) 中至少有一条边 e(瓶颈边) 使 $z(e)$ 增加 $1+\varepsilon$ 倍; 又当 $z(\varepsilon) \geqslant 1$ 时, 含有 e 的路径退出运算, 故若设这种循环共计 t ($\geqslant 1$, 根据 $\mathcal{P} \neq \varnothing$) 次, 则 $t - 1 \leqslant m\left(\log_{1+\varepsilon}\dfrac{1}{\delta}\right)$. 于每次这种循环中, 只要应用常用的 Dijkstra 算法 (见文献 [4] 的定理 7.3) 解决 k 个关于非负赋权的最短路径问题 (shortest path problem) 就可

以找出相应的 P^*, 而 Dijkstra 算法的复杂度为 $O(\Delta n)$, 所以总的运算次数 (running time) 为: $O(tkn\Delta) = O\left(kmn\Delta \log_{1+\varepsilon} \frac{1}{\delta}\right)$. 由于 $0 < \varepsilon < \frac{1}{2}, \log(1+\varepsilon) \geqslant \frac{\varepsilon}{2}$, 所以

$$\log_{1+\varepsilon} \frac{1}{\delta} = \frac{\log \frac{1}{\delta}}{\log(1+\varepsilon)} \leqslant \frac{\left[\frac{5}{\varepsilon}\right] \log 2n}{\frac{\varepsilon}{2}} = O\left(\frac{\log n}{\varepsilon^2}\right);$$

$$O\left(kmn\Delta \log_{1+\varepsilon} \frac{1}{\delta}\right) = O\left(\frac{k}{\varepsilon^2} mn\Delta \log n\right) = O\left(\frac{1}{\varepsilon^2} mn\Delta \log n\right),$$

即定理 2.3 中关于算法 2.1 的运算复杂性的结论是正确的.

由算法 2.1 中 (4), y^* 是 $\mathcal{P}$ 上的一个流. 为证

$$V(y^*) \geqslant \frac{1}{1+\varepsilon} \mathrm{OPT}(\mathcal{P}),$$

分别用 $z^{(i)}\left(\in \mathbf{R}_+^{|E(\mathcal{P})|}\right), P_i\,(i=0,1,\cdots,t), \gamma_i\,(i=0,1,\cdots,t-1)$ 表示第 i 次循环中的向量 $z\left(\in \mathbf{R}_+^{|E(\mathcal{P})|}\right), P^*$ 和 γ, 并令

$$c = (c(e))\left(\in \mathbf{R}_+^{|E(\mathcal{P})|}\right), \quad \alpha(z) = \min\{z(E(P)): P \in \mathcal{P}\}, \quad \forall z \in \mathbf{R}_+^{|E(\mathcal{P})|},$$

$$\beta = \min\left\{\frac{zc^{\mathrm{T}}}{\alpha(z)}: z \in \mathbf{R}_+^{|E(\mathcal{P})|}, \alpha(z) > 0\right\}.$$

设 $e \in E(P)$, 关于算法 2.1 之 (4) 中的 $\frac{1}{c(e)} \sum_{e \in E(P), P \in \mathcal{P}} y(P)$ 可分三种情况表明

$$\frac{1}{c(e)} \sum_{e \in E(P), P \in p} y(P) \leqslant \log(1+\varepsilon) \frac{1+\varepsilon}{\delta}. \tag{2.21}$$

(1) $\{P_i: 0 \leqslant i \leqslant t-1\}$ 中有且仅有 $P_{i_1}, P_{i_2}, \cdots, P_{i_l}$ 以 e 为边且 $l \geqslant 2$, 这时

$$z^{(i_{l-1}+1)}(e) \geqslant \delta\left(1+\frac{\varepsilon\gamma_{i_1}}{c(e)}\right)\left(1+\frac{\varepsilon\gamma_{i_2}}{c(e)}\right)\cdots\left(1+\frac{\varepsilon\gamma_{i_{l-1}}}{c(e)}\right).$$

由于 $0 < \frac{\gamma_{i_j}}{c(e)} \leqslant 1, \left(1+\frac{\gamma_{i_j}}{c(e)}\right) \geqslant (1+\varepsilon)^{\frac{\gamma_{i_j}}{c(e)}}$, 我们有 $z^{(i_{l-1}+1)}(e) \geqslant \delta(1+\varepsilon)^{\frac{1}{c(e)}\sum_{j=1}^{l-1}\gamma_{i_j}}$. 因为 $(i_{l-1}+1) \leqslant l \leqslant t-1$, 即 $z^{(i_{l-1}+1)}(e) \leqslant 1$, 所以

$$\frac{1}{c(e)}\sum_{j=1}^{l-1}\gamma_{i_j} \leqslant \log_{1+\varepsilon}\frac{1}{\delta}, \quad \frac{1}{c(e)}\sum_{j=1}^{l}\gamma_{i_j} \leqslant 1 + \log_{1+\varepsilon}\frac{1}{\delta} = \log_{1+\varepsilon}\frac{1+\varepsilon}{\delta}.$$

又 $\sum_{P \in \mathcal{P}, e \in E(P)} y(P) = \sum_{j=1}^{i}\gamma_{i_j}$, 因此 (2.21) 成立.

(2) $\{P_i : 0 \leqslant i \leqslant t-1\}$ 中有且仅有 P_{i_1} 以 e 为边, 这时: $\dfrac{1}{c(e)} \sum_{j=1}^{l} \gamma_{i_j} \leqslant 1 \leqslant \log_{1+\varepsilon} \dfrac{1+\varepsilon}{\delta}$.

(3) $\{P_i : 0 \leqslant i \leqslant t-1\}$ 中没有路径以 e 为边, 这时 $\sum_{P \in \mathcal{P}, e \in E(P)} y(P) = 0$. 最后根据 e 的任意性知: $\xi \leqslant \log_{1+\varepsilon} \dfrac{1+\varepsilon}{\delta}$.

由 $z^{(i)}$ 的做法, $z^{(i)} c^{\mathrm{T}} = z^{(i-1)} c^{\mathrm{T}} + \varepsilon \gamma_{(i-1)} \left[\sum_{e \in E(P_{i-1})} z^{i-1}(e) \right]$, $i = 0, 1, \cdots, t$. 因此,

$$\left[z^{(i)} - z^{(0)} \right] c^{\mathrm{T}} = \varepsilon \left[\sum_{j=0}^{1-i} \gamma_j z^{(j)}(E(P_j)) \right], \quad i = 1, 2, \cdots, t.$$

由定义, $\beta \leqslant \dfrac{\left[z^{(i)} - z^{(0)} + x \right] c^{\mathrm{T}}}{\alpha \left(\left[z^{(i)} - z^{(0)} + x \right] \right)}$ $(x = (\eta) \in \mathrm{R}^{|E(\mathcal{P})|}, \ \eta > 0)$, 即

$$\alpha \left(\left[z^{(i)} - z^{(0)} + x \right] \right) \leqslant \frac{1}{\beta} \left[z^{(i)} - z^{(0)} + x \right] c^{\mathrm{T}};$$

令 $\eta \to 0$ 得

$$\alpha \left(\left[z^{(i)} - z^{(0)} \right] \right)$$
$$\leqslant \frac{1}{\beta} \left[z^{(i)} - z^{(0)} \right] c^{\mathrm{T}} \left(\beta \geqslant \mathrm{OPT} \left(F \left[\mathcal{P} \Big|_{(G,H,c)} \right] \right) \right) > 0, \quad i = 1, 2, \cdots, t.$$

(关于这一关系式的证明, 我们在后面给出; $\mathrm{OPT} \left(F \left[\mathcal{P}|_{(G,H,c)} \right] \right) = 0$ 时, 定理的证明是平凡的, 在此我们不考虑.)

设 P_i' 使得: $\alpha \left(\left[z^{(i)} - z^{(0)} \right] \right) = \left[z^{(i)} - z^{(0)} \right] (E(P_i'))$, 则

$$\alpha \left(\left[z^{(i)} - z^{(0)} \right] \right) = z^{(i)} (E(P_i')) - |E(P_i')| \delta.$$

由于 P_i' 上无圈, $|E(P_i')| \leqslant n$; 又 $z^{(i)}(E(P_i')) \geqslant \alpha(z^{(i)})$, 所以

$$\alpha \left(\left[z^{(i)} - z^{(0)} \right] \right) \geqslant \alpha \left(z^{(i)} - n\delta \right).$$

于是

$$\alpha \left(z^{(i)} \right) \leqslant n\delta + \alpha \left(\left[z^{(i)} - z^{(0)} \right] \right)$$
$$\leqslant n\delta + \frac{1}{\beta} \left[z^{(i)} - z^{(0)} \right] c^{\mathrm{T}}$$
$$= n\delta + \frac{\varepsilon}{\delta} \left[\sum_{j=0}^{i-1} \gamma_j z^{(j)}(E(P_j)) \right]$$

$$= n\delta + \frac{\varepsilon}{\delta}\left[\sum_{j=0}^{i-1}\gamma_j\alpha\left(z^{(j)}\right)\right], \quad i = 1, 2, \cdots, t. \tag{2.22}$$

现在进一步证明

$$n\delta + \frac{\varepsilon}{\beta}\left[\sum_{j=0}^{i-1}\gamma_j\alpha\left(z^{(j)}\right)\right] \leqslant n\delta e^{\left(\frac{\varepsilon}{\beta}\sum\limits_{j=0}^{i-1}\gamma_j\right)}, \quad i = 1, 2, \cdots, t. \tag{2.23}$$

当 $i = 1$ 时,

(2.23) 式左边 $= n\delta + \frac{\varepsilon}{\beta}\gamma_0\alpha\left(z^{(0)}\right) \leqslant n\delta + \frac{\varepsilon}{\beta}\gamma_0 n\delta = n\delta\left(1 + \frac{\varepsilon}{\beta}\gamma_0\right) < n\delta e^{\frac{\varepsilon}{\beta}\gamma_0}$,

(2.23) 成立. 当 $i > 1$ 时, 设 (2.23) 在 $i - 1$ 时成立, 则

$$n\delta + \frac{\varepsilon}{\beta}\left[\sum_{j=0}^{i-1}\gamma_j\alpha\left(z^{(j)}\right)\right]$$

$$= \left[n\delta + \frac{\varepsilon}{\beta}\sum_{j=0}^{i-2}\gamma_j\alpha\left(z^{(j)}\right)\right] + \frac{\varepsilon}{\beta}\gamma_{i-1}\alpha\left(z^{(i-1)}\right)$$

$$\leqslant n\delta e^{\left(\frac{\varepsilon}{\beta}\sum\limits_{j=0}^{i-2}\gamma_j\right)} + \frac{\varepsilon}{\beta}\gamma_{i-1}n\delta e^{\left(\frac{\varepsilon}{\beta}\sum\limits_{j=0}^{i-2}\gamma_j\right)} = n\delta\left(1 + \frac{\varepsilon}{\beta}\gamma_{i-1}\right)e^{\frac{\varepsilon}{\beta}\sum\limits_{j=0}^{i-2}\gamma_j}$$

$$\leqslant n\delta e^{\frac{\varepsilon}{\beta}\gamma_{i-1}} \cdot e^{\frac{\varepsilon}{\beta}\sum\limits_{j=0}^{i-2}\gamma_j} = n\delta e^{\frac{\varepsilon}{\beta}\sum\limits_{j=0}^{i-1}\gamma_j} \quad (x > 0, e^x > 1 + x).$$

据归纳原理, 式 (2.23) 成立.

由于 $\alpha\left(z^{(t)}\right) = z^{(t)}\left(E\left(P_t\right)\right) \geqslant 1$, 据式 (2.22) 和 (2.23), $n\delta e^{\left(\frac{\varepsilon}{\beta}\sum_{j=0}^{t-1}\gamma_j\right)} \geqslant 1$. 因此, $\sum_{j=0}^{t-1}\gamma_j \geqslant \frac{\beta}{\varepsilon}\log\frac{1}{n\delta}$, 即 $V\left(y^*\right) = \frac{1}{\xi}\sum_{j=0}^{t-1}\gamma_j \geqslant \frac{\beta}{\xi\varepsilon}\log\frac{1}{n\delta}$ (由 $t \geqslant 1$ 知 $\xi > 0$). 从而, 据 $\xi \leqslant \log_{1+\varepsilon}\frac{1+\varepsilon}{\delta}$, 得

$$V\left(y^*\right) \geqslant \frac{\beta\log\frac{1}{n\delta}}{\varepsilon\log_{1+\varepsilon}\frac{1+\varepsilon}{\delta}} = \frac{\beta\log\left(1+\varepsilon\right)}{\varepsilon} \cdot \frac{\log\frac{1}{n\delta}}{\log\frac{1+\varepsilon}{\delta}}$$

$$= \frac{\beta\log\left(1+\varepsilon\right)}{\varepsilon} \cdot \frac{\left(\left[\frac{5}{\varepsilon}\right]-1\right)\log\left[n\left(1+\varepsilon\right)\right]}{\left(\left[\frac{5}{\varepsilon}\right]\right)\log\left[n\left(1+\varepsilon\right)\right]} = \frac{\beta\log\left(1+\varepsilon\right)}{\varepsilon} \cdot \left(1 - \frac{1}{\left[\frac{5}{\varepsilon}\right]}\right)$$

$$\geqslant \frac{\beta \log{(1+\varepsilon)}}{\varepsilon} \cdot \left(1 - \frac{1}{\frac{5}{\varepsilon}-1}\right) = \frac{\beta(\log{(1+\varepsilon)})(5-2\varepsilon)}{\varepsilon(5-\varepsilon)} \quad \left(\frac{5}{\varepsilon}-1 < \left[\frac{5}{\varepsilon}\right]\right)$$

$$= \frac{\beta}{1+\varepsilon} \cdot \frac{\log{(1+\varepsilon)}}{\varepsilon} \cdot \frac{(5-2\varepsilon)(1+\varepsilon)}{5-\varepsilon}$$

$$\geqslant \frac{\beta}{1+\varepsilon} \left(1-\frac{\varepsilon}{2}\right) \cdot \frac{5+3\varepsilon-2\varepsilon^2}{5} \quad \left(\log{(1+\varepsilon)} \geqslant \varepsilon - \frac{\varepsilon^2}{2}\right)$$

$$= \frac{\beta}{5(1+\varepsilon)} \left(5+\frac{1}{2}\varepsilon - \frac{7}{2}\varepsilon^2 + \varepsilon^3\right) \geqslant \frac{\beta}{1+\varepsilon} \quad \left(0<\varepsilon<\frac{1}{7}\right). \tag{2.24}$$

$\forall z \in \mathbf{R}^{|E(\mathcal{P})|}$, 当 $z \geqslant 0, \alpha(z) > 0$ 时, 令 $z' = \frac{z}{\alpha(z)}$, 则

$$\sum_{e\in E(P)} z'(e) = \frac{1}{\alpha(z)} \sum_{e\in E(P)} z(e) \geqslant 1, \quad \forall P \in \mathcal{P},$$

从而

$$\left\{z': z' = \frac{z}{\alpha(z)}, z \geqslant 0, \alpha(z) > 0, z \in \mathbf{R}^{|E(\mathcal{P})|}\right\}$$

$$\subseteq \left(z: z \in \mathbf{R}^{|E(\mathcal{P})|}, z \geqslant 0, \sum_{e\in E(P)} z(e) \geqslant 1, \forall P \in \mathcal{P}\right),$$

即

$$\beta = \min\left\{z'c^{\mathrm{T}}: z' = \frac{z}{\alpha(z)}, z \geqslant 0, \alpha(z) > 0, z \in \mathbf{R}^{|E(\mathcal{P})|}\right\}$$

$$\geqslant \min\left\{zc^{\mathrm{T}}: z \geqslant 0, \sum_{e\in E(P)} z(e) \geqslant 1, \forall P \in \mathcal{P}\right\} = \overline{\beta}. \tag{2.25}$$

由于命题 2.3 中的装箱线性规划问题与线性规划问题 (2.25) 对偶, 据文献 [4] 的推论 3.18 和命题 2.2, $\overline{\beta} = \mathrm{OPT}(\mathcal{P})$. 最后, 由 $\beta \geqslant \overline{\beta}$ 和 (2.24) 式得出结论: $V(y^*) \geqslant \frac{1}{1+\varepsilon}\mathrm{OPT}(\mathcal{P})$. 证毕

关于算法 2.1, 根据定理 2.3, $V(y^*) \geqslant \frac{1}{1+\varepsilon}\hat{V} = \left(1-\frac{\varepsilon}{1+\varepsilon}\right)\hat{V}$. 这表明 y^* 是一个 $\left(\frac{\varepsilon}{1+\varepsilon}\right)$-近似解. 由于 ε 是任意的, 算法 2.1 实际上是一个 ε-近似算法 (参见文献 [6] 的引言). 所以, 定理 2.3 充分地说明了 $V(y^*)$ 是最优解的一个 ε-近似; 算

法 2.1 是一完全多项式近似算法 (fully polynomial approximation scheme). 但是在文献 [4] 的关于这个定理的证明中存在某些费解之处需要做些修改. 上面的证明即是经过了修改的文献 [4] 中的关于定理 2.3 的证明.

注 2.2 (1) 在文献 [4] 的关于定理 2.3 的证明中没有 $0 < \varepsilon < \frac{1}{7}$ 这一条件, 从上述证明过程可以看出, 对于保证 $V(y^*) \geqslant \frac{1}{1+\varepsilon}\mathrm{OPT}(\mathcal{P})$ 这一结果来说, 条件 $0 < \varepsilon < \frac{1}{7}$ 是必要的.

(2) 从上述证明过程还可以看出, 在算法的 (1) 中取 $\delta = [n(1+\varepsilon)]^{-\left[\frac{10}{\varepsilon}\right]}$ 或 $\delta = [n(1+\varepsilon)]^{-\frac{5}{\varepsilon}}$ 均可以得出 $V(y^*) \geqslant \frac{1}{1+\varepsilon}\mathrm{OPT}(\mathcal{P})$ 这一结果, 且这样修改后算法的复杂度依然是 $O\left(\frac{1}{\varepsilon^2}kmn\Delta\log n\right)$.

(3) 在 $\mathcal{P}$ 上给出并分析算法 2.1 是为了理论上的方便, 实际应用时并无必要先找出 $\mathcal{P}$, 只要根据具体情况从适当受限的 $[(G,c),H]$ 出发于每次循环中在 $[(G,c),H]$ 上找出 P^* 就可以了. 最后所有的 P^* 形成的路径集便可以认为是事先的 $\mathcal{P}$. 这样, 整个运算过程就等于是在 $\mathcal{P}$ 上进行的.

(4) 当 $\mathcal{P}$ 是 $[(G,c),H]$ 的最大正向路径系统, 即直接从 $[(G,c),H]$ 出发时, 最后的 y^* 在 $[(G,c),H]$ 上导出的流是 $[(G,c),H]$ 上的最大流的一个 ε-逼近.

(5) 在算法 2.1 中, 并不一定要求 G 是有向图, 实际上稍做修改 (扫描本书封面的二维码可获得电子版 (见第 2 章电子附件), 关于无向图时算法 2.1 的 MATLAB 语言程序与关于无向图时算法 2.2 的 MATLAB 语言程序中的 MMFAforHyberd-Graph, 稍作研究便可明晰如何进行这种修改), 不管 G 是无向图还是混合图就都可以了. 这是因为在算法 2.1 中用于找最短路径的子程序 Dijkstra 算法对于无向图、混合图都适用且复杂度基本是一样的. 事实上, 通过分析 [4] 中第 141 页上的 Dijkstra's Algorithm, 关于定理 7.3 的证明和第 142 页上关于 "dense graphs" 等的说明可知, 对于无向图来说该算法 "基本上" 具有同样效率与复杂度, 也就是说对其进行简单的改变就可以得到求无向图上两点间最短路径的算法 (通过对 $\overleftrightarrow{G}$ 运用 Dijkstra 算法) 也可知其适用于无向图 G, 这里 $\overleftrightarrow{G}$ 表示 G 的每条边 e 所对应的两个路段 $\vec{e}$ 和 $\overleftarrow{e}$ 的权 $c(\vec{e})$ 和 $c(\overleftarrow{e})$ 均为 $c(e)$ 的有向图), 且可将定理 7.3 中关于复杂度的结果由 $O(n^2)$ 改为 $O(n\Delta)$. (这对于处理带有平行边的图来说是很重要的, 因为这时, 由一点到其他各个点的边数可能远远超过 n^2.)

(6) 关于多源多汇流, 见定义 1.4, 我们也可定义最大流问题, 在求解上, 该问题与经典的最大流问题无本质区别, 可采用所谓 "通过连接每一源于一个新的超级源而握紧多源 (hande multiple sources by connecting a new 'super-source' to each of the original sources) 的方法" 借助经典最大流问题的求解算法解最大多源多汇流问题. 尽管如此, 我们不可以采用这种方法解最大多商品流问题.

(7) 算法 2.1 历经 Shahrokhi 和 Matula[28], Young[26], Shmoys[27], Garg 和 Könemann[25], B. 科尔特和 J. 菲根[4] 等的工作才得以做出, 其在多商品网络流理论上十分重要. 这一算法虽然很短, 但是 "内涵" 十分丰富与深刻, 功能十分强大. 这种短小、深刻和强大进一步增加了它的魅力.

(8) 与 [4] 中 19.2 节的多商品网络流近似求解方案 (multicommodity flow approximation scheme) 和定理 19.6 相比较, 不论是算法 2.1, 还是其证明, 都有一定的改进, 主要修改如下:

(a) 将原算法与定理中的 $\varepsilon \in \left(0, \dfrac{1}{2}\right)$ 改成了 $\varepsilon \in \left(0, \dfrac{1}{7}\right)$.

(b) 对算法的复杂性的表示做了修正.

一方面, "平行边" 在实际中广泛存在, 流等与图有关的理论应当考虑平行边. 另一方面, 从 [4] 中定理 19.6 关于复杂度之结论中可以看出其考虑了平行边; 而从该定理的证明中关于引用 Dijkstra 算法后的复杂度的分析中又可看出其不允许有平行边, 因为按照上面关于 Dijkstra 算法的分析, 当图 G 有平行边时, 复杂度不应用 $O(n^2)$ 表示. 为了满足有平行边图的需要与克服 [4] 中矛盾, 并注意到 Dijkstra 算法支持有平行边的图, 我们对算法的复杂度做了适当的修改.

(c) [4] 的证明中对于算法的循环过程及证明中的 "$\xi \leqslant 1 + \log_{1+\varepsilon}\left(\dfrac{1}{\delta}\right)$" 等的表示不够清楚, 我们的证明通过加强对这种循环的表现, 增强了证明的可读性, 明确说明了 "$\xi \leqslant 1 + \log_{1+\varepsilon}\left(\dfrac{1}{\delta}\right)$" 的原因.

(d) 由于 [4] 的证明中忽视了 "$\alpha(z^{(i)} - z^{(0)}) = 0$" 的可能性, 加之对算法中的循环的表述不够清楚等, 因此该文献中的重要关系式 (19.4) 式及其证明有一定的不足. 我们的证明中注意到 $\alpha(z^{(i)} - z^{(0)}) = 0$ 是有可能的, 采用极限方法克服了其导致的 "危害"; 并通过加强对算法中循环的表述修正了该文献中式 (19.4) 及其证明.

(e) [4] 的证明中对于 β 是 (2.15) 的对偶线性规划问题的最优解未做充分的说明, 在我们的证明中通过式 (2.25) 弥补了这一不足.

(f) 在 [4] 的证明中 "$\dfrac{\beta \ln(1+\varepsilon)}{\varepsilon} \cdot \dfrac{\left(\left\lceil\dfrac{5}{\varepsilon}\right\rceil - 1\right)\ln(n(1+\varepsilon))}{\left\lceil\dfrac{5}{\varepsilon}\right\rceil\ln(n(1+\varepsilon))} \geqslant \dfrac{\beta\left(1 - \dfrac{\varepsilon}{5}\right)\ln(1+\varepsilon)}{\varepsilon}$"

这一步是错误的, 事实上:

$$\dfrac{\beta \ln(1+\varepsilon)}{\varepsilon} \cdot \dfrac{\left(\left\lceil\dfrac{5}{\varepsilon}\right\rceil - 1\right)\ln(n(1+\varepsilon))}{\left\lceil\dfrac{5}{\varepsilon}\right\rceil\ln(n(1+\varepsilon))}$$

$$= \frac{\beta \ln(1+\varepsilon)}{\varepsilon} \cdot \left(1 - \frac{1}{\left\lceil \dfrac{5}{\varepsilon} \right\rceil}\right) \leqslant \frac{\beta \ln(1+\varepsilon)}{\varepsilon} \cdot \left(1 - \frac{\varepsilon}{5}\right)$$

$$\left(\text{因为} \left\lceil \frac{5}{\varepsilon} \right\rceil \leqslant \frac{5}{\varepsilon}, \quad \text{所以} \frac{1}{\left\lceil \dfrac{5}{\varepsilon} \right\rceil} \geqslant \frac{1}{\dfrac{5}{\varepsilon}} = \frac{\varepsilon}{5}, \quad \text{从而} 1 - \frac{1}{\left\lceil \dfrac{5}{\varepsilon} \right\rceil} \leqslant 1 - \frac{\varepsilon}{5}\right).$$

在本节的证明中, 我们通过限制 $\varepsilon \in \left(0, \dfrac{1}{7}\right)$ 并用相应的方法克服了这一不足.

算法 2.2[15]　　关于 CMMFP 或 CMFP 的 FPTAS.

针对在非空正向路径系统 $\mathcal{P}|_{(G,c),H]}$ 上求解问题 CMMFP 或 CMFP.

输入: G 为有向图的非空正向路径系统 $\mathcal{P}|_{[(G,c),H]}$, 需求向量 $\boldsymbol{b}$, 与误差参数 $\varepsilon \in \left(0, \dfrac{1}{7}\right)$.

输出: $\mathcal{P}|_{[(G,c),H]}$ 上的满足定理 2.4 的流 y^*.

过程:

(1) 置

$$\tilde{V} = V \cup \{\tilde{t}_i : i = 1, 2, \cdots, k\} \ (\tilde{t}_i \notin V),$$
$$\tilde{E} = E \cup \{(t_i, \tilde{t}_i) : i = 1, 2, \cdots, k\},$$
$$\tilde{H} = \{[s_i, \tilde{t}_i] : i = 1, 2, \cdots, k\},$$
$$\tilde{c}(e) = \begin{cases} c(e), & e \in E; \\ b_i, & e = (t_i, \tilde{t}_i), \quad i = 1, 2, \cdots, k, \end{cases} \qquad \tilde{G} = (\tilde{V}, \tilde{c}, \tilde{E}),$$
$$\tilde{\mathcal{P}}_i := \{[(s_i, v_1), (v_1, v_2), \cdots, (v_l, t_i), (t_i, \tilde{t}_i)] = P + (t_i, \tilde{t}_i) :$$
$$P = [(s_i, v_1), (v_1, v_2), \cdots, (v_l, t_i)] \in \mathcal{P}_i\}, \quad i = 1, 2, \cdots, k;$$
$$\tilde{\mathcal{P}} := \bigcup_{i=1}^{k} \mathcal{P}_i.$$

(2) 关于 $\tilde{\mathcal{P}}|_{(\tilde{G}, \tilde{c}, \tilde{H})}$ 上的 MMFP 与输入的 ε, 用算法 2.1 求出 $\tilde{y}^*$.

(3) 置 $y^* = \tilde{y}^*(P + (t_i, \tilde{t}_i)), \forall P \in \mathcal{P}_i, i = 1, 2, \cdots, k.$

　　注 2.3　　这里, 我们通过一个简单的例子来说明一下算法 2.2 的思想. 关于 G 为图 2.1 的多商品流通环境 $[(G, c), H]$, 给定 $\boldsymbol{b} = (b_1, b_2)$, 令

$$\mathcal{P}_1 = \{(s_1, t_1), (s_1, s_2, t_1)\},$$

$$\mathcal{P}_2 = \{(s_2, t_1, t_2), (s_2, s_1, t_2)\},$$
$$P = \mathcal{P}_1 \cup \mathcal{P}_2,$$

考虑 CMMFP.

作 $\tilde{G}$(图 2.2), 并通过定义 $\tilde{c}$ 建构辅助多商品流通环境 $[(\tilde{G}, \tilde{c}), \tilde{H}]$, 这里

$$\tilde{c}(e) = \begin{cases} c(e), & e \neq (t_i, \tilde{t}_i), \quad i = 1, 2, \\ b_i, & e = (t_i, \tilde{t}_i), \quad i = 1, 2. \end{cases}$$

再定义 $\tilde{\mathcal{P}}$ 如下:

$$\tilde{\mathcal{P}}_1 = \{(s_1, t_1, \tilde{t}_1), (s_1, s_2, t_1, \tilde{t}_1)\},$$
$$\tilde{\mathcal{P}}_2 = \{(s_2, t_1, t_2, \tilde{t}_2), (s_2, s_1, t_2, \tilde{t}_2)\},$$
$$\tilde{\mathcal{P}} = \tilde{\mathcal{P}}_1 \cup \tilde{\mathcal{P}}_2.$$

根据 $\mathcal{P}$ 与 $\tilde{\mathcal{P}}$ 的关系, 设 $\tilde{y}$ 是 MMFP($\tilde{\mathcal{P}}$) (关于 $\tilde{\mathcal{P}}$ 上的 MMFP) 的解, 并令 $\tilde{y}(P) = y(P + (t_i, \tilde{t}_i)), \forall P \in \tilde{\mathcal{P}}_i, i = 1, 2$, 这里 $(p + (t_i, \tilde{t}_i))$ 表示 $(\cdots, t_i, \tilde{t}_i)$, 而 $P = (\cdots)$, 则 y 是 CMMFP 的解. 因此, 我们可以通过用算法 2.1 求 MMFP ($\tilde{\mathcal{P}}$) 的近似解来求 CMMFP 的近似解. 这就是我们设计算法 2.2 的思想.

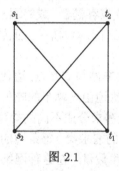

图 2.1

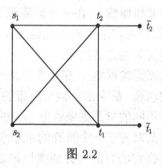

图 2.2

定理 2.4 算法 2.2 的复杂度与算法 2.1 的复杂度相同. 设 y^* 是算法 2.2 的输出, 则 y^* 是 $\mathcal{P}$ 上的一个流, 且 $V(y^*) \geqslant \dfrac{1}{1+\varepsilon} \bar{V}$, $V_i(y^*) \leqslant b_i$, $i = 1, 2, \cdots, k$. $\Big($即 y^* 是关于输入 $\mathcal{P}$ 和 b 的 CMMFP 的一个 ε-近似解. 另外, 如果相应的 CMFP 的解存在, 则 $V(y^*) \geqslant \dfrac{1}{1+\varepsilon} \left(\sum b_i\right)$, 这也就是说, y^* 是相应的 CMFP 的一个 ε-近似解.$\Big)$

证 见 [29]. 证毕

2.5 应用实例

多商品网络流问题于非常广泛的应用场合中产生, 本节讲述几个较常见应用模

型的具体实例, 以及一个生产计划和仓库储存的例子与一个运输船只计划的例子.

例 2.1[2]　多种商品运输线路问题 (routing of multiple commodities problem).

在许多的多商品网络流问题中我们把不同的货物当成不同的商品, 或按照不同的源点与汇点区别不同的商品, 也就是说, 我们按照如下的两者之一来区别与认定不同的商品:

(1) 几个处于一个共同网络中的物质性态上不同的货品;

(2) 一个网络中仅一种货品 (信息或产品), 但是该货品具有多个由网络中的点对组成的源与汇, 物品需要从每一个源点运送到与其相应的汇点. 这两种类型应用在实际工作中, 例如信息系统与生产分配系统中经常出现. 下面, 我们介绍几个这两种应用的具体领域.

通信网络　在一个通信网络中, 节点代表信息的发射站与接收站, 边代表传播线路. 在不同的节点间传播的信息代表不同的商品; 而每种商品的供应与需求量为由其源点传送到其汇点的信息量表示. 每条线路都有其固定的容量 (在有些应用中容量是固定的; 有些应用中我们可按一单位给予一定的费用而增加容量). 在这种网络中, 确定信息传送的最小费用问题就是一个多商品流问题.

计算机网络　在一个计算机通信网络中, 节点代表存储器, 或终端, 或计算机系统. 供应和需求对应于数据在计算机终端和存储器之间的传播率, 而传播线路的容量定义为指定的约束.

铁路运输网络　在一个铁路网络中, 节点代表火车站与交叉点, 边代表火车站之间的轨道. 需求由一辆车所带的车厢数确定 (或等价地由一辆车的吨位确定). 由于对于不同的货品系统收取不同的费用, 我们把交通需求分成不同的类型. 网络中每种商品对应于一个特殊的由相应的源–汇对应确定的需求类. 每条边的指定容量为在某指定的时间内计划通过该边的火车所带的车厢数量. 在这种网络中的决策问题是如何以最少的运作费用使所需要通过的车厢完成通行.

分配网络问题　在分配系统过程中, 我们希望用一队卡车或有轨车、经过一批转运站和仓库从工厂到零售商店配送多种产品 (非同类的). 注意到在这种约束中, 节点 (工厂、仓库) 和边具有指定的约束, 定义产品为多商品网络流中的商品, 定义共享的工厂、仓库、转运火车站和船运航道等为制定的约束.

食品进出口网络　在这种网络中节点对应遍布于不同国家的一些地点, 边对应于运用火车、汽车和远洋货轮等进行运输. 在这些地点之间, 商品是各种食品, 例如, 玉米、小麦、水稻和黄豆等. 各个港口的容量定义为制定的约束.

例 2.2[2]　季节性水产品储存问题 (warehousing of seasonal products problem).

一个公司生产多种产品. 产品是季节性的, 其需求量随着季节、月份, 甚至不同的周期而变化. 为了提高工作效率, 公司希望 "平滑" 生产, 预期储存好季节性产品至最佳时期进行供应. 公司具有一个用于储存所有他们生产的产品的容量为 R 的

仓库. 公司的决策问题是确定一年中每周、每月和每季度各个种类的产品应该生产
多少才能够使得可能的生产与储存费用最少.

我们能够把这个仓库储存问题视作一个适当的网络上的多商品网络流问题. 为
了简单, 考虑一个公司只有两种产品, 并且只需要计划一年中各季度的生产量的特
殊情形. 命 d_j^1 和 d_j^2 分别为第一种产品和第二种产品在第 j 季度的需求量. 假设
第 j 季度的生产容量为 u_j^1 和 u_j^2, 并且在该季度里每单位产品的生产费用分别是 c_j^1
和 c_j^2. 令 h_j^1 和 h_j^2 分别表示两种产品在 j 季度至 $j+1$ 季度期间的储存费用.

图 2.3 给出该存储问题的网络. 这个网络包含表示每个时段 (季度) 的节点, 以
及表示每种商品的源点和汇点. 源点和汇点的供给量与需求量构成各个季度中商
品的总的需求量. 每个源点 s^k 都有四个外出边, 每一个这样的边对应着一个季度.
在每条这样的边上只有一种商品流. 我们让费用 c_j^k 和容量 u_j^k 与边 (s^k, j) 相结合.
类似地, 汇点 t^k 有四个进入边, 每条进入边 (j, t^k) 的费用都是零, 容量都是 d_j^k. 其
余的边具有 $(j, j+1)$ 的形式, $j = 1, 2, 3$; 这些边上的流表示 j 季度至 $j+1$ 季度期
间的储存量. 每条这样的边的容量都是 R, 并且关于商品 1 与商品 2 每单位流的费
用分别是 h_j^1 和 h_j^2. 两种商品共同享有边的容量.

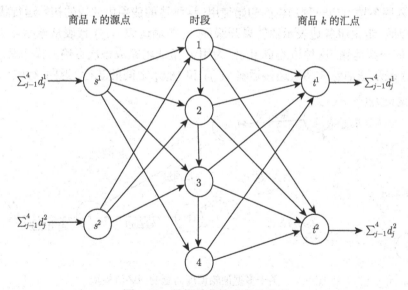

图 2.3 最优季节性水产品储存

易知, 该网络中的每一个可行多商品流 x 确定一个与流 x 具有同样的费用的
关于这两种产品的生产与库存计划. 因此, 我们可以通过优化这样的多商品流来找
到相关生产与库存的优化方案.

上面所考虑的问题是一个较简单的模型. 我们可以将它扩展, 使其富有更实际

与更复杂的内容. 例如, 运输费用涉及工厂库存、零售库存和工厂零售相组合的情形. 将这些特征融入上述模型是一个相对直接的发展方向.

例 2.3[2]   多型油轮调度问题 (multivehicle tanker scheduling problem).

假定我们希望确定一组油轮按照预定计划完成运输任务的最优线路: 每次运输都是将某种商品按照指定的日期从一个供应点运送到一个需求点. 该问题最简单的情形考虑如何仅用一种油轮运送一种产品 (如空用汽油、原油). 我们已在例 1.7 中讨论过该问题的简单版本, 并已说明了如何通过解最大流问题来寻求最小的能够满足运输要求的油轮船队. 在这项研究中, 多型油轮调度问题用一组给定的非同型号油轮按要求运送一批多样产品. 这里, 不同型号的油轮在速度、装载容量和操作费用方面不同.

为了将此多型油轮调度问题转化为多商品网络流问题, 我们将不同型号的油轮视为不同的商品. 除了不同型号的油轮从不同的唯一的原点 (tanker origin nodes) s^k 出发外, 多型油轮调度问题的网络与单型油轮调度问题类似, 见图 1.12. 该网络具有四种边 (见具有两种油轮情形的部分网络例图, 图 2.4): 进入服务边 (in-service arc), 走出服务边 (out-of-service arc), 输送边 (delivery arc) 和返回边 (return arc). 一条进入服务边对应一种油轮的初始使用; 这种边的费用由油轮的初始运货状况决定. 类似地, 走出服务边表示油轮离开服务. 一条输送边 (i, j) 代表从原始点 i 到终止点 j 的一次运输; 这种边的费用 c_{ij}^k 为用 k 型油轮完成该次运输的操作费. 返回边 (j, k) 表示空油轮在两次连接运输 (i, j) 和 (k, l) 之间的航行 (返回–行驶).

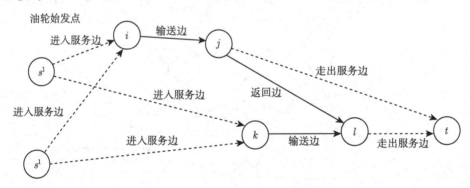

图 2.4   关于多型油轮调度问题的网络流模型

网络中的每条边都具有 1 单位容量. 运输边的绑定约束保证最多一种油轮在其上服务. 每条运输边还有 1 单位的流量下界, 以保证所选定的调度切实能够进行相应的运输. 某些边还可以具有基本商品容量 u_{ij}^k. 例如, 如果 2 型油轮不能够执行 (i, j) 边的运输任务, 那么我们置 $u_{ij}^2 = 0$. 此外, 如果 2 型油轮能够进行返回 (j, k), 而 1 型油轮不能 (由于其在两次运输中过渡太慢), 我们置 $u_{ij}^1 = 0$.

航空调度是该模型的另一应用领域. 在这种场合, 运输工具是一个空运队的不同型号的飞机 (例如, Boeing727s, 或 747s, 或 McDonald Douglas DC 10s). 在这种场合, 运输边是飞机欲覆盖的航空路线.

我们也许注意到了, 一方面, 在多型油轮调度问题中, 我们所关心的是多商品网络流问题的整数解; 另一方面关于多商品网络流问题的算法所求出的解未必是整数解. 尽管如此, 分数解在许多方面也是有用的. 例如, 我们可以通过微小变动将非整数解转化为 (可行的、次优的) 整数解, 或如我们早已注意到的那样, 可以用非整数解作为分支定界枚举程序的一个界.

2.6 动 态 介 绍

MFP 是网络流领域的重要研究内容, 既古老又新颖. 早在 L.R. 福特和 D.R. 富尔克森奠定网络流研究领域基础时他们就曾研究过某些 MFP, 如 MMFP(见 [4] 的 19.2 节) 与 Hitchcock 问题. 21 世纪前关于 MFP 的工作主要是研究 MMFP 和最小费用 MFP 的有效算法. 随着现代交通运输、无线通信、计算机和互联网络的发展, 实际 MFP(生产实践中与多商品网络流相关的问题) 越来越多, 20 世纪 90 年代初以来涌现出了许多关于新型 MFP 的研究工作, 参见 [5—20].

建构 MFP 并研究其近似算法是近十年来 MFP 研究工作的主要内容.

例如, [6] 运用 MFAS 方法 (见注 2.4) 研究了一般最大流和一般最小费用 MFP 的近似求解方案. [7] 运用 MFAS 方法和松弛技术给出了一种全局性路由选择问题的近似解法. [8] 发展了一种 MFP(A), 见 [8] 中式 (1), (2), (3) 和 (4) 及相关内容, 并将其推广成动态最大 MFP(B), 见 [8] 中 (6), (7), (8) 和 (9) 及相关内容; 由于实际中的动态 MFP, 例如城市交通, 具有 "等待" 现象, 而 (B) 没有反映这种现象, (A) 与 (B) 需要进一步研究. [9] 建立了一个多目标 MFP(C), 并发展了一种通过博弈理论求解的方法及其应用, 见 [9] 中第 3—5 节, 该问题及其求解方法应当进一步探讨. [10] 定义了一种存活性 MFP 并运用 MFAS 方法 (见注 2.4) 给出了近似解法. [11] 运用 MFAS 方法讨论了有预算限制的最大 MFP 的近似求解方案. [12] 定义了一种新的最大一致 MFP(D), 见 [12] 中公式 (1)—(6) 及相关叙述, 并展示了一种求解的启发式算法. 进一步规划 (D) 与研究 (D) 的算法是一项有意义的工作. [13] 建立了一种新 MFP(E), 见 [13] 中公式 (7) 与 (8) 及相关叙述, 并探讨了如何通过求解 (E) 优化相应问题的方法, 但未深入研究求解问题. 如何求解 (E) 应进一步研究. [14] 通过变换、找最短路径、松弛和舍入 (rounding) 等技术解分段线性凹费用 MFP, 给出了一类单库房多零售商系统费用最小化问题的近似解法. [15] 通过做辅助网络, 然后循环地利用 MFAS 进行二分搜索的方法, 设计了一个近似求解所定义的具有全局性公平满意度的最大 MFP 的拟多项式时间算法. [16] 基于多商品流模型讨论了铁路网络车流分配和路径优化问题. [17] 给出了两个关于多种物资 k-拆分最大流问题的解法, 但算法研究不够深入. [18] 研究了一类稳定多商品网络流并表明其求解是一个公开的问题. [19] 研究了一类多商品网络流网络中流量分配全局优化问题, 给出了一个求解的隐性穷举程序, 但未做算法分析. [20] 建立了一个关于随机几何图中多物资线路规划的紧最大流最小截定理, 并用其分析了一类 ad-hoc network 中容量的变化状况. 上述工作潜含着不少有待研究的算法问题, 特别地, 近似求解 (A)—(E) 是很值得探讨的问题.

注 2.4   MFAS 方法指算法 2.1 的核心设计方法, 大意为: 先根据最大 MFP 的线性规划问题的对偶线性规划问题建立一个非线性优化问题, 使其最优值 β 在理论上等于 MMFP 的最优值, 再通过一系列运算, 特别是 Dijkstra 最短路径算法与连乘运算, 作出一个流使其值近似于 β.

参 考 文 献

[1] 越民义. 网络流的理论与算法. 贵阳讲学班讲稿之一, 2004.

[2] Ahuja R K. Network Flows: Theory, Algorithms, and Application[M]. Upper Saddle River: Prentice Hall, 1993.

[3] 谢金星, 邢文训, 王振波. 网络优化 [M]. 2 版, 北京: 清华大学出版社, 2009.

[4] Korte B, Vygen J. Combinatorial Optimization: Theory and Algorithms[M]. Berlin: Springer-Verlag, 2000.
    (中文版. 组合最优化: 理论与算法 [M]. 越民义, 林诒勋, 姚恩瑜, 张国川, 译. 北京: 科学出版社, 2014.)

[5] 温旭红, 林柏梁, 王龙, 等. 基于多商品网络流理论的铁路车流分配及径路优化模型 [J]. 北京交通大学学报, 2013, 37(3): 117-121.

[6] Fleischer L K, Wayne K D. Fast and simple approximation schemes for generalized flow[J]. Mathematical Programming Ser. A, 2002, 91: 215-238.

[7] Albrecht C. Global routing by new approximation algorithms for multicommodity flow [C]. IEEE Transactions on Computer-Aided Design of Integrated Circuits and Systems, 2001, 20(5): 622-632.

[8] Fonoberova M, Lozovanu D. Optimal multicommodity flows in dynamic networks and algorithms for their finding[J]. Buletinul Academiei De Stiimte a Republicii Moldova. Matematica, 2005, 47(1): 19-34.

[9] Fonoberova M, Lozovanu D. Game-theoretic approach for solving multiobjective flow problems on networks[J]. Computer Science Journal of Moldova, 2005, 13(2): 168-176.

[10] Todimala A, Ramamurthy B. Approximation algorithms for survivable multicommodity flow problems with applications to network design[C]. Proceedings IEEE INFOCOM 2006. 92, IEEE International Conference on Computer Communications, 2006: 23-29.

[11] 陈智博, 唐恒永. 有预算限制的最大多种物资流问题 [J]. 数学的实践与认识, 2006, 36(12): 40-47.

[12] Capone A, Martignon F. A multi-commodity flow model for optimal routing in wireless MESH networks[J]. Journal of Networks, 2007, 2(3): 1-5.

[13] Bazan O, Jaseemuddin M. Multi-commodity flow problem for multi-hop wireless networks with realistic smart antenna model[J]. Networking 2008, LNCS 4982, 2008: 922–929.

[14] Shen Z J M, Shu J, Simchi-Levi D, et al. Approximation algorithms for general one-warehouse multi-retailer systems[J]. Naval Research Logistics, 2009, 56: 642-658.

[15] 程丛电, 李振鹏. 具有全局性公平满意度的最大多物资网络流问题 [J]. 应用数学学报, 2011, 34(3): 502-517.

[16] 纪丽君, 林柏梁, 乔国会, 王金宝. 基于多商品流模型的铁路网车流分配和径路优化模型 [J]. 中国铁道科学, 2011, 32(3): 107-110.

[17] Gamst M, Petersen B. Comparing branch-and-price algorithms for the Multi-Commodity k-splittable Maximum Flow Problem[J]. European Journal of Operational Research, 2012, 217: 278-286.

[18] Kiály T, Pap J. Stable multicommodity flows[J]. Algorithms, 2013, 6: 161-168.

[19] Ferreira R P M, Luna H P L , Mahey P, et al. Global Optimization of capacity expansion and flow assignment in multicommodity networks[J]. Pesquisa Operacional, 2013, 33(2): 217-234.

[20] Karande S, Wang Z, Sadjadpour H, et al. Optimal scaling of multicommodity flows in wireless Ad Hoc networks: Beyond the Gupta-Kumar barrier[C]. Mobile Ad Hoc and Sensor Systems, MASS 2008, 5th IEEE International Conference, 2008: 102-113.

[21] Ford L R, Fulkerson D R. Flows in Networks[M]. Princeton: Princeton Univ. Press, 1962.

[22] Dantzig G B. Linear Programming and Extension[M]. Princeton: Princeton Univ. Press, 1998.

[23] Jewell W S. Optimal flow through networks with gains[J]. Operations Research, 1962, 10(4): 476-499.

[24] Fleischer L K. Approximating fractional multicommodity flow independent of the number of commodities[J]. SIAM Journal on Discrete Mathematics, 2000, 13(4): 505-520.

[25] Garg N, Könemann J. Faster and simpler algorithms for multicommodity flow and other fractional packing problems[C]. Proceedings of the 39th Annual IEEE Symposium on Foundations of Computer Science, 1998: 300-309.

[26] Young N. Randomized rounding without solving the linear program[C]. Proceedings of the 6th Annual ACM-SIAM Symposium on Discrete Algorithms, 1995: 170-178.

[27] Shmoys D B. Cut problems and their application to divide-and-conquer [C]. Approximation Algorithms for NP-Hard Problems. Boston: PWS, Publishing Co., 1996.

[28] Shahrokhi F, Matula D W. The maximum concurrent flow problem[J]. Journal of the ACM, 1990, 37: 318-334.

[29] Cheng C D, Li Z P. Improvements on the proof of an approximate scheme for the maximum multicommodity flow problem[C]. Proceedings 2010 IEEE International Conference on Service Intelligent Computing and Intelligent Systems, Vol. 1, 2010: 425-428.

第 3 章　特殊多商品网络流问题

研究经典多商品网络流问题的变种或扩展性问题及其应用, 特别是在突发事件应急中的应用, 见 [1, 2], 是该研究领域近年来的一项主要工作. 经典的最大多商品网络流问题不考虑各种物资间的关系, 可是, 许多实际的最大多商品网络流问题都强烈地涉及各种商品之间的关系. 2004 年, 中国著名数学家越民义先生在做关于网络流的理论与算法的学术报告时强调指出: 在实践中, 我们需要考虑各种多商品网络流问题, 例如, 如何求总流量最大且各种不同商品的流量比较均衡这样的多商品网络流问题, 怎样寻找具有某种特殊性质的多商品网络流是一个很有前途的研究问题. 本章专门讨论具有某种特殊性质的多商品网络流问题, 我们将分别建立几个有着某种具体应用的多商品网络流问题, 寻求所建立的问题的近似求解算法, 研究各个算法的近似程度与复杂度, 并展示它们的应用. 我们的方法为研究和解决类似的问题提供了一个新的思路.

3.1　具有全局性公平满意度的最大多商品网络流问题

众所周知, 在 2008 年, 中国最重要的节日——春节期间, 中国许多通常不下雪的南方地区遭受了特大的雪灾, 为了救援受灾地区, 中国政府必须迅速地从北方的城市向南方的灾区运送大量的救援物资, 例如, 食品、棉衣和取暖设备等等; 同时, 还要紧急地疏散大量的被困人员回家过年. 面对这种情况, 有关决策者必须考虑下面的两个问题: 一个是如何最大化救援物资的总量; 另一个是如何平衡 (或协调) 不同地区之间的利益分配. 换句话说, 决策者需要做出一个既能够最大化救援物资的总量, 又能够平衡各种需要的行动方案. 我们如何才能够得到这样的一个最优决策呢? 易知, 从某种意义上讲, 一个关于中国南方雪灾救援行动的方案可以被抽象地看作一个多商品网络流. 所以, 为了解决这一问题, 我们可以先创建一个相应的多商品流问题, 并设法求出其解, 然后根据该解通过进一步的研究制订出救援的最优方案. 抽象地讲, 这一实际问题给出了一个需平衡各种物资需要的最大多商品流问题. 这里, 由于技术的原因, 我们不仅用 "商品" 一词表示货品, 也用其表示点对发货点与收货点. 此外, 输油、送电、供煤和灌溉等过程也经常出现该问题. 例如, 2009 年末至 2010 年初的冬季, 世界上大部分地区由于气温异常偏低, 取暖所耗能源大大超过往常同时期的用量. 在这种境遇之下, 合理地供应与分配能源, 即需要平衡各种物资的流量的多物资流问题引起了广泛的关注. 总而言之, 连带考虑各种物资间某种关系的最大多商品流问题值得认真地研究. 类似的问题最近已有学者开始了探讨, 见 [3].

受到以上所述的启发, 本节试给出和研究一个特殊的最大多商品流问题, 我们称其为具有全局性公平满意度的最大多商品流问题 (MMFP-GFMR). 该问题不仅在理论上丰富了最大多商品流问题的内容, 而且在实践上能够表征需要平衡各种物资流量的最大多商品流问题, 并可用于优化相关的实际问题. 例如我们可以通过求解该问题来研究中国南方雪灾救援的最优行动方案.

注 3.1 众所周知, 关于 (满足中节点流量守恒公式的) 流有两种定义: 一种是用边集上的函数作定义; 另一种是用路径系统上的函数作定义 (这时, 所定义的流也满足中节点流量守恒公式, 见 [4]). 简单起见, 本章仅就由路径系统上函数所定义的流进行研究.

3.1.1　问题规划

为了方便读者理解将要建立的模型, 我们先通过下面的例子对其意义做进一步的说明.

例 3.1 关于中国南方雪灾救援行动, 假定援助食品和御寒物资的城市分别为北京 (v_1) 和天津 (v_2), 而需要救援的地区分别为广州 (v_3)、上海 (v_4) 和武汉 (v_5). 再假定广州、上海和武汉对于食品和御寒物资的需求量分别依次为 $b_{13}, b_{14},$ b_{15} 与 $b_{23}, b_{24}b_{25}$; 此外, 还假定这三座城市分别有 b_{31}, b_{41} 和 b_{51} 数量的被困人员需要向北京疏散. 在这种假定下, 考虑如何寻求该行动的最优决策. (简明起见, 这里我们假定救援是在一个确定的阶段上进行的. 此外, 我们还忽略各种量的单位及其转换.)

分析 设有关的交通系统形成一个图 G, 其各段路线的最大运输量形成该图的权函数 c. 用 $[s_{13}, t_{13}]$ 表示从 v_1 运送食品到 v_3, $[s_{23}, t_{23}]$ 表示从 v_2 运送御寒物资到 v_3, $[s_{31}, t_{31}]$ 表示从 v_3 疏散被困人员到 v_1, 等等. 再令 $H = \{[s_{ij}, t_{ij}]\}$ 和 $\boldsymbol{b} = (b_{ij})$. 于是, $v_i, 1 \leqslant i \leqslant 5$ 都是 G 的节点, 而 (G, c, H) 构成一个多商品流网络. 进而, 根据引言中的描述, 相关决策问题可粗略地转化为 (G, c, H) 上具有需求向量 $\boldsymbol{b}$ 的需要平衡各种物资流量的最大多商品网络流问题.

由于 $\dfrac{V_{ij}(y)}{b_{ij}}$ 表示满意率, 为了解决该问题, 最好的办法当然是找出一个 CM-MFP(见定义 2.4) 的解使得 $(V_{ij}(y)) = (\lambda b_{ij})$, 并且 $\lambda = \dfrac{\bar{V}}{\sum b_{ij}}$; 我们称这样的流为 CMMFP 的理想解或一致点. 可是, 就通常情况来说, 由于受到要先保证流值最大的限制, 这样的解是找不到的; 而我们可以做到的只能是努力地调整 $\dfrac{V_{ij}(y)}{b_{ij}}$ 使得

它们尽量一致或均匀. 换句话说, 我们只能努力地寻找该问题的 "弱解" 或 "拟解". 为了实现平衡各种物资的需要这一目的, 一个实际的选择是从整体上使得 $(V_{ij}(y))$ 全局性地逼近理想解, 或说最小化 $\sum |V_{ij}(y) - \lambda b_{ij}|$, 也就是说, 通过最小化 $\sum |V_{ij}(y) - \lambda b_{ij}|$ 来表现平衡各种物资的需要.

显然, 一个满足上述条件的流能够强有力地帮助我们优化相关问题. 所以, 对于该救援行动来说, 我们可以先找出一个满足上述条件的流, 然后再根据它通过进一步的研究做出最优决策.

现我们给出如下定义.

定义 3.1 设 $\mathcal{P}$ 是多商品网络 (G, c, H)(即 $[(G, c), H]$ 见 2.1 节) 上的一个路径系统, 且 $\boldsymbol{b} = (b_1, b_2, \cdots, b_k)$. 令 $\lambda = \dfrac{\bar{V}}{\sum_{i=1}^{k} b_i}$. 问题: 在 $\mathcal{P}$ 上寻找一个流 y 使得它是 CMMFP 的一个解, 并且 $\sum_{i=1}^{k} |V_i(y) - \lambda b_i|$ 最小, i.e.(表示即) $V(y) = \bar{V}$ 且

$$\sum_{i=1}^{k} |V_i(y) - \lambda b_i| = \min \left\{ \sum_{i=1}^{k} |V_i(y) - \lambda b_i| : V_i(y) \leqslant b_i; V(y) = \bar{V}, \ y \in \mathrm{F} \right\}$$

(这里的 F 即定义 2.2 中的 F[$\mathcal{P}$]), 称为具有全局性公平满意度的最大多商品流问题 (maximum multicommodity flow problem with global fair met rate, MMFP-GFMR).

由例 3.1 可见, 问题 MMFP-GFMR 的实际意义是明显的. 此外该问题还具有重要的理论意义. 首先, MMFP-GFMR 显然是一个特殊的 MMFP. 其次, MMFP-GFMR 和 MCMFP 可以认为是由同一个实际问题所产生的. 事实上, 问题 CMFP 是一个既很实际又很理想的问题. 易知, CMFP 的解既是 CMMFP 的解, 又是 MCMFP 的解, 这也就是说, CMFP 的解同时具有最大流和一致流的特征. 但是, 在一般情况下, 它是没有解的. 所以在实践中, 我们经常倾向于最大性和一致性两者之一. 当倾向于一致性时, 我们将首先保证满意率一致, i.e. $V_i(y) = \lambda b_i$, 然后再促使流值尽量大, 这便产生了问题 MCMFP(见定义 2.4). 而当倾向于最大性时, 我们将首先保证流值最大, 然后再促使满意率尽量一致, 这便粗略地产生了问题 MMFP-GFMR.

注 3.2 有时, 由于理论与实际的差异以及实际的复杂性, 理论研究只能为处理实际问题提供一个中介性的参考, 我们认为这种研究将是今后数学发展的一个重要的方向. 问题 MMFP-GFMR 可为解决不少相关实际问题提供参考.

注 3.3 当 $b_i \geqslant \mathrm{OPT}(\mathcal{P}), 1 \leqslant i \leqslant k$ 和 $b_i, 1 \leqslant i \leqslant k$ 均相等时, MCMFP 和 MMFP-GFMR 分别为如下问题: 寻求一个流 y 使得

$$V(y) = \max\{V(y) : V_i(y) = V_1(y), \ i = 1, 2, \cdots, k, y \in \mathrm{F}\},$$

以及寻求一个流 y 使得

$$V(y) = \overline{V}, \quad \sum_{i=1}^{k}\left|V_i(y) - \frac{1}{k}\overline{V}\right| = \min\left\{\sum_{i=1}^{k}\left|V_i(y) - \frac{1}{k}\hat{V}\right| : y \in \mathrm{F}, V(y) = \hat{V}\right\}.$$

后者可以理解为这样的一个问题: 首先保证总的流值达到最大, 然后再设法使得各个分流的流量在算术上尽量是平均的.

定理 3.1　问题 MMFP-GFMR 的解存在.

证　易知 $B = \{y \in \mathrm{F} : V(y) = \overline{V}, V_i(y) \leqslant b_i, i = 1, 2, \cdots, k\} \neq \varnothing$. 当 B 的元素有限时, 定理 3.1 的结论是平凡的. 当 B 的元素无限时, $\inf\{\sum_{i=1}^{k}|V_i(y) - \lambda b_i| : y \in B\}$ 存在并且有限, 这里 $\lambda = \dfrac{\overline{V}}{\sum_{i=1}^{k} b_i}$. 设 $b = \inf\left\{\sum_{i=1}^{k}|V_i(y) - \lambda b_i| : y \in B\right\}$, 则 B 中至少存在一个序列 $\{y_i\}$ 使得 $\lim\limits_{j\to\infty}\left[\sum_{i=1}^{k}|V_i(y_j) - \lambda b_i|\right] = b$, 且对于所有的 $P \in \mathcal{P}$ 极限 $\lim\limits_{j\to\infty} y_j(P)$ 都存在. 再令

$$y(P) = \lim_{j\to\infty} y_j(P), \quad P \in \mathcal{P},$$

则 $y = (y(P)) \in B$, 并且 $\sum_{i=1}^{k}|V_i(y) - \lambda V| = b$. 这也就是说, y 是 MMFP-GFMR 的一个解.　　　　　　　　　　　　　　　　　　　　　　　　　证毕

3.1.2　算法

本节专门致力于设计一个求解问题 MMFP-GFMR 的近似算法, 该算法是我们这项工作的最重要成果. 与该领域中以往的大部分工作的一个显著的区别是, 我们是通过建立辅助网络, 然后利用一个已知的近似方案进行二分搜索的办法来设计我们的算法. 为了简明, 从现在开始我们在有向图的框架下继续汇报我们的这项工作.

根据算法 2.1, 按照下述的方法, 我们可以给出一个关于 MMFP-GFMR 的近似方案. 首先, 通过构造辅助网络, 利用算法 2.1, 建立一个关于 CMMFP 和 CMFP 的 ε-近似算法, 即算法 2.2; 然后, 依次通过由算法 2.2 求出必要的中间变量, 构造辅助网络, 以及利用算法 2.1 反复地进行二分搜索, 设计出关于 MMFP-GFMR 的一个近似求解方案, 即如下的算法 3.1.

算法 3.1 (关于 MMFP-GFMR 的近似算法)

输入: 多商品网络 (G, c, H), 路径系统 $\mathcal{P}$, 向量 b 和误差参数 $\eta > 0$.

输出: $\mathcal{P}$ 上的具有定理 3.2 所述性质的流 y^*.

过程:

(1) 取 $\varepsilon_0 \in \left(0, \dfrac{1}{7}\right)$. 关于 $\mathcal{P}, b$ 和 ε_0, 用算法 2.2 求出 CMMFP 的一个近似解 y_0^*. 如果 $(1 + \varepsilon_0)V(y_0^*) \leqslant \eta$, 置 $y^* = y_0^*$. 停机. 否则, 置 $\varepsilon = \min\left\{\dfrac{\eta}{(1 + \varepsilon_0)V(y_0^*)}, \varepsilon_0\right\}$.

然后, 关于 ε 再次运用算法 2.2 求出 CMMFP 的一个近似解 y_1^*. 最后, 置 $U = V(y_1^*) + \eta$. (注意 $U \geqslant \bar{V}$, 请参考定理 3.2 的证明.)

(2) 置

$$\tilde{V} = V \cup \{t_0, \tilde{t}_0; t_i', \tilde{t}_i : i = 1, 2, \cdots, k\} \ (t_0, \tilde{t}_0, t_i', \tilde{t}_i \notin V),$$

$$\tilde{E} = E \cup \{(t_i, t_i'), (t_i', \tilde{t}_i), (t_i', t_0), (t_0, \tilde{t}_0) : i = 1, 2, \cdots, k\},$$

$$\tilde{H} = \{[s_i, \tilde{t}_i], [s_i, \tilde{t}_0] : i = 1, 2, \cdots, k\},$$

$$\tilde{G} = (\tilde{V}, \tilde{E}); \quad \tilde{\mathcal{P}}_i = \{P + (t_i, t_i') + (t_i', \tilde{t}_i) : P \in \mathcal{P}_i\},$$

$$\tilde{\mathcal{P}}_0^i = \{P + (t_i, t_i') + (t_i', t_0) + (t_0, \tilde{t}_0) : P \in \mathcal{P}_i\}, \quad i = 1, 2, \cdots, k;$$

$$\mathcal{P}_i = \left(\bigcup_{i=1}^{k} \tilde{\mathcal{P}}_i\right) \cup \left(\bigcup_{i=1}^{k} \tilde{\mathcal{P}}_0^i\right);$$

$$\tilde{\lambda} = \frac{U}{\sum b_i}, \quad b := 0,$$

$$\tilde{c}(e) = \begin{cases} c(e), & e \in E(G), \\ b_i, & e = (t_i, t_i'), \\ \tilde{\lambda} b_i, & e = (t_i', \tilde{t}_i), \quad i = 1, 2, \cdots, k. \\ U, & e = (t_i', t_0), \\ b, & e = (t_0, \tilde{t}_0), \end{cases}$$

(3) 关于 $\tilde{\mathcal{P}}$ 和 ε, 用算法 2.1 求出 MMFP 的一个近似解 $\tilde{y}^*$. (注意：这时, 由于 $b = 0$, $\bigcup_{i=1}^{k} \tilde{\mathcal{P}}_0^i$ 是无效的, 事实上 $\tilde{\mathcal{P}} = (\cup \tilde{\mathcal{P}}_i)$.) 如果 $V(\tilde{y}^*) \geqslant \dfrac{1}{1+\varepsilon} V(y_1^*)$, 置 $\tilde{y}_1^* := \tilde{y}^*$, 然后转 (6). 否则, 置 $\tilde{y}_2^* := \tilde{y}^*, a := 0, b := U$. 关于 $\tilde{\mathcal{P}}$ 和 ε, 再用算法 2.1 求出 MMFP 的一个近似解 $\tilde{y}_1^*$. 然后进行下一步. $\left(\text{注意：由于 } U \geqslant \bar{V}, V(\tilde{y}_1^*) \geqslant \dfrac{1}{1+\varepsilon} \bar{V} \geqslant \dfrac{1}{1+\varepsilon} V(y_1^*).\right)$

(4) 置 $b := \dfrac{a+b}{2}$.

(5) 关于 $\tilde{\mathcal{P}}$ 和 ε, 用算法 2.1 求出 MMFP 的一个近似解 $\tilde{y}^*$.

(i) $V(\tilde{y}^*) \geqslant \dfrac{1}{1+\varepsilon} V(y_1^*)$, 置 $\tilde{y}_1^* := \tilde{y}^*$. 如果 $(b-a) < \eta$, 转 (6). 否则, 转 (4).

(ii) $V(\tilde{y}^*) < \dfrac{1}{1+\varepsilon} V(y_1^*)$, 置

$$\tilde{y}_2^* := \tilde{y}^*, \quad a' := b, \quad b := 2b - a, \quad a := a'.$$

如果 $(b-a) < \eta$, 转 (6). 否则, 转 (4).

(6) 置
$$y^*(P) = \tilde{y}_1^*(P + (t_i, t_i') + (t_i', \tilde{t}_i)) + \tilde{y}_1^*(P + (t_i, t_i') + (t_i', t_0)$$
$$+ (t_0, \tilde{t}_0)), \quad \forall P \in \mathcal{P}_i, \quad i = 1, 2, \cdots, k.$$

停机扫描本书封面的二维码可获得算法 3.1 的 MATLAB 语言程序 (见第 3 章电子附件).

注 3.4 关于注 2.3 中的 $[(G,c),H]$, $b = (b_1, b_2)$ 和 $\mathcal{P}$, 考虑如何求 MMFP-GFMR 的近似解.

首先作 $\tilde{G}$(图 3.1), 并通过定义 $\tilde{c}$ 与 $\tilde{H}$ 建构辅助网络 $\left[(\tilde{G},\tilde{c}),\tilde{H}\right]$, 这里,

$$\tilde{c}((t_1,t_1')) = b_1, \quad \tilde{c}((t_1',\tilde{t}_1)) = \lambda b_1, \quad \tilde{c}((t_2,t_2')) = b_2, \quad \tilde{c}((t_2',\tilde{t}_2)) = \lambda b_2,$$
$$\tilde{c}((t_1',t_0)) = \tilde{c}((t_2',t_0)) = \bar{V}, \quad \tilde{c}((t_0,\tilde{t}_0)) = b,$$
$$\tilde{c}(e) = c(e), \quad \forall e \in E(G);$$
$$\tilde{H} = \left\{[s_1,\tilde{t}_1],[s_1,\tilde{t}_0],[s_2,\tilde{t}_2],[s_2,\tilde{t}_0]\right\}.$$

注意, 其中 b 是变量. 再定义 $\tilde{\mathcal{P}}$ 为 $\tilde{\mathcal{P}} = \tilde{\mathcal{P}}_1 \cup \tilde{\mathcal{P}}_1^0 \cup \tilde{\mathcal{P}}_2 \cup \tilde{\mathcal{P}}_2^0$, 且
$$\tilde{\mathcal{P}}_1 = \left\{P + (t_1,t_1') + (t_1' + \tilde{t}_1) : P \in \mathcal{P}_1\right\},$$
$$\tilde{\mathcal{P}}_1^0 = \left\{P + (t_1,t_1') + (t_1',t_0) + (t_0,\tilde{t}_0) : P \in \mathcal{P}_1\right\},$$
$$\tilde{\mathcal{P}}_2 = \left\{P + (t_2,t_2') + (t_2' + \tilde{t}_2) : P \in \mathcal{P}_2\right\},$$
$$\tilde{\mathcal{P}}_2^0 = \left\{P + (t_2,t_2') + (t_2',t_0) + (t_0,\tilde{t}_0) : P \in \mathcal{P}_2\right\}.$$

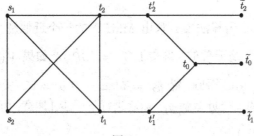

图 3.1

设 y 是 CMMFP 的一个解, 则 $V(y) = V_1(y) + V_2(y) = \bar{V} = \lambda(b_1 + b_2)$, 这里 $\lambda = \dfrac{\bar{V}}{b_1 + b_2}$. 因此, $(V_1(y) - \lambda b_1) = -(V_2(y) - \lambda b_2)$. 设 $(V_1(y) - \lambda b_1) > 0$, 则

$$\sum |(V_i(y) - \lambda b_i)| = 2(V_1(y) - \lambda b_1)$$
$$= 2\left[\max\{V_1(y) - \lambda b_1, 0\} + \max\{V_2(y) - \lambda b_2, 0\}\right].$$

从而, y 为 MMFP-GFMR 的解当且仅当 $[\max\{V_1(y) - \lambda b_1, 0\} + \max\{V_2(y) - \lambda b_2, 0\}]$ 最小. 注意到 $\tilde{t}_0$ 可以看作一个储存进入 (t_1, t_1') 而不能够进入 $(t_1', \tilde{t}_1)$ (或进入 (t_2, t_2') 而不能够进入 $(t_2', \tilde{t}_2)$) 的流的库房. 令 $w = \dfrac{1}{2}\min\{\sum |V_i(y) - \lambda b_i| : V_i(y) \leqslant b_i, y \in \mathrm{F}[\mathcal{P}]\}$, 则

(i) 当 $b < w$ 时, $\mathrm{OPT}[\tilde{\mathcal{P}}] \leqslant \bar{V}, \bar{V} = \max\{V(y) : V_i(y) \leqslant b_i,\ i = 1, 2;\ y \in \mathrm{F}[\mathcal{P}]\}$, 因此, 关于 $\tilde{\mathcal{P}}$ 和充分小的 ε, 用算法 2.1 所求出的流 $\tilde{y}$ 应不满足 $V(\tilde{y}) \geqslant \dfrac{1}{1+\varepsilon}\bar{V}$.

(ii) 当 $b = w$ 时, 设 $\tilde{y}$ 是 MMFP($\tilde{\mathcal{P}}$) 的解, 并命

$$
y(P) = \begin{cases}
\tilde{y}(P + (t_1, t_1') + (t_1', \tilde{t}_1)) + \tilde{y}(P + (t_1, t_1') + (t_1', t_0) + (t_0, \tilde{t}_0)), & P \in P \in \mathcal{P}_1, \\
\tilde{y}(P + (t_2, t_2') + (t_2', \tilde{t}_2)) + \tilde{y}(P + (t_2, t_2') + (t_2', t_0) + (t_0, \tilde{t}_0)), & P \in \mathcal{P}_2,
\end{cases}
$$

则 y 是 MMFP-GFMR 的解.

(iii) 当 $b > w$ 时, $\mathrm{OPT}[\tilde{\mathcal{P}}] = \bar{V}$. 因此, 关于 $\tilde{\mathcal{P}}$ 和充分小的 ε, 用算法 2.1 所求出的流 $\tilde{y}$ 应满足 $V(\tilde{y}) \geqslant \dfrac{1}{1+\varepsilon}\bar{V}$.

根据 (ii) 与算法 2.1, 只要找到了 w 就可以求得 MMFP-GFMR 的近似解. 根据 (i) 与 (iii), 取充分小的 ε 和区间 (b_1, b_2) 使得当 $b = b_1$ 时用算法 2.1 所求出的流 $\tilde{y}$ 不满足 $V(\tilde{y}) \geqslant \dfrac{1}{1+\varepsilon}\bar{V}$; 而当 $b = b_2$ 时用算法 2.1 所求出的流 $\tilde{y}$ 满足 $V(\tilde{y}) \geqslant \dfrac{1}{1+\varepsilon}\bar{V}$, 则 $w \in (b_1, b_2)$. 从而, 可以通过逐渐地缩短 (b_1, b_2) 的长度近似地找到 w. 算法 3.1 就是遵照这种思想而设计出来的.

算法 3.1 的关键在于建立辅助网络和利用算法 2.1 循环地进行二分搜索. 这种方法是它不同于以往的相关算法的主要特征. 值得注意的是, 该方法可用于求解其他的网络流问题.

3.1.3 算法分析

本节讨论 3.1.2 节所给出的算法的正确性、逼近度及复杂性.

定理 3.2 算法 3.1 的复杂度为 $O\left(\left(\dfrac{1}{\varepsilon^2} k m^2 \log n\right) \cdot \left(\log \dfrac{\bar{V}}{\eta}\right)\right)$, 这里

$$
\varepsilon = \min\left\{\varepsilon_0, \eta\left[(1 + \varepsilon_0)\bar{V}\right]^{-1}\right\}.
$$

设 y 为相应的问题 MMFP-GFMR 的解, y^* 为算法 3.1 的输出, 且

$$
Y_i = \max\{V_i(y) - \lambda b_i, 0\}, \quad Y_i^* = \max\{V_i(y^*) - \lambda b_i, 0\}, \quad i = 1, 2, \cdots, k.
$$

这里 $\lambda = \dfrac{\bar{V}}{\sum b_i}$, 则 y^* 为 $\mathcal{P}$ 上的一个流, 并且

$$
V(y) \geqslant V(y^*) \geqslant V(y) - 2\eta, \quad \sum Y_i^* \leqslant \sum Y_i + 2\eta. \tag{3.1}
$$

注意: $\sum Y_i = \frac{1}{2} \sum |V_i(y) - \lambda b_i|$. 事实上,

$$\sum V_i(y) = \bar{V} = \lambda \left(\sum b_i \right) \Rightarrow \sum_{V_i(y) \geqslant \lambda b_i} [V_i(y) - \lambda b_i] = \sum_{V_i(y) < \lambda b_i} [\lambda b_i - V_i(y)]$$

$$\Rightarrow \sum Y_i = \frac{1}{2} \sum |V_i(y) - \lambda b_i|.$$

证　显然, 算法 3.1 的复杂度取决于它调用其子程序的次数及其子程序的复杂度. 易知, 算法 3.1 调用其子程序的次数为 $O\left(\log \frac{\bar{V}}{\eta} \right)$ (或 $O\left(\log \frac{\max b_i}{\eta} \right)$). 另一方面, 根据定理 3.1, 其子程序算法 2.1 和算法 2.2 的复杂度为 $O\left(\frac{1}{\varepsilon^2} k m^2 \log n \right)$. 所以, 算法 3.1 的复杂度为: $O\left(\left(\frac{1}{\varepsilon^2} k m^2 \log n \right) \cdot \left(\log \frac{\bar{V}}{\eta} \right) \right)$.

根据定理 2.3, $\tilde{y}^*$ 是 $\tilde{\mathcal{P}}$ 上的一个流. 由此, 根据 y^* 与 $\tilde{y}^*$ 的关系可知, y^* 是 $\mathcal{P}$ 上的一个流.

由于 y 是 MMFP-GFMR 的一个解, 我们有 $V(y) = \bar{V} \geqslant V(y_1^*)$. 根据定理 2.3, $V(y_0^*) \geqslant \frac{1}{1+\varepsilon_0} \bar{V}$ 和 $V(y_1^*) \geqslant \frac{1}{1+\varepsilon} \bar{V}$. 因此

$$\bar{V} - V(y_1^*) \leqslant \bar{V} - \frac{1}{1+\varepsilon} \bar{V} = \frac{\varepsilon}{1+\varepsilon} \bar{V} \leqslant \varepsilon \bar{V} \leqslant \frac{\eta \bar{V}}{(1+\varepsilon_0) V(y_0^*)} \leqslant \eta,$$

进而 $V(y_1^*) \leqslant \bar{V} \leqslant V(y_1^*) + \eta = U$. (关于 $\bar{V}$ 的意义, 见 CMMFP; 关于 ε, $V(y_1^*)$ 和 U 的意义, 见算法 3.1 的步 (1).)

(1) 运算在步骤 (1) 停止. 这时, $y^* = y_0^*$. 根据定理 2.4, $V(y_0^*) \geqslant \frac{1}{1+\varepsilon_0} \bar{V}$. 因此, $\bar{V} \leqslant (1+\varepsilon_0) V(y_0^*)$. 由于 $(1+\varepsilon_0) V(y_0^*) \leqslant \eta$, 我们进一步有 $\bar{V} \leqslant \eta$. 于是, $\bar{V} \geqslant V(y^*) \geqslant \bar{V} - 2\eta$, 且 $\sum Y_i^* \leqslant V(y^*) \leqslant \eta \leqslant \sum Y_i + 2\eta$. 即 (3.1) 成立.

(2) 运算经步骤 (3) 转步骤 (6) 后停止. 这时, 由于 $b = 0$, $\left(\bigcup_{i=1}^k \tilde{\mathcal{P}}_0^i \right)$ 是无效的, 所以 $V(y^*) = V(\tilde{y}^*) \geqslant \frac{1}{1+\varepsilon} V(y_1^*)$. 因此,

$$\bar{V} \geqslant V(y^*) \geqslant \frac{1}{1+\varepsilon} V(y_1^*) \geqslant \frac{1}{1+\varepsilon} \cdot \frac{1}{1+\varepsilon} \bar{V} = \bar{V} - \left(\bar{V} - \frac{1}{1+\varepsilon} \cdot \frac{1}{1+\varepsilon} \bar{V} \right)$$

$$= \bar{V} - \bar{V} \left(\frac{\varepsilon}{1+\varepsilon} \cdot \frac{2+\varepsilon}{1+\varepsilon} \right) \geqslant \bar{V} - \bar{V} \cdot 2\varepsilon \geqslant \bar{V} - \bar{V} \cdot \frac{2\eta}{(1+\varepsilon_0) V(y_0^*)}$$

$$\geqslant \bar{V} - 2\eta. \tag{3.2}$$

注意: $V(y_0^*) \geqslant \frac{1}{(1+\varepsilon_0)} \bar{V}$. 另一方面,

$$\sum Y_i^* = \sum \max\{V_i(y^*) - \lambda b_i, 0\} = \sum \max\{V_i(\tilde{y}^*) - \lambda b_i, 0\}$$

$$\leqslant \sum{}'(\lambda \bar{b}_i - \lambda b_i) = U - \bar{V} = [V(y_1^*) + \eta] - \bar{V} \leqslant \eta < \sum Y_i + 2\eta.$$

所以, (3.1) 成立.(关于 $\tilde{\lambda}$ 的定义, 见步骤 (2).)

(3) 运算经步骤 (5) 转步骤 (6) 后停止. 首先, 根据 $\bar{V} \leqslant U$ 和 $\left[(\tilde{G}, \tilde{c}), \tilde{H} \right]$ 的建立方法, 对于步骤 (3) 与最终的 $\tilde{y}_1^*, \tilde{y}_2^*$ 和 b, 我们能够容易地得到

$$V(\tilde{y}_1^*) \geqslant \frac{1}{1+\varepsilon} V(y_1^*), \quad V(\tilde{y}_2^*) < \frac{1}{1+\varepsilon} V(y_1^*),$$

$$\sum_{i=1}^{k} \sum_{P \in \mathcal{P}_i} \tilde{y}_1^*(P + (t_i, t_i') + (t_i', t_0) + (t_0, \tilde{t}_0) \leqslant b). \tag{3.3}$$

根据 (4), 我们可以进一步地知道 $\sum Y_i > a$, 这里, a 是最终的. 事实上, 如果 $\sum Y_i \leqslant a$, 那么根据 y 是 MMFP-GFMR 的解, $V(y) \leqslant U$ 和 $\left[(\tilde{G}, \tilde{c}), \tilde{H} \right]$ 的建立方法, 我们可以知道: 当 $\tilde{c}((t_0, \tilde{t}_0)) = a$ 时, 有 $\mathrm{OPT}(\tilde{\mathcal{P}}) = V(y) = \bar{V}$. 这也就是说, 当 $\tilde{c}((t_0, \tilde{t}_0)) = a$ 时, 对于 $\tilde{\mathcal{P}}$ 上的 MMFP, 用算法 2.1 所求出的解 $\tilde{y}^*$ 满足: $V(\tilde{y}^*) \geqslant \frac{1}{1+\varepsilon} \bar{V} \geqslant \frac{1}{1+\varepsilon} V(y_1^*)$. 由此可知, $V(\tilde{y}_2^*) \geqslant \frac{1}{1+\varepsilon} V(y_1^*)$. 这与 $V(\tilde{y}_2^*) < \frac{1}{1+\varepsilon} V(y_1^*)$ 矛盾. 所以, $\sum Y_i > a$.

回顾 y^* 与 $\tilde{y}_1^*$ 的关系, 我们得到

$$\sum Y_1^* \leqslant \sum_{i=1}^{k} \sum_{P \in \mathcal{P}_i} \tilde{y}_1^*(P + (t_i, t_i') + (t_i', t_0) + (t_0, \tilde{t}_0))$$

$$+ \sum_{i=1}^{k} \max \left\{ \left[\sum_{P \in \mathcal{P}_i} \tilde{y}_1^*(P + (t_i, t_i') + (t_i', \tilde{t}_i)) \right] - \lambda b_i, 0 \right\}$$

$$\leqslant b + \sum_{i=1}^{k} (\tilde{\lambda} b_i - \lambda b_i) = (b - a) + a + \sum_{i=1}^{k} (\tilde{\lambda} b_i - \lambda b_i)$$

$$\leqslant \eta + \sum Y_i + (U - \bar{V}) \leqslant \sum Y_i + \eta + [(V(y_1^*) + \eta) - \bar{V}]$$

$$\leqslant \sum Y_i + 2\eta,$$

$$\lambda = \frac{\bar{V}}{\sum b_i}, \quad \tilde{\lambda} = \frac{U}{\sum b_i}.$$

这里 $\tilde{y}_1^*$ 和 b 是最终的.

注意:

$$\sum_{i=1}^{k} \sum_{P \in \mathcal{P}_i} \tilde{y}_1^*(P + (t_i, t_i') + (t_i', t_0) + (t_0, \tilde{t}_0)) \leqslant b,$$

$$\sum_{i=1}^{k} \max \left\{ \left[\sum_{P \in \mathcal{P}_i} \tilde{y}_1^*(P + (t_i, t_i') + (t_i', \tilde{t}_i)) \right] - \lambda b_i, 0 \right\} \leqslant \sum_{i=1}^{k} (\tilde{\lambda} b_i - \lambda b_i),$$

$$b - a < \eta.$$

此外, 根据

$$V(y) = \bar{V} \geqslant V(y^*) = V(\tilde{y}_1^*) \geqslant \frac{1}{1 + \varepsilon} V(y_1^*),$$

由式 (3.2) 可知 $V(y) \geqslant V(y^*) \geqslant V(y) - 2\eta$. 综上, (3.1) 成立.

最后, 注意到算法 3.1 不会在其他的情况停机, 根据以上过程便知定理 3.2 成立. 　　　　　　　　　　　　　　　　　　　　　　　　　　　证毕

因为在数量级别上 $O\left(\frac{1}{\varepsilon^2} km^2 \log n\right)$ 与 $O\left(\left(\frac{1}{\varepsilon^2} km^2 \log n\right) \cdot \left(\log \frac{\bar{V}}{\eta}\right)\right)$ 是没有差别的, 算法 3.1 与算法 2.1 实际上是等效的. 另外, 由于图 G 中可能有平行边, 不宜单用 n 刻画输入规模, 所以我们用 n 和 m 来共同表示输入的规模. 又由于 $O\left(\left(\frac{1}{\varepsilon^2} km^2 \log n\right) \cdot \left(\log \frac{\bar{V}}{\eta}\right)\right)$ 中的 $\bar{V}$ 与其他的输入有关, 所以算法 3.1 只是一个求解 MMFP-GFMR 的拟多项式近似算法 (关于拟多项式算法的定义可参考 [5] 第 210 页的有关叙述).

3.1.4　计算实验

为了验证算法 3.1 及定理 3.2, 本节演示两个运用算法 3.1 进行计算的实际例子. 通过这两个实例我们还进一步解释了问题 MMFP-GFMR. 我们的计算是通过在一台 Intel(R) Pentium(R) Dual E2160 @ 1.80GHz 1.80 GHz, 0.99GB RAM 的计算机上运行算法 3.1 的 MATLAB 语言程序而完成的.

例 3.2　(1) 在图 3.2 中, 点 v_1, v_2, v_3, v_4, v_5 和 v_6 与所有的实边一起构成一个图 G, 而所有的实边又与它们的权一起给出权函数 c. $c(s_1, \overline{s_1 v_1}, v_1)$ 表示 v_1 是物资 1 的源, $(v_5, \overline{v_5 t_1}, t_1)$ 表示 v_5 是物资 1 的汇, 等等. 相应地, $H = \{[s_1, t_1], [s_2, t_2], [s_3, t_3], [s_4, t_4]\}$. 综合地, G, c 和 H 形成多商品网络 $[(G, c), H]$. 关于 $t_0, \tilde{t}_0, t'_i, \tilde{t}_i$ 和 b

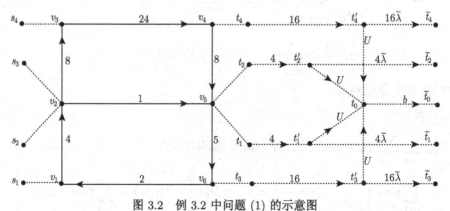

图 3.2　例 3.2 中问题 (1) 的示意图

的意义, 请回顾算法 3.1. 进一步, $(t_i, \overline{t_i t_i'}, t_i')$ 与它的权联合表示物资 i 的需求量是 b_i. 相应地,

$$\boldsymbol{b} = (b_1, b_2, b_3, b_4) = (4, 4, 16, 16).$$

如果将每一个点 t_i 都收缩到它的对应点 v_i, 则所有的有向边与它们的端点和权一起就给出了算法 3.1 中辅助的 $\tilde{G}$ 与 $\tilde{c}$. 相应地, $\tilde{H} = \{[s_i, \tilde{t}_i], [s_i, \tilde{t}_0] : i = 1, 2, 3, 4\}$.

关于由上述的 $[(G, c), H]$ 与 $\boldsymbol{b}$ 所给出的 MMFP-GFMR, 表 3.1 汇总给出了运用算法 3.1 及其他方法求解的数字结果等. 用它们可以进一步地检验我们的工作.

表 3.1   例 3.2 中问题 (1) 的计算结果

物资, 源与汇		$[s_1, t_1]$	$[s_2, t_2]$	$[s_3, t_3]$	$[s_4, t_4]$
需求量		4	4	16	16
一致点的分量		2.5	2.5	10	10
理论结果 1	分流量	2	2	5	16
	OPT, TSD	25		6	
理论结果 2	分流量	2.5	2.5	4	16
	OPT, TSD	25		6	
算法 3 计算的结果	误差参数	$\eta = 0.5$		$\varepsilon_0 = 0.02$	
	分流量	2.4014	2.4015	4.1476	15.7032
	总流量, TSD	24.6528		5.7023	
算法 2 计算的结果	误差参数	$\varepsilon = 0.02$			
	分流量	3.7377	3.7400	1.4491	15.9482
	总流量, TSD	24.8750		8.4259	
算法 1 计算的结果	误差参数	$\varepsilon = 0.02$			
	分流量	3.6545	4.6707	0	16.6216
	总流量, TSD	24.9468		9.9468	

注: TSD=$\sum \max\{V_i(y) - \lambda b_i, 0\}$(总上偏差), $\lambda = \dfrac{\bar{V}}{\sum b_i}$.

(2) 类似于 (1), 针对图 3.3, 设 $\boldsymbol{s} = [1, 1, 2, 4]$, $\boldsymbol{t} = [4, 5, 3, 5]$ 和 $\boldsymbol{b} = (6, 2, 6, 2)$, 则

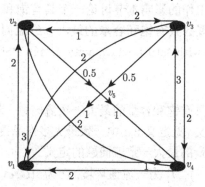

图 3.3   例 3.2 中问题 (2) 的示意图

我们又得到一个 MMFP-GFMR. 关于求解该 MMFP-GFMR 的数字结果. 请见表 3.2.

表 3.2　例 3.2 中问题 (2) 的计算结果

物资, 源与汇		[s₁,t₁]	[s₂,t₂]	[s₃,t₃]	[s₄,t₄]
需求量		4	2	8	2
一致点的分量		2	1	4	1
理论结果	分流量	3	0.5	4	0.5
	$\overline{V}$, TSD	8		1	
算法 3 计算的结果	误差参数	$\eta = 0.2$		$\varepsilon = 0.02$	
	分流量	2.9447	0.5	3.9986	0.5
	总流量, TSD	7.9433		0.9447	
算法 2 计算的结果	误差参数	$\varepsilon = 0.02$			
	分流量	3.7107	0.3736	3.4131	0.5
	总流量, TSD	7.9974		1.7107	
算法 1 计算的结果	误差参数	$\varepsilon = 0.02$			
	分流量	4.7784	0.0316	2.6774	0.5092
	总流量, TSD	7.9966		2.7784	

表 3.1 和表 3.2 的结果表明: 对于求解问题 MMFP-GFMR 来说, 算法 3.1 是很有效的, 其远远地优越于算法 2.1 和算法 2.2; 定理 3.2 的结论是正确的. 此外, 通过这两个实例, 我们还可以进一步地理解问题 MMFP-GFMR.

3.2　扩展的最大一致流问题

最大一致多商品流问题 (maximum concurrent multicommodity flow problem, MCMFP) 是一个经典的多网络流问题, 简称最大一致流问题, 它是由 Matula 于 1985 年引入的, 见 [6], 并且近二十多年来该问题引起了学术界广泛的关注, 参见 [6—11]. 受到这些已有工作的影响本节讨论一个具有饱和容量的最大一致多商品流问题, 我们称其为扩展的具有饱和容量的最大一致流问题 (extended maximum concurrent flow problem with saturated capacity, EMCFPSC).

3.2.1　问题规划

本小节建立扩展的具有饱和容量的最大一致流问题, 为了加深理解, 我们先回顾最大一致流问题的定义 (见定义 2.4 中一致最大多商品网络流问题定义), 然后再给出扩展的具有饱和容量的最大一致流问题的定义.

定义 3.2　设 $[(G,c,),H]$ 为一流通环境, $\mathcal{P}$ 为 $[(G,c),H]$ 上的一个路径系统, $b = (b_1, b_2, \cdots, b_k)$. 问题在 $\mathcal{P}$ 上求一流 y' 使得 $V_i(y') = \lambda b_i, i = 1, 2, \cdots, k, \lambda \in$

$[0,1]$, 且 $V(y')$ 最大, 即

$$V(y') = \max\{V(y) : V_i(y) = \lambda b_i, \ i = 1,2,\cdots,k; \lambda \in [0,1], y \in \mathrm{F}\},$$

称为最大一致流问题.

定义 3.3[13] 设 $[(G,c),H]$ 为一流通环境, $\mathcal{P}$ 为 $[(G,c),H]$ 上的一个路径系统, $\boldsymbol{b} = (b_1, b_2, \cdots, b_k)$. 问题在 $\mathcal{P}$ 上求一流 y' 使得

$$\min_{1\leqslant i\leqslant k}\left[\frac{1}{b_i}V_i(y')\right] = \max\left\{\min_{1\leqslant i\leqslant k}\left[\frac{1}{b_i}V_i(y)\right] : y \in \mathrm{F}, V_i(y) \leqslant b_i\right\},$$

称之为扩展的最大一致流问题 (extended maximum concurrent multicommodity flow problem, EMCMFP). 问题在 $\mathcal{P}$ 上求一流 y' 使得

$$\min_{1\leqslant i\leqslant k}\left[\frac{1}{b_i}V_i(y')\right] = \max\left\{\min_{1\leqslant i\leqslant k}\left[\frac{1}{b_i}V_i(y)\right] : y \in \mathrm{F}, V_i(y) \leqslant b_i\right\},$$

并且

$$V(y') = \max\{V(y) : y \text{ 是 EMCMFP 的解}\},$$

称之为扩展的具有饱和容量的最大一致流问题 (extended maximum concurrent multicommodity flow problem with saturated capacity, EMCMFPSC).

例 3.3 2009 年末至 2010 年初冬季期间, 由于异常低温, 世界上大部分地区供暖所消耗的能量远远超过了过去的一般水平. 面对这种情况, 许多地区的供电网络都出现了拥挤状况. 假设能源供应的目的是首先最大化各个城市满意率的最小值, 然后再最大化总的供应量, 那么相关的优化问题就可以大致看作模型 EMCMFPSC. 由此可见模型 EMCMFPSC 的应用意义.

本节旨在为问题 EMCMFP 和 EMCMFPSC 设计近似算法及做算法分析. 我们先确定解的存在性.

定理 3.3 问题 EMCMFPSC 的解存在.

证 显然, MCMFP 的解是 EMCFP 的解. 因此, 根据众所周知的结论 MCMFP 的解存在可知, $B = \{y \in \mathrm{F} \text{ 是问题 MCMFP 的解}\} \neq \varnothing$. 当 B 有限时, 定理 3.3 的结论是平凡的. 否则, $\sup\{V(y) : y \in B\}$ 存在且有限. 由此, 至少有一个 B 中的序列 $\{y_j\}$ 使得 $\lim\limits_{j\to\infty} V(y_j) = b$, 并且对于任意的 $P \in \mathcal{P}$ 都有 $\lim\limits_{j\to\infty} y_j(P)$ 存在. 令 $y(P) = \lim\limits_{j\to\infty} y_j(P)$, $\forall P \in \mathcal{P}$, 则 $y \in B$ 且 $V(y) = b$. 即 y 是 EMCMFPSC 的解.

证毕

注 3.5 (1) 最大一致流问题的定义在某些文献中略有差异, 定义 3.2 是根据 [10] 和 [11] 中的有关叙述所给出的.

(2) 设 y 为 EMCMFP 的一个解, 则

$$\min_{1\leqslant i\leqslant k}\left[\frac{1}{b_i}V_i(y)\right] = \lambda,$$

称为 MCMFP 的一致点. 又设 y 为 MCMFP 的一个解, 则 $V_i(y) \geqslant \lambda b_i$, $i = 1, 2, \cdots, k$. 这里, 可将 $\frac{1}{b_i} V_i(y)$ 理解为流 y 关于商品 i 的满意率.

(3) 显然, EMCMFPSC 的解是 EMCMFP 的解, 而 EMCMFP 的解不一定是 EMCMFPSC 的解.

3.2.2 近似算法

3.1 节通过建构辅助网络, 然后运用 B. 科尔特和 J. 菲根于 2000 年在 Young[12], Garg 和 Könemann[10] 等工作的基础上给出的一个求最大多种物资网络流问题的解的近似方案 MFAS 作为子程序进行二分搜索的方法, 设计了一个求解 MMFP-GFMR 的一个拟多项式算法. 本节试参考 3.1 节的方法设计 EMCMFP 和 EM-CMFPSC 的求解近似算法. 为便于理解, 我们还是先设计一个求解 MCMFP 的近似算法, 然后再设计 EMCMFP 和 EMCMFPSC 的求解近似算法.

算法 3.2[14]   输入: 问题 MCMFP 和 $\eta > 0$.

输出: MCMFP 的满足定理 3.4 的流.

过程:

(1) 取 $\varepsilon_0 \in \left(0, \frac{1}{7}\right)$, 关于 $\mathcal{P}$, $\boldsymbol{b}$ 和 ε_0, 用算法 2.2 求出 CMMFP 的一个近似解 y_0^*.

(2) 如果 $(1 + \varepsilon_0) V(y_0^*) \leqslant \eta$, 置 $y^* = 0$, 停机.

如果 $(1 + \varepsilon_0) V(y_0^*) > \eta$, 命

$$\varepsilon = \min\left\{\frac{\eta}{(1 + \varepsilon_0) V(y_0^*)}, \varepsilon_0\right\},$$

$$\lambda := \min\left\{1, \frac{(1 + \varepsilon_0) V(y_0^*)}{\sum b_i}\right\}; \quad b_i^0 = b_i, \ b_i := \lambda b_i^0, \quad i = 1, 2, \cdots, k.$$

(3) 然后对 CMMFP(λb_i^0 作为 b_i) 和 ε 再次用算法 2.2 求出 CMMFP 的一个近似解 y^*.

$$\text{如果 } V(y^*) \geqslant \frac{1}{1 + \varepsilon}\left(\sum b_i\right) \quad (= (1 + \varepsilon_0) V(y_0^*), \lambda < 1),$$

停机. 否则, 置 $y_1^* := 0, y_2^* = y^*, \mu := 0, a_i^* = 0, b_i^* := b_i, i = 1, 2, \cdots, k$. 转 (4) 的 (i).

(4)(i) 置 $\mu := \mu, \lambda := \dfrac{\mu + \lambda}{2}$; 转 (5).

(ii) 置 $\mu' := \lambda, \lambda := \dfrac{3\lambda - \mu}{2}, \mu := \mu'$; 进行下一步.

(5) 置 $b_i := \lambda b_i^0$, 对 CMMFP 用算法 2.2 求出一个近似解 y^*.

(i) $V(y^*) \geqslant \dfrac{1}{1+\varepsilon} \sum b_i$, 置 $y_1^* := y^*$, $a_i^* := b_i$, $i = 1, 2, \cdots, k$. $\max(b_i^* - a_i^*) < \eta$, 转 (5); 否则, 转 (4) 的 (ii).

(ii) $V(y^*) < \dfrac{1}{1+\varepsilon} \sum b_i$, 置 $y_2^* := y^*$, $b_i^* := b_i$, $i = 1, 2, \cdots, k$. $\max(b_i^* - a_i^*) < \eta$, 转 (6); 否则, 转 (4) 的 (i).

(6) 置 $y^* = y_1^*$. 停机.

注 3.6 由于算法 2.2 是通过建构辅助网络和运用 MFAS 进行设计的, 所以该算法实际上是通过建构辅助网络和运用 MFAS 作为子程序进行二分搜索而建立的.

下面, 我们根据算法 3.2 的思想, 进一步给出 EMCMFP 和 EMCMFPSC 的求解近似算法, 由于 EMCMFPSC 的解必是 EMCMFP 的解, 我们只就 EMCMFPSC 进行设计.

算法 3.3[13] (关于 EMCMFPSC 的近似算法)

输入: 问题 EMCMFPSC(包括多商品流网络 (G, c, H), 路径系统 $\mathcal{P}$, 需求向量 **b**, 误差参数

$$\eta = \dfrac{\varepsilon}{\max\left\{ \dfrac{1}{V(y)}\left[\left(\sum_{i=1}^{k} b_i + 3\right), \dfrac{1}{\lambda}\left(1 + \dfrac{2}{\min b_i}\right), \dfrac{km}{V(y)} \right] \right\}},$$

这里 $\lambda > 0, \min b_i > 0, V(y) > 0, \lambda$ 是 MCMFP 的一致点).

输出: EMCMFPSC 的满足定理 3.5 的流.

过程:

(1) 置 $e = \min\left\{ \dfrac{\eta}{\sum_{i=1}^{k} b_i}, \dfrac{1}{7} \right\}$; $b_i^0 = b_i$, $i = 1, 2, \cdots, k$; $l = 0, h = 0$.

(2) 置 $l := l + 1$. 如果 $l\eta < 1$, 执行下一步. 否则, 命 $l^* = l$, 转 (4).

(3) 置 $b_i := l\eta b_i^0$, $\boldsymbol{b} := (b_1, b_2, \cdots, b_n)$. 关于 $\mathcal{P}$, b 和 e, 用算法 2.2 求出 CMMFP 的一个近似解 y_1. 如果 $V(y_1) < \dfrac{1}{1+e}\left(\sum_{i=1}^{k} b_i\right)$, 置 $l^* = l$ 并且执行下一步. 否则返回 (2).

(4) 按下面方式建立辅助网络和需求向量 **b**. 置

$$V' = V \cup \{t_0', t_i' : i = 1, 2, \cdots, k\} \ (t_0', t_i' \notin V),$$

$$E' = E \cup \{(t_i, t_0'), (t_i, t_i') : i = 1, 2, \cdots, k\},$$

$$H = \{[s_i, t_i'], [s_i, t_0'] : i = 1, 2, \cdots, k\}, \quad G' = (V', E');$$

$$\mathcal{P}_i' = \{P + (t_i, t_i') : P \in P_i\}, \quad \mathcal{P}_0'^{i} = \{P + (t_i, t_0') : P \in \mathcal{P}_i\}, \quad i = 1, 2, \cdots, k;$$

$$\mathcal{P}' = \left(\bigcup_{i=1}^{k} \mathcal{P}'_i \right) \cup \left(\bigcup_{i=1}^{k} \mathcal{P}'^i_0 \right);$$

$$b'_i = (l^* - l)\eta b^0_i, \quad b'_0 = b, \quad \boldsymbol{b}' = (b'_1, b'_2, \cdots, b'_k, b'_0),$$

并且

$$c'(e) = \begin{cases} c(e), & e \in E(G), \\ b'_i, & e = (t_i, t'_i), \quad y' = (0). \\ b_i - b'_i, & e = (t_i, t^0_i), \end{cases}$$

(5) 置 $h := h+1, b := h\eta$. 如果 $b > \sum_{i=1}^{k} b^0_i$, 置 $h^* = h$ 并且进行下一步. 否则关于 $\mathcal{P}'$, $\boldsymbol{b}'$ 和 e, 求 CMMFP 的一个近似解 y_2. 如果 $V(y_2) < \frac{1}{1+e}\left[\left(\sum_{i=1}^{k} b'_i\right) + b\right]$, 置 $h^* = h$ 并且进行下一步. 否则, 置 $y' := y_2$, 然后返回 (5).

(6) 置 $y^*(P) = y'(P + (t_i, t'_i)) + y'(P + (t_i, t_0)), \forall P \in \mathcal{P}_i, i = 1, 2, \cdots, k$. 停机.

3.2.3　算法分析

本小节进行算法分析, 我们依然先分析算法 3.2, 再分析算法 3.3.

算法 3.2 的主要运算过程是反复地调用子程序算法 2.2, 由于这种反复的次数可以表示为 $O\left(\log\frac{\bar{V}}{\eta}\right)$ (或 $O\left(\log\frac{\max b_i}{\eta}\right)$), 而该子程序的复杂度同于 MFAS 的复杂度 $O\left(\frac{1}{\varepsilon^2}kmm_1 n\log n\right)$, 故算法 3.2 的复杂度为 $O\left(\left(\frac{1}{\varepsilon^2}kmm_1 n\log n\right)\left(\log\frac{\bar{V}}{\eta}\right)\right)$ $\left(其中 \varepsilon = \min\left\{\varepsilon_0, \frac{\eta}{(1+\varepsilon_0)\bar{V}}\right\}\right)$. 因此, 算法 3.2 是一个拟多项式算法. 另一方面, 因为随着 n 的增大, $O\left(\frac{1}{\varepsilon^2}kmm_1 n\log n\right)$ 与 $O\left(\left(\frac{1}{\varepsilon^2}kmm_1 n\log n\right)\left(\log\frac{\bar{V}}{\eta}\right)\right)$ 无数量级别上的差异, 所以在一定程度上算法 3.2 与 MFAS (见 2.4) 具有同样的实际效率. 下面着重讨论算法 3.2 的近似程度.

定理 3.4　针对问题 MCMFP, 设 y' 是 MCMFP 的解, y^* 是由算法 3.2 所求得的流, 则

$$\max|V_i(y^*) - V_i(y')| \leqslant \frac{\max b_i}{\min b_i} \cdot 2\eta.$$

证　(1) 运算在算法 3.2 的 (2) 中停机. 这时, 有 $\eta \geqslant (1+\varepsilon_0)V(y^*_0)$ 和 $\eta < (1+\varepsilon_0)V(y^*_0)$ 两种情况. 当 $\eta \geqslant (1+\varepsilon_0)V(y^*_0)$ 时: $y^* = 0, V_i(y^*) = 0, V_i(y') \leqslant \bar{V}; V(y^*_0) \geqslant \frac{1}{1+\varepsilon_0}\bar{V}$, 即 $\bar{V} \leqslant (1+\varepsilon_0)V(y^*_0) \leqslant \eta$, 因此,

$$|V_i(y^*) - V_i(y')| \leqslant \bar{V} \leqslant \eta \leqslant \frac{\max b_i}{\min b_i} \cdot 2\eta.$$

当 $\eta < (1+\varepsilon_0)V(y^*_0)$ 时: $\min\left[\frac{1}{b_i}V_i(y^*)\right] \leqslant \frac{1}{b_i}V_i(y^*) \leqslant \lambda$ $\left(= \min\left\{1,\right.\right.$

$\frac{(1+\varepsilon_0)V(y_0^*)}{\sum b_i}\})$; 由 y' 是 MCMFP 的解和 y^* 是 $\mathcal{P}$ 上的流知, $\min\left[\frac{1}{b_i}V_i(y^*)\right]\leqslant$ $\frac{1}{b_i}V_i(y')\leqslant\lambda$. 从而

$$\left|\frac{1}{b_i}V_i(y^*)-\frac{1}{b_i}V_i(y')\right|\leqslant\lambda-\min\left[\frac{1}{b_i}V_i(y^*)\right]$$

$$\Rightarrow|V_i(y^*)-V_i(y')|\leqslant\frac{\max b_i}{\min b_i}\left\{\min b_i\left(\lambda-\min\left[\frac{1}{b_i}V_i(y^*)\right]\right)\right\}.$$

另一方面,

$$\min b_i\left(\lambda-\min\left[\frac{1}{b_i}V_i(y^*)\right]\right)\leqslant\sum\min b_i\left(\lambda-\frac{1}{b_i}V_i(y^*)\right)$$

$$\leqslant\sum b_i\left(\lambda-\frac{1}{b_i}V_i(y^*)\right)=\sum[\lambda b_i-V_i(y^*)].$$

进一步, 当 $\lambda<1$ 时有

$$\sum[\lambda b_i-V_i(y^*)]=(1+\varepsilon_0)V(y_0^*)-V(y^*)$$

$$\leqslant(1+\varepsilon_0)V(y_0^*)-\frac{1}{1+\varepsilon}\cdot(1+\varepsilon_0)V(y_0^*)$$

$$=\frac{\varepsilon}{1+\varepsilon}\cdot(1+\varepsilon_0)V(y_0^*)$$

$$\leqslant\frac{\eta}{(1+\varepsilon_0)V(y_0^*)}\cdot(1+\varepsilon_0)V(y_0^*)=\eta\leqslant2\eta;$$

当 $\lambda=1$ 时, 有 $\sum b_i\leqslant(1+\varepsilon_0)V(y_0^*)$, 并且

$$\sum[\lambda b_i-V_i(y^*)]=\sum b_i-V(y^*)$$

$$\leqslant\sum b_i-\frac{1}{1+\varepsilon}\sum b_i=\frac{\varepsilon}{1+\varepsilon}\sum b_i$$

$$\leqslant\frac{\varepsilon}{1+\varepsilon}\cdot(1+\varepsilon_0)V(y_0^*)$$

$$\leqslant\frac{\frac{\eta}{(1+\varepsilon_0)V(y_0^*)-\eta}}{1+\frac{\eta}{(1+\varepsilon_0)V(y_0^*)-\eta}}\cdot(1+\varepsilon_0)V(y_0^*)$$

$$=\frac{\eta}{(1+\varepsilon_0)V(y_0^*)}\cdot(1+\varepsilon_0)V(y_0^*)=\eta\leqslant2\eta.$$

所以, $\max|V_i(y^*)-V_i(y')|\leqslant\frac{\max b_i}{\min b_i}\cdot2\eta.$

(2) 运算在算法 3.2 的 (5) 中停止. 这时, 对于 $b_i=b_i^*$ 的 CMMFP 和 ε 启用

子程序算法 2.2 得算法 3.2 的最终的 y_2^*, 且 $V(y_2^*) < \dfrac{1}{1+\varepsilon} \sum b_i^*$, 即当 $b_i = b_i^*$ 时, CMMFP 无解. 于是, 由 y' 是 MCMFP 的解和 y^* 是 $\mathcal{P}$ 上的流知

$$\min \frac{1}{b_i} V_i(y^*) \leqslant \frac{1}{b_i} V_i(y') \leqslant \frac{b_i^*}{b_i} = \lambda^*,$$

其中, $b_i = b_i^0$, 即 b_i 是 MCMFP 中原始的 b_i. 另一方面, 对于 $b_i = a_i^*$ 的 CMMFP 和 ε 起用子程序得到 y^*, 且 $V(y^*) \geqslant \dfrac{1}{1+\varepsilon} \sum a_i^*$,

$$\min \frac{1}{b_i} V_i(y^*) \leqslant \frac{1}{b_i} V_i(y^*) \leqslant \frac{a_i^*}{b_i} = \mu^* < \lambda^*.$$

因此,

$$\left| \frac{1}{b_i} V_i(y^*) - \frac{1}{b_i} V_i(y') \right| \leqslant \lambda^* - \min \frac{1}{b_i} V_i(y^*)$$

$$\Rightarrow |V_i(y') - V_i(y^*)| \leqslant b_i \lambda^* - b_i \mu^* + b_i \left(\mu^* - \min \left[\frac{1}{b_i} V_i(y^*) \right] \right)$$

$$\leqslant \max(b_i^* - a_i^*) + \frac{\max b_i}{\min b_i} \cdot \left\{ \min b_i \cdot \left(\mu^* - \min \left[\frac{1}{b_i} V_i(y^*) \right] \right) \right\}.$$

又 $\max(b_i^* - a_i^*) < \eta$, 而

$$\min b_i \left(\mu^* - \min \left[\frac{1}{b_i} V_i(y^*) \right] \right) \left(= \min b_i \left(\mu^* - \frac{1}{b_{i'}} V_{i'}(y^*) \right) \right)$$

$$\leqslant b_{i'} \mu^* - V_{i'}(y^*) \leqslant \sum [b_i \mu^* - V_i(y^*)] = \sum [a_i^* - V_i(y^*)]$$

$$= \sum a_i^* - V(y^*) \leqslant \sum a_i^* - \frac{1}{1+\varepsilon} \sum a_i^* = \frac{\varepsilon}{1+\varepsilon} \left(\sum a_i^* \right)$$

$$\leqslant \frac{\varepsilon}{1+\varepsilon} (1+\varepsilon) V(y^*) = \varepsilon V(y^*) \leqslant \varepsilon \bar{V} \leqslant \varepsilon (1+\varepsilon_0) V(y_0^*) \leqslant \eta.$$

所以, 我们依然有

$$\max |V_i(y') - V_i(y^*)| \leqslant \eta + \frac{\max b_i}{\min b_i} \cdot \eta \leqslant \frac{\max b_i}{\min b_i} \cdot 2\eta. \qquad \text{证毕}$$

现在开始讨论算法 3.3 的复杂度与近似度.

定理 3.5 算法 3.3 的复杂性为 $O\left(\dfrac{1}{\eta^3} km^2 \log n \right)$, 这里

$$k = |H|, \quad n = |V(G)|, \quad m = |E(G)|.$$

令 y 是 EMCFPSC 的解, y^* 为算法 3.3 的输出, 则 y^* 是 $\mathcal{P}$ 上的流,

$$V_i\left(y^*\right) \leqslant b_i, \quad i = 1, 2, \cdots, k, \quad V(y) \leqslant \left[l^*\left(\sum_{i=1}^{k} b_i\right) + h^*\right]\eta$$

且

$$\left[(l^* - l)\left(\sum_{i=1}^{k} b_i\right) + h^*\right]\eta - 3\eta \leqslant V\left(y^*\right) \leqslant \left[(l^* - l)\left(\sum_{i=1}^{k} b_i\right) + h^*\right]\eta, \quad (3.4)$$

$$(l^* - 1)\eta - \frac{2\eta}{\min b_i} \leqslant \min \frac{V_i\left(y^*\right)}{b_i} \leqslant \min \frac{V_i(y)}{b_i} = \lambda \leqslant l^*\eta. \quad (3.5)$$

这里 λ 是问题 MCMFP 的一致点. 此外, 我们还有

$$V(y)(1 - \varepsilon) \leqslant V\left(y^*\right), \quad (3.6)$$

$$\lambda(1 - \varepsilon) \leqslant \min \frac{V_i\left(y^*\right)}{b_i} \leqslant \lambda. \quad (3.7)$$

证 显然, 算法 3.3 的复杂度依赖于子程序算法 2.2 的复杂度与其在算法中的循环次数. 通过简单观察与分析可知, 子程序算法 2.2 的在算法 3.3 中的循环次数不会多于 $\max b_i\left(\dfrac{k}{\eta} + \dfrac{1}{\eta}\right)$, 该界值可以表示为 $O\left(\dfrac{1}{\eta}\right)$. 另一方面, 子程序的复杂度为 $O\left(\dfrac{1}{e^2}km^2\log n\right) = O\left(\dfrac{1}{\eta^2}km^2\log n\right)$, 见 [4]. 因此, 算法 3.3 中的复杂度为 $O\left(\dfrac{1}{\eta^3}km^2\log n\right)$.

通过简单观察与分析可知, y^* 是 $\mathcal{P}$ 上的流, 且

$$V_i\left(y^*\right) \leqslant b_i, \quad i = 1, 2, \cdots, k, \quad V(y) \leqslant \left[l^*\left(\sum_{i=1}^{k} b_i\right) + h^*\right]\eta,$$

$$V\left(y^*\right) \leqslant \left[(l^* - 1)\left(\sum_{i=1}^{k} b_i\right) + h^*\right]\eta,$$

$$\min \frac{V_i\left(y^*\right)}{b_i} \leqslant \min \frac{V_i(y)}{b_i} \leqslant l^*\eta.$$

因此, 我们只需简单地说明:

$$\left[(l^* - 1)\left(\sum_{i=1}^{k} b_i\right) + h^*\right]\eta - 3\eta \leqslant V\left(y^*\right), \quad \min \frac{V_i\left(y^*\right)}{b_i} \geqslant (l^* - 1)\eta - \frac{2\eta}{\min b_i}.$$

根据算法我们有

$$
e \leqslant \frac{\eta}{\sum\limits_{i=1}^{k} b_i}, \quad (l^* - 1)\, \eta \leqslant 1, \quad (h^* - 1)\, \eta \leqslant \sum_{i=1}^{k} b_i,
$$

$$
V(y^*) \geqslant \frac{1}{1+e} \left[\left(\sum_{i=1}^{k} (l^* - 1)\, \eta b_i \right) + (h^* - 1)\, \eta \right].
$$

于是

$$
V(y^*) \geqslant \frac{1}{1+e} \left[\left(\sum_{i=1}^{k} (l^* - 1)\, \eta b_i \right) + (h^* - 1)\, \eta \right]
$$

$$
= \left[(l^* - 1) \left(\sum_{i=1}^{k} b_i \right) + (h^* - 1) \right] \eta - \frac{e}{1+e} \left[(l^* - 1)\, \eta \left(\sum_{i=1}^{k} b_i \right) + (h^* - 1)\, \eta \right]
$$

$$
\geqslant \left[(l^* - 1) \left(\sum_{i=1}^{k} b_i \right) + (h^* - 1) \right] \eta - e \left[\left(\sum_{i=1}^{k} b_i \right) + \left(\sum_{i=1}^{k} b_i \right) \right]
$$

$$
\geqslant \left[(l^* - 1) \left(\sum_{i=1}^{k} b_i \right) + (h^* - 1) \right] \eta - 2\eta. \tag{3.8}
$$

令 $V_i' = \sum_{P \in \mathcal{P}_{i'}} y_i'(P), i = 1, 2, \cdots, k$ 与 $V_i'^0 = \sum_{P \in \mathcal{P}_{i'0}} y_i'^0(P)$, 则根据 $y_i = y_i' + y_i'^0$ 可知 $V_i(y^*) = V_i' + V_i'^0$. 由于 $b_i' = (l^* - 1)\, \eta b_i$, 我们有 $V_i' \leqslant (l^* - 1)\, \eta b_i$. 假定关于某 j 有 $V_j(y^*) < (l^* - 1)\, \eta b_j - 2\eta$, 则

$$
V(y^*) = \sum V_i = \left[\sum_{i \neq j} \left(V_i' + V_i'^0 \right) \right] + V_j(y^*)
$$

$$
< \sum_{i \neq j} V_i' + \sum_{i \neq j} V_i'^0 + (l^* - 1)\, \eta b_j - 2\eta. \tag{3.9}
$$

另一方面, $\sum_{i \neq j} V_i'^0 \leqslant \sum_{V_i}'^0 \leqslant (h^* - 1)\, \eta$. 因此, (3.9) 意味着

$$
V(y^*) < \left[\left(\sum_{i \neq j} (l^* - 1)\, \eta b_i \right) + (h^* - 1)\, \eta \right] + (h^* - 1)\, \eta b_j - 2\eta
$$

$$
= \left[\left(\sum (l^* - 1)\, \eta b_i \right) + h^* \eta \right] - 3\eta. \tag{3.10}
$$

显然, (3.10) 与 (3.8) 是矛盾的. 所以, 关于每个 i 都有 $V(y^*) \geqslant (l^* - 1)\, \eta b_i - 2\eta$. 由此,

$$
\min \frac{V_i(y^*)}{b_i} \geqslant (l^* - 1)\, \eta - \frac{2\eta}{\min b_i}.
$$

最后, 根据

$$\eta = \frac{\varepsilon}{\max\left\{\dfrac{1}{V(y)}\left[\left(\sum_{i=1}^{k} b_i\right)+3\right], \dfrac{1}{\lambda}\left(1+\dfrac{2}{\min b_i}\right), \dfrac{km}{V(y)}\right\}},$$

$$V(y) \leqslant \left[l^*\left(\sum_{i=1}^{k} b_i\right)+h^*\right]\eta$$

与 (3.4), 我们有

$$V(y)(1-\varepsilon)$$
$$= V(y) - V(y)\left[\max\left\{\frac{1}{V(y)}\left[\left(\sum_{i=1}^{k} b_i\right)+3\right], \frac{1}{\lambda}\left(1+\frac{2}{\min b_i}\right), \frac{km}{V(y)}\right\}\eta\right]$$
$$\leqslant \left[l^*\left(\sum_{i=1}^{k} b_i\right)+h^*\right] - \left[\left(\sum_{i=1}^{k} b_i\right)+3\right]\eta \leqslant V(y^*).$$

这也就是说, (3.6) 成立. 根据 $\varepsilon = \max\left\{\frac{1}{V(y)}\left[\left(\sum_{i=1}^{k} b_i\right)+3\right], \frac{1}{\lambda}\left(1+\frac{2}{\min b_i}\right),$ $\frac{km}{V(y)}\right\}\eta$ 和 (3.5), 又有

$$\lambda(1-\varepsilon) = \lambda - \lambda\left[\max\left\{\frac{1}{V(y)}\left[\left(\sum_{i=1}^{k} b_i\right)+3\right], \frac{1}{\lambda}\left(1+\frac{2}{\min b_i}\right), \frac{km}{V(y)}\right\}\eta\right]$$
$$\leqslant l^*\eta - \left(1+\frac{2}{\min b_i}\right)\eta \leqslant \min\frac{V_i(y^*)}{b_i} \leqslant \lambda.$$

因此, (3.7) 成立.   证毕

注 3.7 (1) 除了 (3.4) 和 (3.2) 以外, 我们还猜测

$$V(y^*) \leqslant V(y) + km\eta, \tag{3.11}$$

这里 η 是一个充分小的正实数. 由此, 又可以得到

$$V(y^*) \leqslant V(y)(1+\varepsilon). \tag{3.12}$$

注意到算法 3.2 的复杂度为 $O\left(\frac{1}{\eta^3}km^2\log n\right)$, 根据 (3.6), (3.5) 和 (3.11), 一定程度上, 我们可以认为算法 3.2 是一个解 EMCMFPSC 的完全多项式时间近似方案 (fully polynomial time approximation scheme, FPTAS). 关于 FPTAS 的概念, 请参见 [15] 和 [16].

(2) 最近, Büsing 和 Stiller[17] 考虑了一种起源于在线计划的网络流, 探索此项工作在在线计划中的应用是一项很有意义的工作. 此外, Soleimani-Damaneh[18]

研究了一个具有多个汇点的模糊动态网络中的最大流问题, Mehri[19] 研究了一个
动态最大流问题的反问题. 我们认为在模糊动态网络中考虑 EMCMFPSC 与研
究 EMCMFPSC 的反问题也都是很有意义的工作.

3.3　最小满意率最大普通最大流问题

本节试探讨一个表现总流量最大各个 "分流" 的流量相对均匀这一要求的双标
准多商品资网络流问题, 并主要研究求解的近似算法. 该项工作是越民义先生关于
网络流理论发展设想的一个具体实现.

3.3.1　问题规划

定义 3.4　设 $\mathcal{P}$ 为一个路径系统, 对于给定的 $b = (b_1, b_2, \cdots, b_k)$, 在 $\mathcal{P}$ 上求
普通最大流 y'(即问题 CMMFP 的解) 使 $V(y') = \bar{V}$,

$$\min_{1\leqslant i\leqslant k}\left[\frac{1}{b_i}V_i(y')\right]$$

$$=\max\left\{\min_{1\leqslant i\leqslant k}\left[\frac{1}{b_i}V_i(y)\right] : y\in \mathrm{F}, V(y)=\bar{V}, V_i(y)\leqslant b_i,\ i=1,2,\cdots,k\right\},$$

叫最小满意率最大普通最大流问题 (MMFPBM-1), 其中

$$\bar{V}=\max\left\{V(y) : V_i(y)\leqslant b_i,\ i=1,2,\cdots,k,\ y\in \mathrm{F}\right\}.$$

注 3.8　$\left[\frac{1}{b_i}V_i(y)\right]$ 叫做 y 关于商品 i 的满意率. 当问题 CMFP 无解的时候,
我们常常希望总的流量最大, 而各个分流的流量又相对 "平均", 由于 b_i 不一定全
相等, 最好的平均状态自然应是 $V_i = b_i$, 即 y 关于各个 i 的满意率相等. 因此, 为
了 "平均" 我们就应当努力地使得 V_i 尽量地接近于 b_i. 问题 "最小满意率最大普
通最大流问题" 就是为了满足这种 "平均" 的要求而给出的一种双标准多商品网络
流问题. 命 $\lambda = \dfrac{\bar{V}}{\sum_{i=1}^{k} b_i}$, 关于这种 "平均" 我们还可考虑下列问题:

$$y'\big| V(y')=\bar{V},$$

$$\max_{1\leqslant i\leqslant k}\left[\frac{1}{b_i}V_i(y')\right]=\min\left\{\max_{1\leqslant i\leqslant k}\left[\frac{1}{b_i}V_i(y)\right] : y\in \mathrm{F},\ V(y)=\bar{V},\ V_i(y)\leqslant b_i\right\};$$

$$y'\big| V(y')=\bar{V},$$

$$\max_{1\leqslant i\leqslant k}\left|\frac{1}{b_i}V_i(y')-\lambda\right|=\min\left\{\max_{1\leqslant i\leqslant k}\left|\frac{1}{b_i}V_i(y)-\lambda\right| : y\in \mathrm{F},\ V(y)=\bar{V},\ V_i(y)\leqslant b\right\};$$

$$y'|V(y') = \bar{V},$$
$$\sum_{i=1}^{k} |V_i(y') - \lambda b_i| = \min\left\{\sum_{i=1}^{k} |V_i(y) - \lambda b_i| : y \in F, \ V(y) = \bar{V}, \ V_i(y) \leqslant b\right\}.$$

依次记以上问题为 MMFPBM-2, MMFPBM-3, MMFPBM-4. 问题 MMFPBM-1, MMFPBM-2, MMFPBM-3, MMFPBM-4 是分别从不同的角度实现 "总流量最大各分量平均" 这一要求的双标准多种商品网络流问题, 我们可将它们看作从不同的角度给出的关于同一问题的数学模型. 当 $b_i = \mathrm{OPT}(\mathcal{P})$ 时, MMFP 和 MCMFP 是等价的. 当 $b_i \geqslant \mathrm{OPT}(\mathcal{P})$ 且 b_i 全相等时, MMFPBM-1, MMFPBM-2, MMFPBM-3, MMFPBM-4 分别与下列问题等价:

$$y'|V(y') = \bar{V},$$
$$\min V_i(y') = \max\left\{\min_{1 \leqslant i \leqslant k} V_i(y) : y \in F, \ V(y) = \hat{V}\right\};$$

$$y'|V(y') = \bar{V},$$
$$\max V_i(y') = \min\left\{\max V_i(y) : y \in F, \ V(y) = \hat{V}\right\};$$

$$y'|V(y') = \bar{V},$$
$$\max\left|V_i(y') - \frac{1}{k}\hat{V}\right| = \min\left\{\max\left|\frac{1}{b_i}V_i(y) - \frac{1}{k}\hat{V}\right| : y \in F, \ V(y) = \hat{V}\right\};$$

$$y'|V(y') = \bar{V},$$
$$\sum_{i=1}^{k}\left|V_i(y') - \frac{1}{k}V\right| = \min\left\{\sum_{i=1}^{k}\left|V_i(y) - \frac{1}{k}V\right| : y \in F, V(y) = \hat{V}\right\}.$$

定理 3.6 问题 MMFPBM-1 的解存在.

证 由命题 2.2, $C = \{y \in F : V(y) = \bar{V}, V_i(y) \leqslant b_i, i = 1, 2, \cdots, k\} \neq \varnothing$. 当 C 中的元素有限时, 定理的结论是平凡的. 当 C 中的元素无限时, C 中有点列 $\{y_j\}$ 使得

$$\lim_{j \to \infty}\left[\min \frac{1}{b_i}V_i(y_i)\right] = \sup\left\{\min \frac{1}{b_i}V_i(y) : y \in C\right\} = c$$

且 $\forall P \in \mathcal{P}, \lim_{j \to \infty} y_j(P)$ 存在. $\forall P \in \mathcal{P}$, 令 $y'(P) = \lim_{j \to \infty} y_j(P)$, 则 $y' \in C$, 且

$$\min \frac{1}{b_i}V_i(y') = \min\left[\frac{1}{b_i}\sum_{P \in \mathcal{P}} y'(P)\right] = \min\left[\frac{1}{b_i}\sum_{P \in \mathcal{P}}\lim_{j \to \infty} y_j(P)\right]$$

$$= \min\left[\lim_{j \to \infty}\frac{1}{b_i}V_i(y_j)\right] \geqslant \min\left[\lim_{j \to \infty}\min\frac{1}{b_i}V_i(y_j)\right] = c.$$

因此, $\min \frac{1}{b_i}V_i(y') = c$, 即 y' 是 MMFPBM-1 的解. 证毕

3.3.2 算法

下面依然以近似方案 MFAS 作为子程序, 通过建构辅助网络和使用二分搜索

等方法给出求解 MMFPBM-1 的近似算法.

算法 3.4　针对问题 MMFPBM-1 和给定的 $\eta > 0$.

(1) 从 $\left(0, \dfrac{1}{7}\right)$ 中取 ε_0, 对 CMMFP 和 ε_0 用算法 2.2 得 y_0^*. 若是 $(1+\varepsilon_0)V(y_0^*) \leqslant \eta$, 置 $y^* = y_0^*$, 停机; 否则, 置 $\varepsilon = \min\left\{\dfrac{\eta}{(1+\varepsilon_0)V(y_0^*)}, \varepsilon_0\right\}$, 对 CMMFP 和 ε 再次用算法 2.2 得 y_1^*, 并令 $U = V(y_1^*) + \eta$.

(2) 置

$$\tilde{V} = V \cup \{t_0, \tilde{t}_0; t_i', \tilde{t}_i : i = 1, 2, \cdots, k\} \ (t_0, \tilde{t}_0; t_i', \tilde{t}_i \notin V),$$

$$\tilde{E} = E \cup \{(t_i, t_i'), (t_i', \tilde{t}_i), (t_i', t_0), (t_0, \tilde{t}_0) : i = 1, 2, \cdots, k\},$$

$$\tilde{G} = (\tilde{V}, \tilde{H}), \ \tilde{H} = \{[s_i, \tilde{t}_i], [s_i, \tilde{t}_0] : i = 1, 2, \cdots, k\};$$

$$\tilde{\mathcal{P}}_i = \{P + (t_i, t_i') + (t_i', \tilde{t}_i) : P \in \mathcal{P}_i\},$$

$$\tilde{\mathcal{P}}_0^i = \{P + (t_i, t_i') + (t_i', t_0) + (t_0, \tilde{t}_0) : P \in \mathcal{P}_i, i = 1, 2, \cdots, k\};$$

$$\tilde{\mathcal{P}} = \left(\bigcup_{i=1}^k \tilde{\mathcal{P}}_i\right) \cup \left(\bigcup_{i=1}^k \tilde{\mathcal{P}}_0^i\right);$$

并令

$$\tilde{c}(e) = \begin{cases} c(e), & e \in E, \\ b_i, & e = (t_i, t_i'), \\ \lambda b_i, & e = (t_i', \tilde{t}_i), \\ U, & e = (t_i', t_0), \quad i = 1, 2, \cdots, k, \\ U - \displaystyle\sum_{i=1}^k \lambda b_i, & e = (t_0, \tilde{t}_0). \end{cases}$$

(3) 置 $\lambda := \dfrac{U}{\sum b_i}$, 对于以 $\tilde{\mathcal{P}}\big|_{[(\tilde{G}, \tilde{c}), \tilde{H}]}$ 为路径系统的 MMFP 和 ε 起用 MFAS 得 $\tilde{y}^*$. $V(\tilde{y}^*) \geqslant \dfrac{1}{1+\varepsilon}V(y_1^*)$, 置 $\tilde{y}_1^* = \tilde{y}^*$, 转 (6); 否则, 置 $\tilde{y}_2^* := \tilde{y}^*$. 然后, 再置 $\lambda := 0$, 对于以 $\tilde{\mathcal{P}}\big|_{[(\tilde{G}, \tilde{c}), \tilde{H}]}$ 为路径系统的 MMFP 和 ε 再次用 MFAS 得 $\tilde{y}_1^*$ $\left(\text{由于}\right.$ $\tilde{c}((t_0, \tilde{t}_0)) = U, V(\tilde{y}_1^*) \geqslant \dfrac{1}{1+\varepsilon}\bar{V} \geqslant \dfrac{1}{1+\varepsilon}V(y_1^*)\left.\right)$. 置 $\mu := 0, \lambda := \dfrac{U}{\sum b_i}$; $a_i^* := 0$, $b_i^* := \lambda b_i, i = 1, 2, \cdots, k$; 然后转 (4) 的 (i).

(4) (i) 置 $\mu := \mu, \lambda := \dfrac{\mu + \lambda}{2}$, 转 (5).

(ii) 置 $\mu' := \lambda, \lambda := \dfrac{3\lambda - \mu}{2}, \mu := \mu'$, 转 (5).

(5) 对于以 $\tilde{\mathcal{P}}$ 为路径系统的 MMFP 和 ε 用 MFAS 求得 $\tilde{y}^*$.

(i) $V(\tilde{y}^*) \geqslant \dfrac{1}{1+\varepsilon}V(y_1^*)$, 置 $\tilde{y}_1^* := \tilde{y}^*$, $a_i^* := \lambda b_i, i = 1, 2, \cdots, k.$ $\max(b_i^* - a_i^*) < \eta$, 转 (6); 否则, 转 (4) 的 (ii).

(ii) $V(\tilde{y}^*) < \dfrac{1}{1+\varepsilon}V(y_1^*)$, 置 $\tilde{y}_2^* := \tilde{y}^*$, $b_i^* := \lambda b_i, i = 1, 2, \cdots, k.$ $\max(b_i^* - a_i^*) < \eta$, 转 (6); 否则, 转 (4) 的 (i).

(6) $y^*(P) := \tilde{y}_1^*(P + (t_i, t_i') + (t_i', \tilde{t}_i)) + \tilde{y}_1^*(P + (t_i, t_i'))$
$\quad\quad + \tilde{y}_1^*(P + (t_i, t_i') + (t_i', t_0) + (t_0, \tilde{t}_0)), \quad \forall P \in \mathcal{P}_i, \ i = 1, 2, \cdots, k.$

停机.

注 3.9　(1) 在 MFAS 形成以后, 还有一些工作研究求 MMFP 的 ε-近似解的算法, 见文献 [9] 的定理 9 和文献 [20] 的引理 6.5. 换用其他的求 MMFP 的 ε-近似解的算法替代 MFAS 作为子程序, 按照本节的方法同样可以做出类似算法 3.4 的算法.

(2) 下面的定理 3.7 说明由算法 3.4 求得的 y^* 是 MMFPBM-1 的近似解.

3.3.3　算法分析

定理 3.7　针对问题 MMFPBM-1, 设 y' 是 MMFPBM-1 的解, y^* 为由算法 3.4 所求得的流, 则

$$V(y') \geqslant V(y^*) \geqslant V(y') - 2\eta; \quad \min\left[\dfrac{1}{b_i}V_i(y^*)\right] \geqslant \min\left[\dfrac{1}{b_i}V_i(y')\right] - \dfrac{3\eta}{\min b_i}.$$

证　因为 $V(y') = \bar{V}, \bar{V} \geqslant V(y^*) = V(\tilde{y}_1^*) \geqslant \dfrac{1}{1+\varepsilon}V(y_1^*)$, 所以

$$V(y') \geqslant V(y^*) \geqslant \bar{V} - \left[\bar{V} - \dfrac{1}{1+\varepsilon}V(y_1^*)\right] \geqslant \bar{V} - \left(\bar{V} - \dfrac{1}{1+\varepsilon}\dfrac{1}{1+\varepsilon}\bar{V}\right)$$

$$= \bar{V} - \bar{V}\left(\dfrac{\varepsilon}{1+\varepsilon} \cdot \dfrac{1+2\varepsilon}{1+\varepsilon}\right) = \bar{V} - \bar{V}\left[\dfrac{\varepsilon}{1+\varepsilon}\left(1 + \dfrac{\varepsilon}{1+\varepsilon}\right)\right]$$

$$\geqslant \bar{V} - \bar{V}\left[\dfrac{\varepsilon'}{1+\varepsilon'} \cdot \left(1 + \dfrac{\varepsilon'}{1+\varepsilon'}\right)\right]$$

$$= \bar{V} - \bar{V}\left[\dfrac{\eta}{(1+\varepsilon_0)V(y_0^*)} \cdot \dfrac{2(1+\varepsilon_0)V(y_0^*) - \eta}{(1+\varepsilon_0)V(y_0^*)}\right]$$

$$\geqslant \bar{V} - \bar{V} \cdot \dfrac{2\eta}{(1+\varepsilon_0)V(y_0^*)}$$

$$\geqslant V(y') - 2\eta \quad \left(\varepsilon' = \min\left\{\dfrac{\eta}{(1+\varepsilon_0)V(y_0^*) - \eta}, \varepsilon_0\right\}\right).$$

下证: $\min\left[\dfrac{1}{b_i}V_i(y^*)\right] \geqslant \min\left[\dfrac{1}{b_i}V_i(y')\right] - \dfrac{3\eta}{\min b_i}$.

当运算在算法 3.4 的 (1) 停机时, 关于这一结论的证明是平凡的.

当运算由 (3) 转 (6) 停机时, $V(y^*) \geqslant \dfrac{1}{1+\varepsilon}V(y_1^*)$, 所以

$$\lambda b_i - V_i(y^*) \leqslant \sum\left[\lambda b_i - V_i(y^*)\right] = \lambda\left(\sum b_i\right) - \sum V_i(y^*)$$

$$= U - V(y^*) \leqslant \left[V(y_1^*) + \eta\right] - \dfrac{1}{1+\varepsilon}V(y_1^*) \leqslant 2\eta \quad \left(\lambda = \dfrac{U}{\sum b_i}\right)$$

$$\Rightarrow \lambda b_i - 2\eta \leqslant V_i(y^*),$$

$$\lambda - \dfrac{2\eta}{b_i} \leqslant \dfrac{1}{b_i}V_i(y^*), \quad \lambda - \dfrac{2\eta}{\min b_i} \leqslant \min\left[\dfrac{1}{b_i}V_i(y^*)\right].$$

由于 $V(y') < U, \min\left[\dfrac{1}{b_i}V_i(y')\right] \leqslant \lambda$(否则, $V_i(y') > \lambda b_i \Rightarrow \sum V_i(y') > \lambda\left(\sum b_i\right) = U)$,

故 $\min\left[\dfrac{1}{b_i}V_i(y^*)\right] \geqslant \min\left[\dfrac{1}{b_i}V_i(y')\right] - \dfrac{2\eta}{\min b_i}$. 当运算从 (5) 转 (6) 停止时, $V(\tilde{y}_2^*) <$

$\dfrac{1}{1+\varepsilon}V(y_1^*)$, 因此 $\min\left[\dfrac{1}{b_i}V_i(y')\right] < \dfrac{b_i^*}{b_i} = \lambda^*$. 另一方面, $V_i(y^*) \geqslant a_i^* - 2\eta$, $i =$

$1, 2, \cdots, k$. 事实上, 若对某 i, 不妨设为 1, 则有

$$V(y^*) < (a_1^* - 2\eta) + \sum_{i=2}^{k} a_i^* + \left(U - \sum_{i=1}^{k} a_i^*\right) = U - 2\eta = V(y_1^*) - \eta;$$

又 $V(y^*) \geqslant \dfrac{1}{1+\varepsilon}V(y_1^*) \geqslant V(y_1^*) - \eta$, 矛盾. 于是

$$\dfrac{1}{b_i}V_i(y^*) \geqslant \dfrac{a_i^*}{b_i} - \dfrac{2\eta}{b_i} = \dfrac{b_i^*}{b_i} - \left(\dfrac{b_i^* - a_i^*}{b_i}\right) - \dfrac{2\eta}{b_i} \geqslant \dfrac{b_i^*}{b_i} - \dfrac{3\eta}{b_i}$$

$$\Rightarrow \min\left[\dfrac{1}{b_i}V_i(y^*)\right] \geqslant \lambda^* - \dfrac{3\eta}{\min b_i} \geqslant \min\left[\dfrac{1}{b_i}V_i(y')\right] - \dfrac{3\eta}{\min b_i}.$$

综上, 定理成立. 证毕

3.4 最大满意率最小普通最大流问题

3.4.1 问题规划

定义 3.5 设 $\mathcal{P}$ 为一个路径系统, 于给定 $\boldsymbol{b} = (b_1, b_2, \cdots, b_k)$ 在 $\mathcal{P}$ 上求约束最大流 y'(即问题 CMMFP 的解) 使 $V(y') = \bar{V}$, 且

$$\max_{1\leqslant i\leqslant k}\left[\dfrac{1}{b_i}V_i(y')\right]$$

$$= \min \left\{ \max_{1 \leqslant i \leqslant k} \left[\frac{1}{b_i} V_i(y) \right] : y \in F, V(y) = \bar{V}, V_i(y) \leqslant b_i, \ i = 1, 2, \cdots, k \right\},$$

称作最大满意率最小普通最大流问题 (MMFPBM-5), 其中,

$$\bar{V} = \max\{V(y) : V_i(y) \leqslant b_i, i = 1, 2, \cdots, k, y \in \mathrm{F}\}.$$

根据网络流与线性规划的关系, 仿照上节的方法, 易证问题 MMFPBM-5 的解是存在的. 往后我们主要致力于问题 MMFPBM-5 的近似算法及有关问题.

3.4.2 算法

算法 3.5 针对问题 MMFPBM-5 和 $\eta > 0$.

(1) 从 $\left(0, \dfrac{1}{7}\right)$ 中取 ε_0, 对 CMMFP 和 ε_0 用算法 2.2 得 y_0^*. 若是 $(1+\varepsilon_0)V(y_0^*) \leqslant \eta$, 置 $y^* = y_0^*$, 停机; 否则, 命 $\varepsilon = \min \left\{ \dfrac{\eta}{(1+\varepsilon_0)V(y_0^*)}, \varepsilon_0 \right\}$. 然后, 对 CMMFP 和 ε 再次用算法 2.2 得 y_1^*, 并令 $U = V(y_1^*) + \eta$.

(2) 置 $b_i^0 = b_i, \mu := \dfrac{U}{\sum b_i}, b_i =: \mu b_i^0, i = 1, 2, \cdots, k$. 对 CMMFP 和 ε 再次用算法 2.2 得 y^*. $V(y^*) \geqslant \dfrac{1}{1+\varepsilon} V(y_1^*)$, 停机; 否则, 置 $y_3^* := y^*, y_2^* := y_1^*, \lambda = 1, a_i^* := b_i, b_i^* := b_i^0$, 转 (3) 的 (i).

(3) (i) $\mu := \mu, \lambda =: \dfrac{\mu + \lambda}{2}$, 转 (4).

(ii) 置 $\mu' := \lambda, \lambda =: \dfrac{3\lambda - \mu}{2}, \mu := \mu'$, 转 (4).

(4) 置 $b_i := \lambda b_i^0$, 对 CMMFP 和 ε 再次用算法 2.2 得 y^*.

(i) $V(y^*) \geqslant \dfrac{1}{1+\varepsilon} V(y_1^*)$, 置 $y_2^* := y^*, b_i^* := b_i, i = 1, 2, \cdots, k$. $\max(b_i^* - a_i^*) < \eta$, 转 (5); 否则转 (3) 的 (i).

(ii) $V(y^*) < \dfrac{1}{1+\varepsilon} V(y_1^*)$, 置 $y_3^* := y^*, a_i^* := b_i, i = 1, 2, \cdots, k$. $\max(b_i^* - a_i^*) < \eta$, 转 (5); 否则转 (3) 的 (ii).

(5) 置 $y^* = y_2^*$.

停机.

3.4.3 算法分析

算法 3.5 的主要运算过程是反复地调用子程序算法 2.2, 由其过程可知这种反复的次数可以表示为 $O\left(\log \dfrac{\bar{V}}{\eta}\right)$ (或 $O\left(\log \dfrac{\max b_i}{\eta}\right)$), 而算法 2.2 的复杂度同于

MFAS 的复杂度 $O\left(\dfrac{1}{\varepsilon^2}kmm_1 n\log n\right)$, 故算法 3.5 的复杂度为

$$O\left(\left(\dfrac{1}{\varepsilon^2}kmm_1 n\log n\right)\left(\log\dfrac{\bar{V}}{\eta}\right)\right),$$

其中 $\varepsilon=\min\left\{\varepsilon_0,\dfrac{\eta}{(1+\varepsilon_0)\bar{V}}\right\}$. 因此, 算法 3.4 是一个拟多项式算法. 另一方面, 因

为随着 n 的增大, $O\left(\dfrac{1}{\varepsilon^2}kmm_1 n\log n\right)$ 与 $O\left(\dfrac{1}{\varepsilon^2}kmm_1 n\log n\left(\log\dfrac{\bar{V}}{\eta}\right)\right)$ 无数量级

别上的差异, 所以在一定程度上算法 3.5 与 MFAS 具有同样的实际效率. 根据上述结果还可知, 由算法 3.5 所求出的 y^* 是 $\mathcal{P}$ 上的一个流, 且: $V(y^*)\geqslant\dfrac{1}{1+\varepsilon}\bar{V}$, $V_i(y^*)\leqslant$

$b_i, i=1,2,\cdots,k$. 当 MMFPBM-5 有解时, $V(y^*)\geqslant\dfrac{1}{1+\varepsilon}\left(\sum b_i\right)$.

定理 3.8 针对问题 MMFPBM-5, 设 y' 是它的一个解, y^* 为由算法 3.5 所求得的流, 则

$$V(y')\geqslant V(y^*)\geqslant V(y')-2\eta;\quad \max\left[\dfrac{1}{b_i}V_i(y^*)\right]\leqslant\max\left[\dfrac{1}{b_i}V_i(y')\right]+\dfrac{\eta}{\min b_i}.$$

证 由 $V(y_3^*)<\dfrac{1}{1+\varepsilon}V(y_1^*)\leqslant\dfrac{1}{1+\varepsilon}\bar{V}$, 关于 $b_i=a_i^*$ 的 CMMFP 的最大流的流

值恒小于 $\bar{V}$, 这里的 y_i^* 和 a_i^* 都是算法 3.5 中最终的变量, 下同. 由 y' 是 MMFPBM-

5 的解, $V(y')=V$. 所以, $\max\left[\dfrac{1}{b_i}V_i(y')\right]>\dfrac{a_i^*}{b_i}=\mu^*$, 这里的 $b_i, i=1,2,\cdots,k$ 是

MMFPBM-5 中原始的变量. 事实上, 若 $\max\left[\dfrac{1}{b_i}V_i(y')\right]\leqslant\dfrac{a_i^*}{b_i}$, 则 $V_i(y')\leqslant a_i^*$. 于是

$\sum V_i(y')$ 不超过关于 $b_i=a_i^*$ 的 CMMFP 的最大流的流值, 小于 $\bar{V}$, 这与 $V(y')=\bar{V}$

矛盾. 另一方面,

$$\max\left[\dfrac{1}{b_i}V_i(y^*)\right]=\max\left[\dfrac{1}{b_i}V_i(y_2^*)\right]\leqslant\dfrac{b_i^*}{b_i}=\lambda^*,\quad i=1,2,\cdots,k.$$

因此,

$$\max\left[\dfrac{1}{b_i}V_i(y^*)\right]\leqslant\dfrac{b^*}{b_i}+\left(\max\left[\dfrac{1}{b_i}V_i(y')\right]-\dfrac{a^*}{b_i}\right)\leqslant\max\left[\dfrac{1}{b_i}V_i(y')\right]+\left(\dfrac{b_i^*}{b_i}-\dfrac{a_i^*}{b_i}\right)$$

$$\leqslant\max\left[\dfrac{1}{b_i}V_i(y')\right]+\dfrac{\eta}{b_i}\leqslant\max\left[\dfrac{1}{b_i}V_i(y')\right]+\dfrac{\eta}{\min b_i}.$$

关于 $V(y')\geqslant V(y^*)\geqslant V(y')-2\eta$ 的证明比较平凡, 在此从略. 证毕

3.5 局部带优先权的最大多商品网络流问题

3.5.1 问题规划

多种商品网络流理论在突发事件应急实践中有着广泛的应用, 将一项救援工作

中的运输问题规划成某多种物资网络流问题后, 便可以通过研究相应的多种商品网络流问题来寻找优化的救援方案. 在突发事件应急工作中经常出现这样的情况, 有多个地方需要救援, 而救援的目标是, 既要尽快地向灾区运送救援物资, 又要特殊照顾个别地方. 该类问题可以规划为一种局部带优先权的最大多商品网络流问题. 便于理解, 我们通过下面的例子做进一步的说明.

例 3.4 在 2008 年中国人最重要的节日——春节期间, 中国许多通常不下雪的南方地区遭受了特大的雪灾. 为了救援受灾地区, 中国政府需要迅速地从北方的城市向南方的灾区运送大量的食品、御寒物资和医疗用品. 假定援助食品、御寒物资和医疗用品的城市分别为北京 v_1、天津 v_2 和沈阳 v_3, 而需要救援的地区分别为广州 v_4、上海 v_5 和武汉 v_6. 再假定广州、上海和武汉对于食品的需求量依次为 b_{14}, b_{15}, b_{16}; 对于御寒物资的需求量依次为 b_{24}, b_{25}, b_{26}; 对于医疗用品的需求量依次为 b_{34}, b_{35}, b_{36}. 最后还假定, 救援目标为: ① 尽快地多向灾区运送救援物资; ② 在不违反原则 ① 的条件下向广州和上海多运送御寒物资. 试考虑最优决策. 将有关的交通系统看成一个图 G, 其各段路线的最大运输量形成该图的权函数 c. 用 $[s_{14}, t_{14}]$ 表示从 v_1 运送食品到 v_4, $[s_{24}, t_{24}]$ 表示从 v_2 运送御寒物资到 v_4, $\cdots$. (诸 s_{ij} 与 t_{ij} 都是虚拟的节点, 其引入是一种表示多种物资的技术手段; 视 $(s_{14}, v_1), (t_{14}, v_4)$ 等的容量充分大) 再令 $H = \{[s_{ij}, t_{ij}]\}$ 和 $b = (b_{ij})$. 于是, v_{ij}, s_{ij}, t_{ij} 等都为 G 的节点, 而 $[(G, c), H]$ 构成一个多商品网络. 根据 3.2 节的描述, 可将所述决策问题粗略地看成路径系统 $\mathcal{P}\big|_{[(G,c),H]}$ 上具有需求向量 b 并要求 $(V_{24} + V_{25})$ 尽量大的受限最大多物资网络流问题. 若能够找到其解, 我们就可以根据它来筹划最优决策.

为了在实际中能够有效地处理上述类型问题, 现我们给出下面的定义, 并讨论其所建构的问题.

定义 3.6[21] 设 $\mathcal{P}$ 为一个路径系统. 问题于给定的 $b = (b_1, b_2, \cdots, b_k)$ 及 j, 在 $\mathcal{P}$ 上求约束最大流 y'(即问题 CMMFP 的解) 使得

$$V^+(y') = V_1(y') + V_2(y') + \cdots + V_j(y')$$
$$= \max\{V_1(y) + V_2(y) + \cdots + V_j(y) : y \in \bar{F}\} = m,$$

叫做局部带优先权的最大多商品网络流问题 (maximum multicommodity flow problem with local priority, MMFP-LPRI). 这里,

$$\bar{F} = \{y \,|\, y \in F[\mathcal{P}], V_i(y) \leqslant b_i, i = 1, 2, \cdots, k\},$$

F $[\mathcal{P}]$ 表示 $\mathcal{P}$ 上全体流的集合.

定理 3.9 问题 MMFP-LPRI 的解存在.

证 易知 $\bar{F} \neq \varnothing$. 当 $\bar{F}$ 中的元素有限时, 定理的结论是平凡的. 当 $\bar{F}$ 中的元素无限时, $\bar{F}$ 中有点列 $\{y_i\}$ 使得 $\lim_{i \to \infty} V^+(y_i) = m$, 并且 $\forall P \in \mathcal{P}$, $\lim_{i \to \infty} y_i(P)$ 存

在. 于是, $\forall P \in \mathcal{P}$, 令 $y'(P) = \lim\limits_{i \to \infty} y_i(P)$, 则 $y' \in \bar{\mathrm{F}}$, 且 $V^+(y') = m$. 即 y' 是 MMFP-LPRI 的解. 　　　　　　　　　　　　　　　　　　　　　　　　　　　证毕

虽然 MMFP-LPRI 的解存在, 但是到目前为止, 尚还没有精确求解 MMFP 的有效算法, 要找到 MMFP-LPRI 的解是很困难的. 从实用的角度出发, 我们可用某种松弛解来代替其精确解. 为此, 我们进一步给出下面定义.

定义 3.7　对于给定的 $\eta > 0$, 若 $y \in \bar{\mathrm{F}}$ 满足 $V(y) \geqslant \bar{V} - \eta$, 且 $V^+(y) \geqslant m - \eta$, 则称 y 为 MMFP-LPRI 的一个 η-松弛解.

3.5.2　算法

算法 3.6[21]

输入: 问题 MMFP-LPRI 及误差参数 $\eta > 0$.

输出: MMFP-LPRI 的一个 3η-松弛解 y'.

过程:

(1) 从 $\left(0, \dfrac{1}{7}\right)$ 中取 ε_0, 对 CMMFP 和 ε_0 用算法 2.2 求得 y_0. 若是 $(1 + \varepsilon_0)V(y_0) \leqslant \eta$, 置 $y' = y_0$, 停机. 否则, 置 $\varepsilon = \min\left\{\dfrac{\eta}{(1 + \varepsilon_0)V(y_0)}, \varepsilon_0\right\}$, 对 CMMFP 和 ε 再次用算法 2.2 求得 y_1, 并令 $U = V(y_1) + \eta \ (\geqslant \bar{V}$, 见注 3.10).

(2) 置
$$\tilde{V} = V \cup \{\tilde{t}_1, \tilde{t}_2\}; \quad \tilde{E} = E \cup \left\{(t_1, \tilde{t}_1), \cdots, (t_j, \tilde{t}_1); (t_{j+1}, \tilde{t}_2), \cdots, (t_k, \tilde{t}_2)\right\};$$
$$\tilde{H} = \left\{(s_i, \tilde{t}_1) \mid i = 1, 2, \cdots, j\right\} \cup \left\{(s_i, \tilde{t}_2) \mid i = j+1, \cdots, k\right\}; \quad \tilde{G} = (\tilde{V}, \tilde{E});$$
$$\tilde{\mathcal{P}}_i = \left\{P + (t_i, \tilde{t}_1) \mid P \in \mathcal{P}_i\right\}, \ i = 1, 2, \cdots, j; \quad \tilde{\mathcal{P}}_i = \left\{P + (t_i, \tilde{t}_2) \mid P \in \mathcal{P}_i\right\},$$
$$i = j+1, \cdots, k; \quad \tilde{\mathcal{P}} = \bigcup_{i=1}^{k} \tilde{\mathcal{P}}_i.$$

并令
$$\tilde{c}_i(e) = \begin{cases} c(e), & e \in E, \\ b_i, & e = (t_i, \tilde{t}_1), \quad \tilde{b}_1 = U, \ \tilde{b}_2 := b; \ \tilde{\boldsymbol{b}} := (\tilde{b}_1, \tilde{b}_2). \\ b_i, & e = (t_i, \tilde{t}_2), \end{cases}$$

(3) 置 $a = 0$, $b = U$.

(4) 令 $b := \dfrac{a + b}{2}$.

(5) 关于 CMMFP $(\tilde{\mathcal{P}}, \tilde{\boldsymbol{b}})$ 和 ε, 用算法 2.2 求出 $\tilde{y}$.

(i) $V(\tilde{y}) \geqslant \dfrac{1}{1 + \varepsilon} V(y_1)$. 若 $(b - a) < \eta$, 转 (6); 否则, 转 (4).

(ii) $V(\tilde{y}) < \dfrac{1}{1 + \varepsilon} V(y_1)$. 置 $a' := b$, $b := 2b - a$, $a := a'$, 转 (4).

(6) 置 $a' = a$, $b' = b$, $\tilde{\tilde{y}}' = \tilde{y}$,

$$y'(P) = \tilde{y}'(P + (t_i, \tilde{t}_1)), \quad P \in \mathcal{P}_i, \quad i = 1, 2, \cdots, j;$$
$$y'(P) = \tilde{y}'(P + (t_i, \tilde{t}_2)), \quad P \in \mathcal{P}_i, \quad i = j+1, 2, \cdots, k.$$

停机.

注 3.10

$$\bar{V} - V(y_1) \leqslant \bar{V} - \frac{1}{1+\varepsilon}\bar{V} = \frac{\varepsilon}{1+\varepsilon}\bar{V} \leqslant \varepsilon\bar{V}$$
$$\leqslant \frac{\eta\bar{V}}{(1+\varepsilon_0)V(y_0)} \leqslant \eta \Rightarrow \bar{V} \leqslant V(y_1) + \eta = U.$$

注 3.11 这里, 粗略地说明一下我们设计算法 3.6 的思想.

设图 3.4 中的实线图为 G, 它的容量函数为 c ($c((s_1, v_1))$ 等为充分大). 再设 $H = \{[s_1, t_1], [s_2, t_2], [s_3, t_3], [s_4, t_4]\}$, $\mathcal{P}$ 为 $[(G, c), H]$ 上的路径系统, $\boldsymbol{b} = (4, 4, 16, 16)$. 试求解 MMFP-LPRI$(\mathcal{P}; \boldsymbol{b}; 1, 4\text{pri})$("1, 4pri" 表示商品 1 与 4 应优先满足). 首先, 通过引入辅助点及辅助边等将 $[(G, c), H]$ 扩展为 $\left[(\tilde{G}, \tilde{c}), \tilde{H}\right]$, 并令 $\tilde{\boldsymbol{b}} = (U, b)$ $(U > \bar{V}(\mathcal{P}; \boldsymbol{b}))$. 这样做后, $\bar{V}(\tilde{\mathcal{P}}; \tilde{\boldsymbol{b}}) \leqslant \bar{V}(\mathcal{P}; \boldsymbol{b})$, F$(\tilde{\mathcal{P}}; \tilde{\boldsymbol{b}})$(CMMFP $(\tilde{\mathcal{P}}, \tilde{\boldsymbol{b}})$ 的全体可行解) 中的每一个流 $\tilde{y}$ (按照算法 3.6 的 (6) 中由 $\tilde{y}'$ 定义 y' 的方式) 对应于 F$(\mathcal{P}; \boldsymbol{b})$ 中的一个流 y, 且 $V(y) = V(\tilde{y})$, $V^+(y) = V_1(\tilde{y})$, $V^-(y) = V_2(\tilde{y})$. 进一步, 令 $m^- = \min\{V^-(y) \mid y \in \bar{\mathrm{F}}(\mathcal{P}; \boldsymbol{b})\}$, 则:

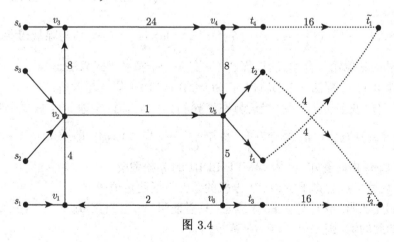

图 3.4

(i) 当 $b < m^-$ 时, $\bar{V}(\tilde{\mathcal{P}}; \tilde{\boldsymbol{b}}) < \bar{V}(\mathcal{P}; \boldsymbol{b})$;

(ii) 当 $b \geqslant m^-$ 时, $\bar{V}(\tilde{\mathcal{P}}; \tilde{\boldsymbol{b}}) = \bar{V}(\mathcal{P}; \boldsymbol{b})$;

(iii) 当 $b = m^-$ 时, $\bar{\mathrm{F}}(\tilde{\mathcal{P}}; \tilde{\boldsymbol{b}})$ 中的 $\tilde{y}$ 对应的 y 是 MMFP-LPRI$(\mathcal{P}; \boldsymbol{b}; 1, 4\text{pri})$ 的解.

根据 (iii), 可通过求 m^- 来寻找 MMFP-LPRI$(\Gamma; \boldsymbol{b}; 1, 4\mathrm{pri})$ 的解. 根据 (i) 和 (ii), 可先取适当的 a 和 b 使 $\bar{V}(\tilde{\mathcal{P}}; (U, a)) < \bar{V}(\mathcal{P}; \boldsymbol{b})$, 而 $\bar{V}(\tilde{\mathcal{P}}; (U, b)) = \bar{V}(\mathcal{P}; \boldsymbol{b})$, 然后再通过逐渐地缩小 $[a, b]$ 的范围近似地找到 m^-, 从而求解 MMFP-LPRI. 算法 3.6 就是本着这种想法设计出来的.

3.5.3　算法分析

本节进行算法分析, 我们先讨论算法 3.6 的复杂度, 然后再证明其输出的 y' 确实是 MMFP-LPRI 的一个 η-松弛解.

定理 3.10　算法 3.6 的复杂度为 $O\left(\left[\dfrac{1}{\varepsilon^2} K(m+k)^2 \log n\right]\left(\log \dfrac{\bar{V}}{\eta}\right)\right)$. 这里

$$k = |H|, \quad n = |V(G)|, \quad m = |E(G)|, \quad \varepsilon = \min\left\{\frac{\eta}{(1+\varepsilon_0)V(y_0)}, \varepsilon_0\right\}.$$

证　显然, 算法 3.6 的复杂性取决于它调用其子程序 (算法 2.2) 的次数及其子程序的复杂度. 易知, 它调用子程序的次数为 $O\left(\log \dfrac{\bar{V}}{\eta}\right)$. 另一方面, 由于 $\tilde{E} = m+k$, 其子程序的复杂度为 $O\left(\dfrac{1}{\varepsilon^2} K(m+k)^2 \log n\right)$. 所以, 算法 3.6 的复杂度为

$$O\left(\left[\frac{1}{\varepsilon^2} K(m+k)^2 \log n\right]\left(\log \frac{\bar{V}}{\eta}\right)\right). \qquad\qquad \text{证毕}$$

注 3.12　由于 $O\left(\left[\dfrac{1}{\varepsilon^2} K(m+k)^2 \log n\right]\left(\log \dfrac{\bar{V}}{\eta}\right)\right)$ 中的 $\bar{V}$ 与除规模参数 n, m 和 k 而外的其他输入有关, 所以算法 3.6 只是一个拟多项式算法.

定理 3.11　算法 3.6 的输出 y' 为 MMFP-LPRI 的 η-松弛解.

证　(1) 我们首先说明, 当运算在步骤 (1) 中停机时, 定理 3.11 成立. 这时, 我们有: $(1+\varepsilon_0)V(y_0) \leqslant \eta$. 另一方面, 易知 $\dfrac{1}{(1+\varepsilon_0)}\bar{V} \leqslant V(y_0)$, 即 $\bar{V} \leqslant (1+\varepsilon_0)V(y_0)$. 所以, $\bar{V} \leqslant \eta$. 由此易知, y' 为 MMFP-LPRI 的 η-松弛解.

(2) 现我们在运算于步骤 (6) 停机的条件下证明定理成立.

我们先证明: $m \leqslant \bar{V} - a'$. 事实上, 只需证明: $\forall y \in \bar{\mathrm{F}}(\mathcal{P}, \boldsymbol{b})$, 有 $V^-(y) \geqslant a'$. 因为倘若如此的话, 则 $\forall y \in \bar{\mathrm{F}}(\mathcal{P}, \boldsymbol{b})$ 有

$$V^+(y) + V^-(y) \leqslant \bar{V} \Rightarrow V^+(y) \leqslant \bar{V} - V^-(y) \leqslant \bar{V} - a',$$

从而, $m \leqslant \bar{V} - a'$. 设 $y \in \bar{\mathrm{F}}(\mathcal{P}, \boldsymbol{b})$, 则由

$$\tilde{y}(P + (t_i, \tilde{t}_1)) = y(P), \quad P \in \mathcal{P}_i, \quad i = 1, 2, \cdots, j;$$

$$y(P + (t_i, t_2)) = y(P), \quad P \in \mathcal{P}_i, \quad i = j + 1, 2, \cdots, k.$$

定义的 $\tilde{y}$ 是 $\tilde{\mathcal{P}}$ 上的一个流, 且 $V(\tilde{y}) = V(y) = \bar{V}$, $V_1(\tilde{y}) = V^+(y) \leqslant \bar{V} < U = \tilde{b}_1$, $V_2(\tilde{y}) = V^-(y)$. 由此, 若 $V^-(y) < a'$, 则 $\tilde{y} \in \bar{\mathrm{F}}(\tilde{\mathcal{P}}, (\tilde{b}_1, a'))$ 且 $V(\tilde{y}) = \bar{V}$. 于是, 关于 CMMFP$(\tilde{\mathcal{P}}, (\tilde{b}_1, a'))$ 和 ε 运用算法 2.2 所得到的 $\tilde{y}$ 应满足: $V(\tilde{y}) \geqslant \dfrac{1}{1+\varepsilon} \bar{V}$. 但这是不可能的, 因为对于算法 3.6, (5) 中的每一个 a, 关于 CMMFP $(\tilde{\mathcal{P}}, (\tilde{b}_1, a))$ 和 ε 运用算法 2.2 所得到的 $\tilde{y}$ 都有: $V(\tilde{y}) < \dfrac{1}{1+\varepsilon} V(y_1) \leqslant \dfrac{1}{1+\varepsilon} \bar{V}$. 所以, $\forall y \in \bar{\mathrm{F}}(\mathcal{P}, \boldsymbol{b})$ 都有 $V^-(y) \geqslant a'$, 即 $m \leqslant \bar{V} - a'$.

从算法 3.6 可知

$$V(y') = V(\tilde{y}'), \quad V^+(y') = V_1(\tilde{y}'), \quad V^-(y') = V_2(\tilde{y}'),$$
$$V(\tilde{y}') \geqslant \frac{1}{1+\varepsilon} V(y_1), \quad a' + \eta \geqslant V_2(\tilde{y}').$$

于是, 注意到 $V(y_1) \geqslant \dfrac{1}{1+\varepsilon} \bar{V}$, 由 $V(y') = V(\tilde{y}')$ 与 $V(\tilde{y}) \geqslant \dfrac{1}{1+\varepsilon} V(y_1)$, 得

$$V(y') = V(\tilde{y}') \geqslant \frac{1}{1+\varepsilon} V(y_1) \geqslant \frac{1}{1+\varepsilon} \cdot \frac{1}{1+\varepsilon} \bar{V}$$
$$= \bar{V} - \left(\bar{V} - \frac{1}{1+\varepsilon} \cdot \frac{1}{1+\varepsilon} \bar{V} \right) = \bar{V} - \bar{V} \left(\frac{\varepsilon}{1+\varepsilon} \cdot \frac{2+\varepsilon}{1+\varepsilon} \right)$$
$$\geqslant \bar{V} - \bar{V} \cdot 2\varepsilon \geqslant \bar{V} - \bar{V} \cdot \frac{2\eta}{(1+\varepsilon_0)V(y_0)} \geqslant \bar{V} - 2\eta \geqslant \bar{V} - 3\eta. \quad (3.13)$$

注意到 $m \leqslant \bar{V} - a'$ 和 $V_1(\tilde{y}) + V_2(\tilde{y}) = V(\tilde{y}) \geqslant \bar{V} - 2\eta$, 由 $V^+(y') = V_1(\tilde{y}')$ 与 $a' + \eta \geqslant V_2(\tilde{y})$ 得

$$V^+(y') = V_1(\tilde{y}') \geqslant \bar{V} - 2\eta - V_2(\tilde{y}') \geqslant \bar{V} - 2\eta - (a' + \eta)$$
$$= (\bar{V} - a') - 3\eta \geqslant m - 3\eta. \quad (3.14)$$

根据 (3.13) 与 (3.14), y' 为 MMFP-LPRI 的 3η-松弛解. 最后, 由 ε 的任意性得知定理 3.11 成立. 证毕

3.6 局部带强优先权的多商品网络流问题

3.6.1 问题规划

在突发事件应急工作中经常会出现下面的情况, 事件发生后, 有很多地点需要救援, 而救援的目标是: 一方面尽可能多地向这些地点快速运送救援物资; 另一方

面, 要首先保证满足某几个地点的某些特殊要求, 该类问题可规划为一类局部带强优先权的多商品网络流问题. 现通过下面的例子对其做进一步说明.

例 3.5　关于中国汶川地震救援行动, 假定分别由北京 v_1、上海 v_2 和沈阳 v_3 向灾区提供食品、衣物、帐篷和医疗用品, 而需要援救的地区是都江堰 v_4、北川 v_5 和绵竹 v_6. 都江堰、北川和绵竹对于食品的需求量依次为 b_{14}, b_{15}, b_{16}; 对于衣物帐篷的需求量依次为 b_{24}, b_{25}, b_{26}; 对于医疗用品的需求量依次为 b_{34}, b_{35}, b_{36}. 另外, 在这三个地区还分别有 b_{41}, b_{51}, b_{61} 数量的被困人员需要向北京疏散. 最后假定, 救援目标为: ①首先保证灾区对食品的要求; ②尽可能多地快速向灾区运送救援物资. 试考虑最优救援方案.

分析　将有关的交通系统当作图 G, 每段路线的最大运输量当作其容量 c. 用 $[s_{14}, t_{14}]$ 表示从 v_1 运送食品到 v_4, $[s_{24}, t_{24}]$ 表示从 v_2 运送衣物帐篷到 v_4, $[s_{41}, t_{41}]$ 表示从 v_4 疏散被困人员到 v_1, $[s_{42}, t_{42}]$ 表示从 v_4 疏散被困人员到 v_2, 等等 (s_{ij} 与 t_{ij} 等为虚拟的节点, 引入它们是为了将实际问题转化为多商品网络流问题, 这是一种技术手段). 再令 $H = \{[s_{ij}, t_{ij}]\}$ 和 $\boldsymbol{b} = (b_{ij})$, 则 $[(G, c), H]$ 构成一个多商品流通环境. 我们可将所述运筹问题粗略地看作路径系统 $\mathcal{P}|_{[(G,c), H]}$ 上要在 $(v_{14} + v_{15} + v_{16})$ 首先达到最大, 然后再使总的流量 V 尽量多的一个多物资网络流问题. 若能够找到该问题的解, 则可根据其制订最优救援方案.

为在实际中能够有效地处理如上所述的问题, 我们建构并讨论下面的模型.

定义 3.8　设 $\mathcal{P}$ 是 $[(G, c), H]$ 上的一个路径系统, $\boldsymbol{b} = (b_1, b_2, \cdots, b_n)$, $1 \leqslant j < k$. 求 $y' \in \bar{\mathbb{F}}$ 使得

$$V^+(y') = \max \left\{ V^+(y) \,\middle|\, y \in \bar{\mathbb{F}} \right\} = V^+;$$
$$V(y') = \max \left\{ V(y) \,\middle|\, y \in \bar{\mathbb{F}}, V^+(y) = V^+ \right\} = \widehat{V},$$

其中, $V^+(y') = \sum_{i=1}^{j} V_i(y')$ 且 $V_i(y) \leqslant b_i$, 我们称问题为局部带强优先权的多商品网络流问题 (multicommodity flow problem with local strong priority, MFP-LSP).

注 3.13　由于受到 $V^+(y') = V^+$ 的限制, $V(y')$ 不一定是 $\bar{V}$, y' 不一定是 CMMFP 的解. 采用 [22] 中相应的方法 (见 [22] 中定理 1 的证明) 可证 MFP-LSP 的解存在. 虽然如此, 但是要找到问题 MFP-LSP 的解是很困难的. 从实用的角度出发, 我们可考虑用松弛解来代替精确解. 为此, 我们进一步给出下面的定义.

定义 3.9　对于给定的 $\alpha > 0$, 若 $y \in \bar{\mathbb{F}}$ 满足 $V(y) \geqslant \widehat{V} - \alpha$, $V^+(y) \geqslant V^+$, 则称 y 为问题 MFP-LSP 的一个 α-松弛解.

3.6.2　算法

本节我们参考 [6] 的方法, 设计一个求解问题 MFP-LSP 的 α-松弛解的拟多项式算法.

算法 3.7 输入: 问题 MFP-LSP 与误差参数 $\alpha > 0$.

输出: 问题 MFP-LSP 的一个 α-松弛解 y'.

过程: (1) 从 $\left(0, \dfrac{1}{7}\right)$ 中取 ε_0, 对问题 CMMFP 和 ε_0 用算法 2.2 求得 y_0. 若是 $(1+\varepsilon_0)V(y_0) \leqslant \alpha$, 置 $y' = y_0$, 停机. 否则, 置 $\varepsilon = \min\left\{\dfrac{\alpha}{(1+\varepsilon_0)V(y_0)}, \varepsilon_0\right\}$.

(2) 置 $\boldsymbol{b}_1 = (b_1, b_2, \cdots, b_j, 0, \cdots, 0)$, 对 CMMFP$(\boldsymbol{b}_1)$ 和 ε 用算法 2.2 求得 y_1, 并令 $U = V(y_1)(\geqslant V^+ - \alpha)$.

(3) 置

$$\tilde{V} = V \cup \{\tilde{t}_1, \tilde{t}_2\}; \quad \tilde{E} = E \cup \left\{(t_1, \tilde{t}_1), \cdots, (t_j, \tilde{t}_1); (t_{j+1}, \tilde{t}_2), \cdots, (t_k, \tilde{t}_2)\right\};$$

$$\tilde{H} = \left\{(s_i, \tilde{t}_1) \mid i = 1, 2, \cdots, j\right\} \cup \left\{(s_i, \tilde{t}_2) \mid i = j+1, \cdots, k\right\}; \quad \tilde{G} = (\tilde{V}, \tilde{E});$$

$$\tilde{\mathcal{P}}_i = \{P + (t_i, \tilde{t}_1) \mid P \in \mathcal{P}_i\}, \ i = 1, 2, \cdots, j;$$

$$\tilde{\mathcal{P}}_i = \{P + (t_i, \tilde{t}_2) \mid P \in \mathcal{P}_i\}, \ i = j+1, \cdots, k;$$

$$\tilde{\mathcal{P}} = \bigcup_{i=1}^{k} \tilde{\mathcal{P}}_i.$$

并令

$$\tilde{c}_i(e) = \begin{cases} c(e), & e \in E, \\ b_i, & e = (t_i, \tilde{t}_1), \\ b_i, & e = (t_i, \tilde{t}_2), \end{cases} \quad \tilde{b}_1 = U, \ \tilde{b}_2 := b; \ \tilde{\boldsymbol{b}} := (\tilde{b}_1, \tilde{b}_2), b = 0.$$

(4) 置 $b := b + \alpha$.

(5) 关于 CMMFP$(\tilde{\mathcal{P}}, \tilde{\boldsymbol{b}})$ 和 ε, 用算法 2.2 求出 $\tilde{y}$.

(i) $V(\tilde{y}) \geqslant \dfrac{1}{1+\varepsilon}(U + b)$. 置 $b' := b, \tilde{y}' := \tilde{y}$, 然后转 (3).

(ii) $V(\tilde{y}) < \dfrac{1}{1+\varepsilon}(U + b)$. 转 (5).

(6) 置 $\tilde{y}'' = \tilde{y}$,

$$y'(P) = \tilde{y}'(P + (t_i, \tilde{t}_1)), \quad P \in \mathcal{P}_i, \quad i = 1, 2, \cdots, j;$$

$$y'(P) = \tilde{y}'(P + (t_i, \tilde{t}_2)), \quad P \in \mathcal{P}_i, \quad i = j+1, j+2, \cdots, k.$$

停机.

注 3.14 根据 [6] 中定理 3, 并注意到 $\boldsymbol{b}_1 = (b_1, b_2, \cdots, b_j, 0, \cdots, 0)$, 即

$$\text{OPT}[\text{CMMFP}(\boldsymbol{b}_1)] = V^+.$$

可知

$$V(y_0) \geqslant \frac{1}{1+\varepsilon}\bar{V}; \quad V(y_1) \geqslant \frac{1}{1+\varepsilon}V^+.$$

于是, 我们有

$$V^+ - V(y_1)$$
$$\leqslant V^+ - \frac{1}{1+\varepsilon}V^+ = \frac{\varepsilon}{1+\varepsilon}V^+ \leqslant \varepsilon V^+ \leqslant \frac{\alpha V^+}{(1+\varepsilon_0)V(y_0)} \leqslant \frac{\alpha V^+}{\bar{V}} \leqslant \alpha$$
$$\Rightarrow U = V(y_1) \geqslant V^+ - \alpha.$$

3.6.3　算法分析

现我们进行算法分析, 首先讨论算法 3.7 的复杂性, 然后证明它的输出 y' 的确是问题 MFP-LSP 的一个 α-松弛解.

定理 3.12　算法 3.7 的复杂性为 $O\left(\left[\frac{1}{\varepsilon^2}k(m+k)^2 \log n\right]\left(\frac{\bar{V}}{\alpha}\right)\right)$. 这里

$$k = |H|, \quad n = |V(G)|, \quad m = |E(G)|, \quad \varepsilon = \min\left\{\frac{\alpha}{(1+\varepsilon_0)V(y_0)}, \varepsilon_0\right\}.$$

证　显然, 算法 3.7 的复杂性取决于它调用其子程序 (算法 2.2) 的次数及其子程序的复杂性. 易知, 它调用子程序的次数为 $O\left(\frac{\bar{V}}{\alpha}\right)$. 另一方面, 由于 $\tilde{E} = m + k$, 由 [6] 中的定理 3 可知, 其子程序的复杂性为 $O\left(\left[\frac{1}{\varepsilon^2}k(m+k)^2 \log n\right]\right)$. 所以, 算法 3.7 的复杂性为 $O\left(\left[\frac{1}{\varepsilon^2}k(m+k)^2 \log n\right]\left(\frac{\bar{V}}{\alpha}\right)\right)$.　　　　　证毕

注 3.15　由于 $O\left(\left[\frac{1}{\varepsilon^2}k(m+k)^2 \log n\right]\left(\frac{\bar{V}}{\alpha}\right)\right)$ 中的 $\bar{V}$ 还与除规模参数 n, m 和 k 以外的其他输入有关, 所以算法 3.7 只是一个拟多项式算法.

定理 3.13　算法 3.7 输出的 y' 是问题 MFP-LSP 的 α-松弛解.

证　(1) 首先, 当运算在步骤 (1) 中停机时, 定理 3.13 的结论成立. 这时, 我们有: $(1+\varepsilon_0)V(y_0) \leqslant \alpha$. 另一方面, 由 [6] 中定理 3 可知, $\frac{1}{(1+\varepsilon_0)}\bar{V} \leqslant V(y_0)$, 即

$$\bar{V} \leqslant (1+\varepsilon_0)V(y_0) \leqslant \alpha.$$

注意到 $V^+ \leqslant \bar{V}$ 与 $\widehat{V} \leqslant \bar{V}$ 可知

$$V^+ - \alpha \leqslant \bar{V} - \alpha \leqslant 0 \leqslant V^+(y'); \quad \widehat{V} - \alpha \leqslant \bar{V} - \alpha \leqslant 0 \leqslant \widehat{V}(y').$$

从而 y' 是问题 MFP-LSP 的 α-松弛解.

(2) 下面在运算于步骤 (6) 停机的条件下证明定理 3.13 的结论成立.

由步骤 (5) 与步骤 (6) 可知, $V(\tilde{y}'') < \dfrac{1}{1+\varepsilon}(U + b' + \alpha)$. 从而, 易得 $\widehat{V} < V^+ + b' + \alpha$. 事实上, 若 $\widehat{V} \geqslant V^+ + b' + \alpha$, 则根据 $\widehat{V}$ 的意义 (见定义 3.7) 和 $\left[(\tilde{G}, \tilde{c}), \tilde{H}\right], \tilde{\mathcal{P}}$ 与 $\tilde{\boldsymbol{b}}$ 的做法可知

$$\mathrm{OPT}\left[(\tilde{\mathcal{P}}, \tilde{\boldsymbol{b}})\right] \geqslant V^+ + b' + \alpha \geqslant V(y_1) + b' + \alpha = U + b' + \alpha.$$

因此, 根据 [6] 中定理 3 有

$$V(\tilde{y}'') \geqslant \frac{1}{1+\varepsilon}\mathrm{OPT}\left[(\tilde{\mathcal{P}}, \tilde{\boldsymbol{b}})\right] \geqslant \frac{1}{1+\varepsilon}(U + b' + \alpha).$$

矛盾. 于是

$$\begin{aligned}
V(y') = V(\tilde{y}') &\geqslant \frac{1}{1+\varepsilon}(U + b') \geqslant \frac{1}{1+\varepsilon}(V^+ + b' - \alpha) > \frac{1}{1+\varepsilon}(\widehat{V} - 2\alpha) \\
&= (\widehat{V} - 2\alpha) - \frac{\varepsilon}{1+\varepsilon}(\widehat{V} - 2\alpha) \\
&\geqslant (\widehat{V} - 2\alpha) - \varepsilon(\widehat{V} - 2\alpha) \quad (\text{不妨设}(\widehat{V} - 2\alpha) \geqslant 0) \\
&= (\widehat{V} - 2\alpha) - \varepsilon\bar{V} = (\widehat{V} - 2\alpha) - \frac{\alpha\bar{V}}{(1+\alpha)V(y_0)} \\
&\geqslant \widehat{V} - 3\alpha.
\end{aligned} \tag{3.15}$$

另一方面,

$$\begin{aligned}
V^+(y') &\geqslant V(y') - b' \geqslant \frac{1}{1+\varepsilon}(U + b') - b' = U + b' - \frac{\varepsilon}{1+\varepsilon}(U + b') - b' \\
&\geqslant V^+ - \alpha - \frac{\varepsilon}{1+\varepsilon}(U + b').
\end{aligned} \tag{3.16}$$

注意到 $(U + b') \leqslant (1+\varepsilon)V(y')$, 由 (3.16) 又得

$$\begin{aligned}
V^+(y') &\geqslant V^+ - \frac{\varepsilon V(y')}{1+\varepsilon} - \alpha \geqslant V^+ - \frac{\varepsilon\bar{V}}{1+\varepsilon} - \alpha \\
&= V^+ - \frac{\alpha\bar{V}}{(1+\alpha)V(y_0)} - \alpha \geqslant V^+ - 2\alpha > V^+ - 3\alpha.
\end{aligned} \tag{3.17}$$

由 (3.15) 与 (3.17) 便知 y' 为问题 MFP-LSP 的 3α-松弛解. 最后, 由 ε 的任意性知定理 3.13 的结论成立. 证毕

3.7 一般双标准多商品网络流问题

对于每条边 e 给定一个获得因子 $\gamma(e) > 0$, 传统的网络流就推广演化成了一般的网络流. 在一般流问题中, 进入弧的每一单位流量都以 $\gamma(e)$ 单位的流量输出. 对

于传统的流来说, 每条弧的获得因子都是 1. 通过获得因子可以实现流通对象之间的转换, 如原材料转换为成品, 美元转换为卢布等. 这种转换使得许多传统流理论无法解决的问题得以解决. 因此, 一般流理论具有更广阔的发展空间. 在第 2 章我们已定义与研究了一般多商品网络流, 这里简略说明如何将上面的双标准多商品网络流问题扩展成相应的一般双标准多商品网络流问题, 以及如何运用上面的方法研究和解决相应的一般双标准多商品资网络流问题.

上面的各个双标准多商品网络流问题很容易扩展成相应的一般双标准多商品网络流问题, 例如最小满意率最大问题可分别扩展成下面的关于一般流的最小满意率最大问题和关于 I-型一般流的最小满意率最大问题.

$$y' \in \mathrm{F}_G[\mathcal{P}] \,|V(y') = \max\left\{V(y) : V_i(y) \leqslant b_i, y \in \mathrm{F}_G[\mathcal{P}]\right\} = \overline{V},$$

$$\max_{1\leqslant i\leqslant k}\left[\frac{1}{b_i}V_i(y')\right] = \min\left\{\max_{1\leqslant i\leqslant k}\left[\frac{1}{b_i}V_i(y)\right] : y \in \mathrm{F}_G[\mathcal{P}], V(y) = \overline{V}, V_i(y) \leqslant b_i\right\};$$

$$y' \in \mathrm{F}_G^{\mathrm{I}}[\mathcal{P}] \,|V(y') = \max\left\{V(y) : V_i(y) \leqslant b_i, y \in \mathrm{F}_G^{\mathrm{I}}[\mathcal{P}]\right\} = \overline{V},$$

$$\max_{1\leqslant i\leqslant k}\left[\frac{1}{b_i}V_i(y')\right] = \min\left\{\max_{1\leqslant i\leqslant k}\left[\frac{1}{b_i}V_i(y)\right] : y \in \mathrm{F}_G^{\mathrm{I}}[\mathcal{P}], V(y) = \overline{V}, V_i(y) \leqslant b_i\right\}.$$

对于这两个问题, 在已述一般流内容的基础上, 运用前面关于最小满意率最大问题的方法可以同样地证明它们的解存在, 借助关于求问题 (2.9),(2.10) 的解的近似算法作为子程序分别给出关于求它们的解的近似算法. 例如可根据文献 [8] 中定理 9 或其他的有关工作, 用相应的求 (2.9) 的 ε-近似解的算法代替 MFAS 作为算法 2.2 的子程序可得到类似于算法 3.4 的求关于一般流的最小满意率最大问题的解的近似算法.

其他一般流双标准多商品网络流问题的建立与求解方法与此类似, 不在多言.

参 考 文 献

[1]　Sheu J B. An emergency logistics distribution approach for quick response to urgent relief demand in disasters[J]. Transportation Research Part E: Logistics and Transportation Review, 2007, 43(6): 687-709.

[2]　Yi W, Kumar A. Ant colony optimization for disaster relief operations[J]. Transportation Research Part E: Logistics and Transportation Review, 2007, 43(6): 660-672.

[3] Nace D, Doan L N, Klopfenstein O, et al. Max-min fairness in multi-commodity flows[J]. Computers & Operations Research, 2008, 35(2): 557-573.

[4] Cheng C D, Li Z P. Improvements on the proof of an approximate scheme for the maximum multicommodity flow problem[C]. Proceedings 2010 IEEE International Conference on Service Intelligent Computing and Intelligent Systems, Vol.1, 2010: 425-428.

[5] 施泰格里茨. 组合最优化算法和复杂性 [M]. 刘振宏, 蔡茂成, 译. 北京: 清华大学出版社, 1988.

[6] Shahrokhi F, Matula D W. On solving large maximum concurrent flow problems[C]. Proceedings of the ACM Computer Conference, ACM, New York, 1987: 205-209.

[7] Biswas J, Matual D W. Two-flow routing algorithms for the maximum concurrent flow problem[C]. Proceedings of The ACM Fall Joint Conference, ACM, New York, 1986: 629-636.

[8] Chiou S W. A combinatorial approximation algorithm for concurrent flow problem and its application[C]. Computers & Operations Research, 2005, 32: 1007-1035.

[9] Fleischer L K, Wayne K D. Fast and simple approximation schemes for generalized flow [J]. Mathematical Programming Ser A, 2002, 91: 215-238.

[10] Garg N, Könemann J. Faster and simpler algorithms for multicommodity flow and other fractional packing problems[C]. Proceedings of the 39th Annual IEEE Symposium on Foundations of Computer Science, 1998: 300-309.

[11] Shahrokhi F, Matula D W. The maximum concurrent flow problem[J]. Journal of the ACM, 1990, 37: 318-334.

[12] Young N. Randomized rounding without solving the linear program [C]. Proceedings of the 6th Annual ACM-SIAM Symposium on Discrete Algorithms, 1995: 170-178.

[13] Cheng C D. An approximation algorithm for extended maximum concurrent flow problem with saturated capacity [C]. Advances in Intelligent Systems Research, 2015, 117: 632-636.

[14] 郭海旭, 程丛电, 吴亚坤. 最大一致流问题的一个逼近算法 [J]. 辽宁大学学报 (自然科学版), 2009, 36(1): 35-39.

[15] 堵丁柱, 葛可一, 胡晓东. 近似算法的设计与分析 [M]. 北京: 高等教育出版社, 2011.

[16] Korte B, Vygen J. Combinatorial Optimization: Theory and Algorithms [M]. Berlin: Springer-Verlag, 2000.

[17] Büsing C, Stiller S. Line planning, path constrained network flow and inapproximability[J]. Networks, 2011, 57(1): 106-113.

[18] Soleimani-Damaneh M. Maximal flow in possibilistic networks[J]. Chaos, Solitons and Fractals, 2009, 40: 370-375.

[19] Mehri B. The inverse maximum dynamic flow problem[J]. Science China (Mathematics), 2010, 53: 2709-2717.

[20] Oldham J D. Combinatorial approximation algorithms for generalized flow problems[J]. Journal of Algorithms, 2001, 38(1): 135-169.

[21] 程丛电, 陈曦. 一个局部带优先权的最大多物资网络流问题 [J]. 数学的实践与认识, 2014, 4(3): 128-133.

[22] 程丛电, 李振鹏. 具有全局性公平满意度的最大多物资网络流问题 [J]. 应用数学学报, 2011, 34(3): 502-517.

第 4 章 路 径 泛 函

注意到当一个网络和它的边分别在建模的意义上表示一个城市的交通网络与其道路时, 网络中的某些边可能出现故障, 而行人只有在到达该边的相邻端点时才能够发现其已出现故障, 肖鹏等[1] 引入了关于一个给定的网络中路径的风险 $R(P)$ 的定义, 并定义了一个关于寻找最小风险路径的反风险问题 (ARP). 在假设只有一条边可能出现故障的条件下, 他们还给出了一个近似求解问题 ARP 的复杂度为 $O\left((mn+n^2)\log n\right)$ 的算法. 此后, Mahadeokar 和 Saxena[2] 给出了一个更快地求解 ARP 的算法. 此外, 一方面, 路径的风险 $R(P)$ 是所有路径集上的一个函数, 且风险问题 ARP 实际上是一个单源点最短路径问题; 另一方面, 路径的风险 $R(P)$ 是路径集上的一个与路径的长度 $d(P)$ 所不同的路径函数, 而反风险问题 ARP 是一个与经典的单源点最短路径问题 (classical single-source shortest path problem, CSSSPP) 所不同的最短路径问题.

鉴于上述研究动态, 本章引入一般路径系统和一般路径函数, 并且发展几个具有某种特殊性质的一般路径函数与几个有趣的研究问题.

4.1 路 径 系 统

本节建立路径集的概念.

定义 4.1 设 $\mathcal{P}$ 和 V 是两个集合, $\mathcal{R} \subset \mathcal{P}, \theta \in \mathcal{P}$. 又设

$$s : (\mathcal{P} - \{\theta\}) \to V; \quad t : (\mathcal{P} - \{\theta\}) \to V$$

是两个映射, 分别叫做始点映射与终点映射. $P \in \mathcal{P}$ 叫做一条抽象路径; $\forall P \in (\mathcal{P} - \{\theta\}), s(P), t(P)$ 分别叫做路径 P 的始点与终点. 若 $\mathcal{P}$ 上有加法 "+" 使得, 对于 $\mathcal{P}$ 某些路径对 P_1, P_2, 当 $t(P_1) = s(P_2)$ 时, P_1 与 P_2 可加, 且

(i) $P_1 + P_2 \in \mathcal{P}, P_1 + P_2 = \theta \Leftrightarrow P_1 = P_2 = \theta$.

(ii) $\forall P \in \mathcal{P}, P$ 与 θ 可加, 且 $P + \theta = \theta$. 当 P 加 θ, 即 $P + \theta$ 时, 认为 $s(\theta) = t(P)$; 当 θ 加 P, 即 $\theta + P$ 时, 认为 $t(\theta) = s(P)$.

(iii) $\forall P \in (\mathcal{P} - \theta - \mathcal{R})$, 存在着 $\mathcal{R}$ 中的有限序列 $R_1, R_2, \cdots, R_n$ 使得 $P = R_1 + R_2 + \cdots + R_n, n > 1$, 或无限序列 $R_1, R_2, \cdots, R_n, \cdots$ 使得 $P = R_1 + R_2 + \cdots + R_n + \cdots$.

(iv) $\forall R \in \mathcal{R}, R$ 是不可以再分解的, 即在 $(\mathcal{P} - \theta)$ 中找不到路径 P_1 与 P_2, 使得 $R = P_1 + P_2$,

则我们把 $(\mathcal{P}, V)$ 叫做一个抽象路径系统, 简称为路径系统, $\mathcal{P}$ 与 V 分别叫做路径集和节点或节点集.

设 $\forall R \in \mathcal{R}$, 我们称 $|R|$ 为 R 的边, 为了后面的方便, 我们也用 $(s(R), |R|, t(R))$ 或 $(t(R), |R|, s(R))$ 来表示 R 的边. 边组合 $\{[v_0, |R_1|, v_1], [v_1, |R_2|, v_2], \cdots, [v_{k-1}, |R_k|, v_k]\}$ 叫做连接 v_0 与 v_k 的一条链 ($1 \leqslant k \leqslant |V|$, $|V|$ 表示 V 中元素的个数), 记为 $C[v_0, v_k]$ (注意 $C[v_0, v_k] = C[v_k, v_0]$). 若 $\forall u, v \in V$, 它们之间都有链 $C[u, v]$, 称路径系统 $(\mathcal{P}, V)$ 为联通的. 若 $\forall u, v \in V$, 它们之间都有路径 $P(u, v)$, 称路径系统 $(\mathcal{P}, V)$ 为路径联通的.

定义 4.2   设 $(\mathcal{P}, V)$ 是一个路径系统, 若 $\forall P', P'' \in \mathcal{P}, P' \neq P''$, 当 $t(P') = s(P'')$ 时, P' 与 P'' 可加, 则称 $(\mathcal{P}, V)$ 为一个自然路径系统.

定义 4.3   设 $(\mathcal{P}, V)$ 是一个自然路径系统, 当 $|\mathcal{R}|$ 与 $|V|$ 都有限时, 称其为经典路径系统.

定义 4.4   设 $(\mathcal{P}, V)$ 是一个路径系统, 给定 $s \in V$, $\mathcal{P}_s \subset \mathcal{P}$. 若 $\forall P \in \mathcal{P}_s$, 都有 $P = ((s, v_1), (v_1, v_2), \cdots, (v_{k-1}, v_k))$, 并且

$$P = ((s, v_1), (v_1, v_2), \cdots, (v_{i-1}, v_i)) \in \mathcal{P}_s, \quad i = 1, 2, \cdots, k,$$

则称 $\mathcal{P}_s$ 为 $\mathcal{P}$ 的一个以 s 为根的路径子集.

定义 4.5   设 $(\mathcal{P}, V)$ 是一个路径系统, 关于路径子集 $\mathcal{P}_s \subset \mathcal{P}$, 当 $P \in \mathcal{P}_s$, 且 $P = ((s, v_1), (v_1, v_2), \cdots, (v_{k-1}, v_k))$ 时,

$$P_i = ((s, v_1), (v_1, v_2), \cdots, (v_{i-1}, v_i)) \in \mathcal{P}_s, \quad i = 1, 2, \cdots, k-1,$$

叫做 P 的祖先, P_{k-1} 叫做 P 的父亲, P 叫做 P_{k-1} 的儿子.

例 4.1   关于有向图 $G = (V, \mathcal{R})$, 这里 V 是一个具有 n 个点的点集, $\mathcal{R}$ 是该图的全体路段, 有向边 (u, v) 表示一条从 u 到 v 的路段. 设 $(v_{i-1}, v_i) \in \mathcal{R}$, $i = 1, 2, \cdots, k$, 称路段组合 $\{(v_0, v_1), (v_1, v_2), \cdots, (v_{k-1}, v_k)\}$ 为从 v_0 到 v_k 的一条路径, 记为 $P(v_0, v_k)$, 简记为 P. 再定义加法如下: $(v_0, v_1) + (v_1, v_2) + \cdots + (v_{k-1}, v_k) = P(v_0, v_k)$. 若以 $\mathcal{P}$ 表示所有的路径, 则 $(\mathcal{P}, V)$ 就是一个自然的路径系统. 设 $s \in V$, $\mathcal{P}_s$ 为 G 上的所有以 s 为始点的路径 (或无圈路径), 则 $\mathcal{P}_s$ 是一个以 s 为根的有根路径系统.

定义 4.6   关于路径系统 $(\mathcal{P}, V)$, $\forall P, P' \in V$, 定义 $P \prec P'$ 当且仅当存在着两条路径 $P_1, P_2 \in \mathcal{P}$ 使得 $P' = P_1 + P + P_2$; $P \ll P'$ 当且仅当 $P \prec P'$ 或 $P = P'$, 则 "$\ll$" 为 $\mathcal{P}$ 上的一个半序关系, 我们称之为路径半序关系.

定义 4.7   关于路径系统 $(\mathcal{P}, V)$, $\forall P, P' \in V$, 定义 $P \lhd P'$ 当且仅当存在着路径 $P'' \in \mathcal{P}$ 使得 $P' = P + P''$; $P \propto P'$ 当且仅当 $P \lhd P'$ 或 $P = P'$, 则 "$\propto$" 为 $\mathcal{P}$ 上的一个半序关系, 我们称之为向前路径半序关系.

显然, 向前路径半序关系强于路径半序关系, 即 $P \propto P' \Rightarrow P \ll P'$.

4.2 路径泛函

定义 4.8 设 $(\mathcal{P}, V)$ 是一路径系统, 映射 $f : \mathcal{P} \to \mathbf{R}$(实数域) 叫做一个路径系统 $(\mathcal{P}, V)$ 上的路径泛函 (设 $\mathcal{P}_s$ 是以 s 为根的路径系统, $f : \mathcal{P}_s \to \mathbf{R}$ 叫做有根路径系统 $\mathcal{P}_s$ 上的路径泛函).

定义 4.9 设 f 为路径系统 $\mathcal{P}$(有根路径系统 $\mathcal{P}_s$) 上的路径泛函, 称 f 为不增的当且仅当 $\forall P, P' \in \mathcal{P}(\mathcal{P}_s)$, 若 $P \propto P'$, 则 $f(P) \geqslant f(P')$; 称 f 为递减的当且仅当 $\forall P, P' \in \mathcal{P}(\mathcal{P}_s)$, 若 $P \triangleleft P'$, 则 $f(P) > f(P')$; 称 f 为不减的当且仅当 $\forall P, P' \in \mathcal{P}(\mathcal{P}_s)$, 若 $P \propto P'$, 则 $f(P) \leqslant f(P')$; 称 f 为递增的当且仅当 $\forall P, P' \in \mathcal{P}(\mathcal{P}_s)$, 若 $P \triangleleft P'$, 则 $f(P) < f(P')$.

定义 4.10 设 f 为路径系统 $\mathcal{P}$(有根路径系统 $\mathcal{P}_s$) 上的路径泛函, 称 f 为弱保序 (WOR) 的当且仅当 $\forall P, P' \in \mathcal{P}(\mathcal{P}_s)$, 若 $f(P) < f(P')$, $P + R, P' + R \in \mathcal{P}(\mathcal{P}_s), R \in \mathcal{R}$, 则 $f(P + R) < f(P' + R)$; 称 f 为保序 (OR) 的当且仅当 f 为弱保序的, 且 $\forall P, P' \in \mathcal{P}(\mathcal{P}_s)$, 若 $f(P) = f(P')$, $P + R, P' + R \in \mathcal{P}(\mathcal{P}_s), R \in \mathcal{R}$, 则 $f(P + R) < f(P' + R)$; 称 f 为半保序 (SOR) 的当且仅当 $\forall P, P' \in \mathcal{P}(\mathcal{P}_s)$, 若 $f(P) \leqslant f(P')$, $P + R, P' + R \in \mathcal{P}(\mathcal{P}_s), R \in \mathcal{R}$, 则 $f(P + R) \leqslant f(P' + R)$.

为了加深理解路径泛函的意义, 下面我们给出几个利用路径泛函推广网络上优化问题的实例.

4.3 路径泛函的应用

有了路径泛函的概念以后, 可以将网络上的一些优化问题推广为关于路径泛函的优化问题. 本节主要致力于这项推广工作.

首先建立抽象单源点最小路径问题 (ASSSP).

定义 4.11 给定路径系统 $(\mathcal{P}, V)$ 与 $s \in V$, 设 $\mathcal{P}_s$ 是一个以 s 为根的有根路径系统, f 为 $\mathcal{P}_s$ 上的一个路径泛函. 问题 $\forall v \in V$, 寻找路径 $P \in \mathcal{P}_s(v)$ 使得 $f(P) = m_f(s, v)$ 叫做关于 $[\mathcal{P}, V, s, f]$ 的抽象单源点最小路径问题 (ASSSP), 其中 $\mathcal{P}_s(v)$ 为 $\mathcal{P}_s$ 中所有满足 $t(P) = s$ 的路径; $m_f(s, v) = \min\{f(P) : P \in \mathcal{P}_s(v)\}$.

例 4.2 给定一个具有非负边权的网络 $G = (V, \mathcal{R}, w)$ 和一个原点 $s \in V$, 设 $\mathcal{P}_s$ 是例 4.1 中的以 s 为根的有根路径系统, f 为 $\mathcal{P}_s$ 上的一个路径泛函. 寻找路径 $P \in \mathcal{P}_s(v)$ 使得 $f(P) = m_f(s, v), \forall v \in V$ 是一个 $[\mathcal{P}, V, s, f]$ 上的单源点最小路径问题 (ASSSP). 令 $d(P) = \sum_{i=1}^{k} d(v_{i-1}, v_i), \forall P = (v_0, v_1) + (v_1, v_2) + \cdots + (v_{k-1}, v_k) \in \mathcal{P}_s$, 则 d 是 $\mathcal{P}_s$ 上的一个路径泛函. 当 $f(P)$ 为 $d(P)$ 时, ASSSP 恰是

经典的具有非负权网络上的最短路径问题 (the classical single-source shortest path problem with nonnegative weight, CSSSP-NW), 见文献 [3] 的第 7 章. 若将非负权改作保守权 (conservative weight), 见文献 [3] 的 7.1 节, 则 d 依然是 $\mathcal{P}_s$ 上的一个路径泛函. 当 $f(P)$ 为 $d(P)$ 时, ASSSP 恰是经典的具有保守权网络上的最短路径问题 (the classical single-source shortest path problem with conservative weight, CSSSP-CW).

注 4.1 关于例 4.1 和例 4.2, 我们应当注意以下事实. 设 $P, P' \in \mathcal{P}_s$, 且 $SP = P + (u, v), SP' = P' + (u, v) \in \mathcal{P}_s$, 则 $d(SP) - d(P) = d(SP') - d(P') = w((u, v))$. 但是, 对于 $\mathcal{P}_s$ 上的一般的路径函数 f, $f(SP) - f(P) = f(SP') - f(P')$ 不一定成立. 这也就是说, 对于 $\mathcal{P}_s$ 上的一般的路径函数 f, 我们不一定能够找到图 G 上的权 w, 使得 $f(P) = \sum_{i=1}^{k} w(v_{i-1}, v_i), \forall P \in \mathcal{P}_s$.

例 4.3 关于例 4.1, 定义

$$d(u, v) = \min\{d(P) : s(P) = u, t(P) = v, P \in \mathcal{P}\}, \quad \forall u, v \in V,$$

叫做网络 $(V, \mathcal{R}, w)$ 上 u, v 两点间的距离; $\forall u, v \in V$, 定义 $d_{G \backslash (u', v')}(u, v)$ 为网络 $(V, \mathcal{R} - \{(u', v')\}, w)$ 上 u, v 两点间的距离, 叫做网络 $(V, \mathcal{R}, w)$ 中路段 (u', v') 出现故障条件下 u, v 两点间的距离.

$\forall P = (v_0, \cdots, v_{k-1}, v_k) \in \mathcal{P}$, 定义

$$R(P) = \max\{d(P), d_{G \backslash (v_{k-1}, v_k)}(s, v_k), d(P_i) + d_{G \backslash (v_{i-1}, v_i)}(s, v_i) :$$
$$P_i = (v_i, \cdots, v_{k-1}, v_k), 1 \leqslant i \leqslant k - 1\},$$

叫做网络 $(V, \mathcal{R}, w)$ 上路径 P 的风险. 显然, R 是 $\mathcal{P}$ 上的泛函.

对于给定的 $s \in V$, 寻找路径 $P \in \mathcal{P}_s(v)$ 使得 $R(P) = m_R(s, v), \forall v \in (V - \{s\})$, 是一个 $[\mathcal{P}, V, s, f]$ 上的单源点最小路径问题, 叫做关于寻找最小风险路径的反风险问题 (the anti-risk path problem, ARP), 见文献 [1].

命 $P = (s, v_1, \cdots, v_{k-1}, v_k) \in \mathcal{P}, SP = (s, v_1, \cdots, v_{k-1}, v_k, v_{k+1}) \in \mathcal{P}$, 则我们有

$R(SP)$
$= \max\{d(SP), d_{G \backslash (v_k, v_{k+1})}(s, v_{k+1}), d(SP_i) + d_{G \backslash (v_{i-1}, v_i)}(s, v_i) :$
$\quad SP_i = (v_i, \cdots, v_k, v_{k+1}), 1 \leqslant i \leqslant k\}$
$= \max\{w(v_k, v_{k+1}) + d(P), d_{G \backslash (v_k, v_{k+1})}(s, v_{k+1}), w(v_k, v_{k+1}) + d_{G \backslash (v_{k-1}, v_k)}(s, v_k),$
$\quad w(v_k, v_{k+1}) + d(P_i) + d_{G \backslash (v_{i-1}, v_i)}(s, v_i) : P_i = (v_i, \cdots, v_k), 1 \leqslant i \leqslant k - 1\}$
$= \max\{d_{G \backslash (v_k, v_{k+1})}(s, v_{k+1}), w(v_k, v_{k+1}) + \max\{d(P), d_{G \backslash (v_{k-1}, v_k)}(s, v_k), d(P_i)$
$\quad + d_{G \backslash (v_{i-1}, v_i)}(s, v_i) : P_i = (v_i, \cdots, v_k), 1 \leqslant i \leqslant k - 1\}\}$
$= \max\{d_{G \backslash (v_k, v_{k+1})}(s, v_{k+1}), w(v_k, v_{k+1}) + R(P)\} \leqslant R(P).$

这表明 R 是不减的. 再令 $P' \in \mathcal{P}_s(v_k), SP' = P' + (v_k, v_{k+1}) \in \mathcal{P}_s(v_{k+1})$, 且设 $R(P) \geqslant R(P')$, 则

$$R(SP) = \max\{d_{G \setminus (v_k, v_{k+1})}(s, v_{k+1}), w(v_k, v_{k+1}) + R(P)\}$$
$$\geqslant \max\{d_{G \setminus (v_k, v_{k+1})}(s, v_{k+1}), w(v_k, v_{k+1}) + R(P')\} = R(SP').$$

这表明 R 是 SOP.

由于 R 是不减的, 为了解 ARP, 我们仅需在所有无圈的路径上来考虑这个路径泛函.

注 4.2　(1) 由于对称的缘故, 为了方便理解所举例子, 我们可将例中的路径 P 理解为从 v 到 s 的路径.

(2) Xiao 等[1] 引入了路径风险的定义和旨在寻找最小风险路径的 ARP, 且在最多只一条边可能断裂的条件下, 表明可在 $O(mn + n^2 \log n)$ 时间内求解问题 ARP. Mahadeokar 和 Saxena[2] 给出了一个更快地求解问题 ARP 的算法, 其可以在 $O(n^2)$ 求解问题 ARP.

显然, 当 G 是一个具有权 w 的有向图且 f 为例 4.2 中的路径泛函 d 时, 问题 ASSSP 恰是问题 CSSSP; 另一方面, 问题 ARP 也显然是一个问题 ASSSP. 这两个事实充分说明问题 ASSSP 确实是问题 CSSSP 的推广.

定义 4.12　关于路径系统 $\mathcal{P}$(或以 s 为根的有根路径系统 $\mathcal{P}_s$), 一条路径 $C \in \mathcal{P}(C \in \mathcal{P}_s)$ 称作抽象圈, 如果 $s(P) = t(P)$. 设 f 为 $\mathcal{P}(\mathcal{P}_s)$ 上的路径泛函, 称 $\mathcal{P}(\mathcal{P}_s)$ 上的圈 C 关于 f 为负的, 如果存在着一条路径 $P \in \mathcal{P}(\mathcal{P}_s)$ 使得 $f(P + C) - F(P) < 0$. 一条链 $C[u, v]$ 叫做无向圈, 如果 $u = v$.

定理 4.1　设 $\mathcal{P}_s$ 为以 s 为根的有根路径系统, f 为 $\mathcal{P}_s$ 上的路径泛函. 如果 f 没有负圈, 那么 ASSSP 问题是可解的, 即 $\forall v \in V$ 存在着路径 $P \in \mathcal{P}_s(v)$ 使得 $f(P) = m_f(v)$, 亦即 P 是从 s 到 v 的最短路径.

定义 4.13　关于路径系统 $(\mathcal{P}, V)$, 设 $\mathcal{P}' \subset \mathcal{P}$, 如果 $\mathcal{P}'$ 是联通的且没有无向圈, 则称其为树 (tree). 如果 $\mathcal{P}'$ 是一棵树, 且存在着 $s \in V$ 使得 $\forall P \in \mathcal{P}'$ 都有 $P \in \mathcal{P}_s$, 则称其为树形图; s 叫做该树形图的根.

定义 4.14　关于路径系统 $(\mathcal{P}, V)$, 设 $\mathcal{P}' \subset \mathcal{P}$, 用 $V(\mathcal{P}')$ 表示集合

$$\{v | v = s(P), \text{或 } v = t(P), P \in \mathcal{P}'\}, \quad \forall v \in V(\mathcal{P}'),$$

称 $\delta^-(v, \mathcal{P}') = |\{P \in \mathcal{P}' : t(P) = v\}|$ 为 v 关于 $\mathcal{P}'$ 的入度 (in-degree); 称 $\delta^+(v, \mathcal{P}') = |\{P \in \mathcal{P}' : s(P) = v\}|$ 为 v 关于 $\mathcal{P}'$ 的出度 (out-degree).

命题 4.1　关于路径系统 $(\mathcal{P}, V)$, 设 $\mathcal{P}' \subset \mathcal{P}$ 是一个树形图, 则

$$\delta^-(s, \mathcal{P}') = 0, \quad \delta^-(v, \mathcal{P}') = 1, \quad \forall v \in (V(\mathcal{P}') - \{s\}).$$

定义 4.15　关于路径系统 $(\mathcal{P}, V)$, 设 $\mathcal{P}' \subset \mathcal{P}$ 是一棵树, 如果 $V(\mathcal{P}') = V$, 则称 $\mathcal{P}'$ 是 $(\mathcal{P}, V)$ 的一棵支撑树; 设 $\mathcal{P}' \subset \mathcal{P}$ 是一个树形图, 如果 $V(\mathcal{P}') = V$, 则称 $\mathcal{P}'$ 是 $(\mathcal{P}, V)$ 的一个支撑树形图.

定义 4.16　关于路径系统 $(\mathcal{P}, V)$, 设 f 是 $\mathcal{P}$ 上的一个路径泛函, 称问题寻找一棵树 $\mathcal{T}'$ 使得

$$\sum_{R \in (\mathcal{T}' \cap \mathcal{R})} \left\{ \frac{1}{|\{P \in \mathcal{T}' : P + R \in \mathcal{T}'\}|} \sum_{P \in \mathcal{T}', P+R \in \mathcal{T}'} [f(P+R) - f(P)] \right\}$$

$$= \max \left\{ \sum_{R \in (\mathcal{T} \cap \mathcal{R})} \left\{ \frac{1}{|\{P \in \mathcal{T} : P + R \in \mathcal{T}\}|} \right. \right.$$

$$\left. \left. \times \sum_{P \in \mathcal{T}, P+R \in \mathcal{T}} [f(P+R) - f(R)] \right\} : \mathcal{T} \text{ 是一棵树} \right\}$$

为关于 f 的最大树问题 (maximum tree problem, MTP).

定义 4.17　关于路径系统 $(\mathcal{P}, V)$, 设 f 是 $\mathcal{P}$ 上的一个路径泛函, 称问题寻找一个树形图 $\mathcal{A}'$ 使得

$$\sum_{R \in (\mathcal{A}' \cap \mathcal{R})} \left\{ \frac{1}{|\{P \in \mathcal{A}' : P + R \in \mathcal{A}'\}|} \sum_{P \in \mathcal{A}', P+R \in \mathcal{A}'} [f(P+R) - f(R)] \right\}$$

$$= \max \left\{ \sum_{R \in (\mathcal{A} \cap \mathcal{R})} \left\{ \frac{1}{|\{P \in \mathcal{A} : P + R \in \mathcal{A}\}|} \right. \right.$$

$$\left. \left. \sum_{P \in \mathcal{A}, P+R \in \mathcal{A}} [f(P+R) - f(R)] \right\} : \mathcal{A} \text{ 是一个树形图} \right\}$$

为关于 f 的最大树形图问题 (maximum arborescence problem, MAP).

定义 4.18　关于路径系统 $(\mathcal{P}, V)$, 设 f 是 $\mathcal{P}$ 上的一个路径泛函, 称问题寻找一棵支撑树 (spanning tree problem) $\mathcal{T}'$ 使得

$$\sum_{R \in (\mathcal{T}' \cap \mathcal{R})} \left\{ \frac{1}{|\{P \in \mathcal{T}' : P + R \in \mathcal{T}'\}|} \sum_{P \in \mathcal{T}', P+R \in \mathcal{T}'} [f(P+R) - f(R)] \right\}$$

$$= \min \left\{ \sum_{R \in (\mathcal{T} \cap \mathcal{R})} \left\{ \frac{1}{|\{P \in \mathcal{T} : P + R \in \mathcal{T}\}|} \right. \right.$$

$$\left. \left. \sum_{P \in \mathcal{T}, P+R \in \mathcal{T}} [f(P+R) - f(R)] \right\} : \mathcal{T} \text{ 是一棵支撑树} \right\}$$

为关于 f 的最小支撑树问题 (minimum spanning tree problem, MSTP).

定义 4.19 关于路径系统 $(\mathcal{P}, V)$，设 f 是 $\mathcal{P}$ 上的一个路径泛函，称问题寻找一个树形图 $\mathcal{A}'$ 使得

$$\sum_{R \in (\mathcal{A}' \cap \mathcal{R})} \left\{ \frac{1}{|\{P \in \mathcal{A}' : P + R \in \mathcal{A}'\}|} \sum_{P \in \mathcal{A}', P + R \in \mathcal{A}'} [f(P+R) - f(R)] \right\}$$

$$= \min \left\{ \sum_{R \in (\mathcal{A} \cap \mathcal{R})} \left\{ \frac{1}{|\{P \in \mathcal{A} : P + R \in \mathcal{A}\}|} \right. \right.$$

$$\left. \left. \sum_{P \in \mathcal{A}, P + R \in \mathcal{A}} [f(P+R) - f(R)] \right\} : \mathcal{A} \text{ 是一个树形图} \right\}$$

为关于 f 的最小树形图问题 (minimum arborescence problem, MSAP).

4.4 总结与展望

受到文献 [1] 与文献 [2] 工作的启发，本章首先引入路径系统与路径泛函的概念；其次给出几种特殊的路径泛函；最后将网络上单源点最短路径等几个网络上的优化问题推广为路径系统上关于路径泛函的优化问题，即一般优化问题. 此外，还给出了几个为了加深理解所建立的基础理论的实例问题. 进一步将网络上的优化问题推广为路径系统上关于路径泛函的优化问题与探讨诸一般优化问题的求解算法是很有趣的研究课题，期望我们的工作能够激发更多的学者们热爱与致力于此项研究，共同加快路径泛函的理论与研究的发展. 最后，由于许多不足因素，我们的工作有待改进与发展，恳请大家多多批评，多多赐教！衷心感谢！

参 考 文 献

[1] Xiao P, Xu Y, Su B. Finding an anti-risk path between two nodes in undirected graphs[J]. Journal of Combinatorial Optimization, 2009, 17: 235-246.

[2] Mahadeokar J, Saxena S. Faster algorithm to find anti-risk path between two nodes of an undirected graph[J]. Journal of Combinatorial Optimization, 2014, 27: 798-807.

[3] Korte B, Vygen J. Combinatorial Optimization: Theory and Algorthms[M]. Berlin: Springer-Verlag, 2000.
(中文版. 组合最优化: 理论与算法 [M]. 越民义, 林诒勋, 姚恩瑜, 张国川, 译. 北京: 科学出版社, 2014.)

第 5 章　带容量限制的车辆路径问题

5.1　问　题　描　述

带容量限制的车辆路径问题 (the capacitated vehicle routing problem, CVRP) 有好几个版本, 这里主要介绍比较常见也是比较重要的六个版本, 依次记为 CVRP0, CVRP1, CVRP2, CVRP3, CVRP4, CVRP5[1].

CVRP0　CVRP 的基本版本. 该问题可以定义为[2,3]: 令 $G - (V, E)$ 是一个完全无向图, $V = \{0, 1, 2, \cdots, n\}$ 为顶点集, 其中顶点 0 表示车场, $1, 2, \cdots, n$ 表示客户. $E = \{[i,j] \, | \, i, j = 0, 1, \cdots, n, i \neq j\}$ 为边集, 且每条边 $[i,j]$ 都关联一个非负的费用 c_{ij}, 表示车辆从顶点 i 行驶到顶点 j 所花费的行驶费用 (可以是路程也可以是时间), 且 $i \neq j$ 时 $c_{ij} = c_{ji}$, 而 $c_{ii} = +\infty$. 车场 0 共有 m 辆相同的车辆, 容量都为 $Q > 0$. 每个客户 i 对同一种商品都有一个已知的需求 $q_i \, (0 < q_i < Q)$, 而车场有一个虚构的需求 $q_0 = 0$. 另外, 下列四个要求需要被满足: ① 每辆车至多被使用一次; ② 每个客户由一辆车恰好访问一次; ③ 所有车辆路径都开始和结束于车场; ④ 每条车辆路径上所有客户需求之和不能超过该路径上行驶车辆的容量 Q. 目标是找到满足上述约束的一组最小费用车辆路径 (即找到满足上述约束的一组车辆路径, 使得这组车辆路径上的所有边的费用之和最小), 该问题的解中使用的车辆数是自由的 (free, 即车辆数与最优路径同时被确定)[1].

CVRP0 如图 5.1 所示, "▢" 表示车场节点, "〇" 表示客户节点.

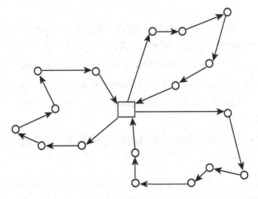

图 5.1　带容量限制的车辆路径问题 CVRP0 示意图

Lysgaard 等[3] 指出 CVRP0 是强 NP-难问题.

CVRP1 将 CVRP0 中的约束①改为 m 辆车都要被使用一次, 于是目标改为设计出 m 条最小费用车辆路径. 该问题的解中使用的车辆数是事先给定的 (fixed)[1].

CVRP2 (A0) 在 CVRP0((A1) 在 CVRP1) 的基础上要求每条车辆路径上所有边的费用之和不超过一给定的上界 L;

(B0) 在 CVRP0((B1) 在 CVRP1) 的基础上要求每条车辆路径上所有边的费用之和加上该车辆路径上所有客户点处的卸车费用之和不超过一给定的上界 L.

CVRP3 (A0) 将 CVRP0((A1) 将 CVRP1) 中的车辆改为具有不同的容量;

(B0) 将 CVRP0((B1) 将 CVRP1) 中的车辆改为具有不同的费用;

(C0) 将 CVRP0((C1) 将 CVRP1) 中的车辆改为具有不同的速度.

CVRP4 (A) 在 CVRP0 的基础上要求每辆车有一个固定费用也称启动费用 f, 并将目标改为找到满足 CVRP0 中约束①—④的一组车辆路径, 使得这组车辆路径上所有边的费用之和加上这组车辆路径对应的所有车辆的固定费用之和最小;

(B) 将 CVRP0 的目标改为找到满足 CVRP0 中约束①—④的一组车辆路径, 使得这组车辆路径含路径数目最少, 且使这组车辆路径上的所有边的费用之和最小.

CVRP5 (A0) 在 CVRP0((A1) 在 CVRP1) 的基础上要求每个客户 i 需在时间区间 $[a_i, b_i]$ 内被访问, 且允许车辆在客户 i 处等待, 不允许车辆在 b_i 之后到达客户 $i(i=1,\cdots,n)$ 处, 此时 $[a_i, b_i]$ 叫硬时间窗;

(B0) 在 CVRP0((B1) 在 CVRP1) 的基础上要求每个客户 i 需在时间区间 $[a_i, b_i]$ 内被访问, 且允许车辆在客户 i 处等待, 允许车辆在 b_i 之后到达客户 $i(i=1, \cdots,n)$ 处, 但要有惩罚费用, 此时 $[a_i, b_i]$ 叫软时间窗.

在 CVRP0—CVRP5 中, 当 $i \neq j$ 时 $c_{ij} = c_{ji}$, 因此 CVRP0—CVRP5 又称对称版的 CVRP, 此时它们可分别记为 SCVRP0—SCVRP5. 如果当 $i \neq j$ 时 $c_{ij} \neq c_{ji}$, 就得到非对称版的 CVRP, 此时 CVRP0—CVRP5 可分别记为 ACVRP0—ACVRP5 (或 ASCVRP0—ASCVRP5). 对称版与非对称版的 CVRP 从求解的角度来讲差别较大, 已有的算法有的只适合求解对称版的 CVRP, 即用其求解对称版的 CVRP 效果非常好, 而用其求解非对称版的 CVRP 效果却很差, 有的算法则恰好相反. 当然也有些算法既适合求解对称版的 CVRP 又适合求解非对称版 CVRP. 2012 年, Rodríguez 等[4] 对此进行了比较研究, 得到的结果确实如此.

另外 CVRP 有许多其他变种, 例如开 (半开) 放式车辆路径问题、多车场车辆路径问题、周期车辆路径问题、绿色车辆路径问题、集送货一体化车辆路径问题、动态车辆路径问题等.

5.2   文 献 综 述

5.2.1   传统启发式算法

CVRP0 是 Dantzig 与 Ramser[5] 于 1959 年提出来的, 他们建立了其 0-1 整数规划模型, 并基于该模型给出了一个启发式算法来求解 CVRP0. 1964 年, Clarke 和 Wright[6] 发现 Dantzig 与 Ramser 给出的算法有两个缺点: ①该算法更注重优化车辆的利用率 (使车辆尽量装满) 而非极小化所有车辆总的行驶路程, 而后者是 CVRP0 要达到的目标; ②该算法需要对多个含节点个数不多的节点集分别求解一个旅行商问题, 这非常浪费时间. 因此 Clarke 与 Wright 将 Dantzig 与 Ramser 的算法进行了修改, 给出了著名的 C-W 节约算法, 这个算法可以用来求解 CVRP0-CVRP2, 而且比较简单直观, 容易实现, 效果比 Dantzig 与 Ramser 给出的算法好. 故 Clarke 与 Wright 给出的 C-W 节约算法常被修改且易于修改, 以用于求解其他版的 CVRP 以及 CVRP 的各种变种, 或可被其他算法用来求出 CVRP0 与 CVRP1 的初始可行解. 例如 1969 年, Christofides 与 Eilon[7] 只将 Clarke 与 Wright 的 C-W 节约算法稍做修改就可以用其求解 CVRP1. 1970 年 Yellow[8] 从节省计算时间和存储两个角度对 Clarke 与 Wright 的 C-W 节约算法进行了改进. 1974 年, Gillett 和 Miller[9] 给出一个扫描算法来求解 CVRP0, 该算法先将客户进行分组, 即给客户分配车辆, 之后对每个分组求解一个旅行商问题. Gillett 和 Miller 给出的扫描算法也可被其他启发式算法用来产生 CVRP 的初始可行解. 以上这 3 个算法都不能精确地求解 CVRP0, 但 Clarke 与 Wright 的 C-W 节约算法和 Gillett 与 Miller 的扫描算法都是比较简单易于实现的启发式算法, 所以 Laporte[10] 称它们为传统启发式算法, 当然传统启发式算法还有许多, 但最著名的还是 C-W 节约算法和扫描算法.

5.2.2   精确算法

到目前为止, 对 CVRP0—CVRP5(ACVRP0—ACVRP5) 大约有 19 篇文献给出了精确算法来求解它们中的某个或某几个版本, 下面对其进行综述. 1969 年, Christofides 与 Eilon[7] 给出一个分支定界算法用以精确求解 CVRP4(B), 该算法只能解决两个小例子 (在 IBM 7090 上), 一个含 6 个客户, 另一含 13 个客户. 尽管如此, 该算法是第一个求解车辆路径问题的分支定界算法. 1981 年, Christofides 等[11] 给出几个分支定界算法来精确求解 CVRP2(B0), 该算法能解决最多含 25 个客户的实例. 1983 年, Laporte 与 Nobert[1] 给出一个分支定界算法来精确求解 CVRP4(A), 含 15—50 个客户的一些实例 (这些实例只含车辆容量约束) 可用该算法得到其精确解. 1985 年, Laporte 等[12] 给出一个整数线性规划算法来精确求解

CVRP2(A0), CVRP2(A1), ACVRP2(A0), ACVRP2(A1). 该算法对 CVRP2(A0), CVRP2(A1) 求解的最大问题含 50 个客户, 而对 ACVRP2(A0), ACVRP2(A1) 求解的最大问题含 60 个客户. 1986 年, Laporte 等[13] 给出一个分支定界算法来求解 ACVRP0, ACVRP1, ACVRP4(A), 该算法能求解的最大问题含 90 个客户. Laporte 等还用该算法求解 CVRP0, CVRP1, CVRP4(A), 效果很差. 1987 年, Kolen 等[14] 给出一个分支定界算法来精确求解 CVRP5(A0), 并用 9 个实例对算法进行了测试, 这 9 个实例含客户个数为 6—15. 1989 年, Agarwal 等[15] 给出一个基于集划分模型和列生成技术的精确算法来求解 CVRP0, 并用文献 [11] 中的 7 个实例对算法进行了测试, 这 7 个实例中最大问题含 25 个客户. 1992 年, Desrocherm 等[16] 也给出一个基于集划分模型的精确算法来求解 CVRP5(A0), 该算法求解的最大问题含 100 个客户. 1994 年, Fischetti 等[17] 给出一个分支定界算法来精确求解 ACVRP4(B), 该算法求解的最大问题含 70 个客户; 同年, Fisher[18] 用最小 K-树给出求解 CVRP1 的一个精确算法, 并用 12 个实例对算法进行了测试, 该算法能精确求解的最大实例含 100 个客户, 而且该实例是公认的比较难解决的问题. 1995 年, Hadjiconstantinou 等[19] 给出一个基于 q-路径和 k-最短路径松弛的精确算法来求解 CVRP1, 该算法求解的最大实例含 50 个客户; 同年, Miller[20] 给出一个分支定界算法来精确求解 CVRP1, 求解的最大实例含 51 个客户. 1998 年, Achuthan 等[21] 给出一个分支切割算法来精确求解 CVRP1, 并用 14 个实例对算法进行了测试, Achuthan 等[21] 通过比较, 发现他们给出的算法能够取得更好的下界. 2003 年, Achuthan 等[22] 给出一个分支切割算法来精确求解 CVRP1, 并用 24 个实例对算法进行了测试, 这 24 个实例含客户个数为 15—100. 2004 年, Lysgaard 等[23] 给出一个分支切割算法来精确求解 CVRP0, 并用很多实例对算法进行了测试, 求解的最大实例含 135 个客户, 并求解了 3 个以前没有解决的实例; Baldacci 等[24] 给出一个分支切割算法来精确求解 CVRP1, 求解的最大实例含 135 个客户. 2006 年, Fukasawa 等[25] 给出一个鲁棒分支切割定价算法来精确求解 CVRP1, 该算法能够求解之前文献中的所有实例 (最大实例含 135 个客户), 其中有 8 个实例是以前所有文献都未解决的. 2008 年, Baldacci 等[26] 给出一个基于集划分模型和附加的切割的精确算法来求解 CVRP1, 并用文献中主要实例对算法进行了测试, 解决的最大实例含 121 个客户, Baldacci 等[26] 通过比较发现他们的算法能够取得更好的下界, 且用他们的算法求解文献中的实例时用的时间更少. 2009 年, Baldacci 和 Mingozzi[27] 给出一个统一的精确算法来求解 7 类车辆路径问题: CVRP0, CVRP3(A0) 与 CVRP4(A) 混合、多车场车辆路径问题及 CVRP 的其他 4 类变种, 称其为 FSMF, FSMFD, HD/SDVRP, FSMD. 该算法首次对上述 7 类车辆路径问题的数个例子给以解决. 2017 年, 答家瑞与郑澜波[28] 给出一个基于列生成的精确算法用于求解半开放式 (车辆都从一个起始车场出发, 完成配送任务后都回到一个终止车场)ACVRP 5(A0), 并用文献 [16]

中的三组实例对算法进行了测试, 解决的最大实例含 100 个客户.

以上这些精确算法中最成功的有 2004 年 Lysgaard 等[23] 给出的一个分支切割算法, Baldacci 等[24] 给出的一个分支切割算法, 2006 年 Fukasawa 等[25] 给出的一个鲁棒分支切割定价算法, 2008 年 Baldacci 等[26] 给出的一个基于集划分模型和附加割的精确算法[27,29], 以及 2009 年 Baldacci 和 Mingozzi[27] 给出的一个统一的精确算法.

5.2.3　元启发式算法

由于 CVRP 的各种版本都是强 NP-难的, 而且由上面综述的精确算法我们已经看到, 当客户数量很多时, 精确算法就无能为力了, 因此许多文献都构造元启发式算法来求解 CVRP 的各种版本, 而因这类文献很多, 所以这里我们挑出一些文献进行介绍. 1999 年, 姜大立等[30] 给出一个遗传算法来求解 CVRP0. 2002 年, Tarantilis 等[31] 给出一个基于列表的阈值接受算法来求解 CVRP0. 2003 年, Berger 等[32] 给出一个混合遗传算法来求解 CVRP2(B0). 2004 年, Mazzeo 和 Loiseau[33] 给出一个蚁群算法来求解 CVRP0; 同年, 郎茂祥和胡思继[34] 给出一个禁忌搜索算法来求解 CVRP2(A0); 李宁等[35] 给出一个粒子群算法来求解 CVRP0. 2005 年, 高麟和杜文[36] 给出一个移去系统算法来求解 CVRP3(A0). 2006 年, 林丹等[37] 给出一个遗传算法来求解 CVRP5, 同年, 蒋忠中和汪定伟[38] 给出一个捕食搜索算法来求解 CVRP0. 2007 年, 屈援等[39] 给出一个遗传算法来求解 CVRP0. 2009 年, Wang 和 Lu[40] 给出一个混合遗传算法来求解 CVRP0; 同年, Lin 等[41] 给出一个模拟退火和禁忌搜索混合算法来求解 CVRP0; Ai 和 Kachitvichyanukul[42] 给出一个粒子群算法来求解 CVRP0. 2010 年, Chen 等[43] 给出一个带基于多算子优化的变邻域下降混合启发式方法来求解 CVRP2(A0). 2011 年, Kanthavel 和 Prasad[44] 给出一个嵌套的粒子群优化算法来求解 CVRP2(A0). 2012 年, Jin 等[45] 给出一个并行多邻域合作禁忌搜索算法来求解 CVRP0 和 CVRP2(A0). 2013 年, Ursani 等[46] 给出一个遗传算法来求解 CVRP0. 2014 年, Xiao 等[47] 给出一个变邻域模拟退火算法来求解 CVRP1. 2016 年, Akpinar 等[48] 给出一个大邻域搜索与蚁群算法混合的算法来求解 CVRP0. 2017 年, Bouzidr 等[49] 给出一个集成拉格朗日分解和变邻域搜索的算法来求解 CVRP1. 2018 年, Santillan 等[50] 给出一个布谷鸟搜索算法来求解 CVRP4(B).

5.2.4　综述文献介绍

1992 年, Laporte[2] 对 1992 年之前求解 CVRP 各种版本的精确算法进行了介绍. 2006 年, Letchford[51] 综述了前人给出的 CVRP0 的 2-指标车辆流模型、1-商品流模型、2-商品流模型、多商品流模型、集划分模型, 给出了 CVRP0 的 3-指标车流量模型, 并讨论了这些模型之间的关系. 2009 年, Laporte[52] 首先将前人求解 CVRP0 或 CVRP1 的精确算法分成 5 类: ① 分支定界算法; ② 动态规划; ③ 车辆流模型和算法; ④ 商品流模型和算法; ⑤ 集划分模型和算法. 并对给出各类精确算法的文献进行了综述, 接着将 2009 年之前求解 CVRP0 或 CVRP1 的传统启发式算法分成 4 类: ① 节约算法; ② 集划分启发式算法; ③ 先聚类后安排路径启发式算法; ④ 改进启发式算法, 并对给出这 4 类传统启发式算法的文献进行了综述. 最后对 2009 年之前给出求解 CVRP0 或 CVRP1 的 3 类元启发式算法的文献进行了综述, 3 类元启发式算法为: ① 局部搜索, 包括禁忌搜索、模拟退火、确定性退火、变邻域搜索、非常大的邻域搜索、自适应大邻域搜索; ② 群体搜索, 包括遗传算法、遗传算法与局部搜索相结合的算法; ③ 学习机制, 包括神经网络、蚁群优化算法. 2012 年, Baldacci 等[53] 对 CVRP1 的 2-指标车辆流模型和基于此模型给出分支切割算法来求解 CVRP1 的文献, 以及 CVRP0 的集划分模型和基于此模型给出精确算法来求解 CVRP0 的文献进行了回顾, 并且专门介绍了 Fukasawa 等[25]、Baldacci 等[26] 的工作. 另外 Baldacci 等[53] 还对给出精确算法来求解 CVRP5(A0), CVRP5(B0) 的文献进行了回顾. 2014 年, Toth 和 Vigo[54] 对 2014 年以前求解 CVRP 各种版本的模型和精确算法、传统启发式算法以及元启发式算法进行了综述. 2018 年, Adewumi 和 Adeleke[55] 对求解 CVRP0, CVRP5(A0), CVRP5(B0)(后两种可以是半开放式的) 以及周期车辆路径的文献进行了综述.

从以上讨论可知, 2010 年至 2019 年给出的用来求解 CVRP 各种版本的精确算法非常少, 而且对 CVRP 各种版本的研究也放慢了脚步, 其中一个原因就是缺少基准实例 (benchmark instances), 因此 2017 年 Uchoa 等[56] 给出一组新的基准实例, 用以测试给出的算法的竞争力, 从而促进人们对 CVRP 的研究.

5.3 经典模型介绍

在 5.2 节中我们提到文献 [23—27] 给出的求解 CVRP 的算法是目前最成功的精确算法, 其中文献 [23, 25] 的算法分别基于 CVRP0, CVRP1 的 2-指标车辆流模型, 文献 [24] 的算法基于 CVRP1 的 2-商品网络流模型, 文献 [26] 的算法基于 CVRP1 的集划分模型, 文献 [27] 的算法基于 CVRP4(A) 的集划分模型, 因此下面将对这 4 种模型进行介绍.

5.3.1 CVRP0 的 2-指标车辆流模型

下面介绍 2004 年 Lysgaard 等[23] 论文里的 CVRP0 的 2-指标车辆流模型.

符号说明

$G = (V, E)$: 完全无向图, $V = \{0, 1, \cdots, n\}$ 是 $n + 1$ 个节点构成的集合, 0 为

车场, $E = \{[i,j] \mid i,j \in V, i \neq j\}$ 为边集;

　　c_{ij}: 节点 i 到节点 j 的距离 (或费用), $c_{ij} = c_{ji}, \forall i,j \in V, i \neq j$;

　　Q: 每辆车的容量;

　　$V_C = V \setminus \{0\}$: 所有客户构成的集合;

　　q_i: 客户 $i \in V_C$ 的需求;

　　$S \subseteq V_C$: 一给定的客户集;

　　$q(S) = \sum_{i \in S} q_i$: S 中所有客户需求之和;

　　$\delta(S) = \{[i,j] \in E \mid i \in S, j \notin S$ 或 $j \in S, i \notin S\}$: G 中恰好有一个端点在 S 中的所有边构成的集合;

　　$E(S) = \{[i,j] \in E \mid i,j \in S\}$: G 中两个端点都在 S 中的所有边构成的集合;

　　$r(S)$: 服务 S 中的所有客户所需的最小车辆数, $r(S)$ 是给定箱子容量为 Q 和由 S 中的客户需求给出的项目尺寸的装箱问题的最优解.

决策变量

x_{ij}: 经过边 $e = [i,j]$ 的次数, 因 CVRP0 是无向的, 所以可将 x_{ij} 记为 x_e.

再定义 $x(F) = \sum_{e \in F} x_e, \forall F \subseteq E$, 那么 CVRP0 的二指标车辆流模型如下[23]:

$$\min \sum_{e \in E} c_e x_e,$$

$$\text{s.t.} \quad x(\delta\{i\}) = 2, \quad i = 1, 2, \cdots, n, \tag{5.1}$$

$$x(\delta\{S\}) \geqslant 2r(S), \quad S \subseteq V_c, |S| \geqslant 2, \tag{5.2}$$

$$x_{ij} \in \{0,1\}, \quad 1 \leqslant i < j \leqslant n, \tag{5.3}$$

$$x_{ij} \in \{0,1,2\}, \quad i = 0, j = 1, 2, \cdots, n. \tag{5.4}$$

客户节点的度数方程式 (5.1) 确保每个客户恰好被访问一次; 容量不等式 (5.2) 为车辆容量限制且确保路径都是连通的; 式 (5.3) 和 (5.4) 是整性条件.

　　注意, 计算式 (5.2) 中的 $r(S)$ 是强 NP-难的, 因此可将 $r(S)$ 用 $k(S) = \lceil q(S)/Q \rceil$ 代替, 就得到所谓的取整容量不等式. 在式 (5.4) 中, 当 $i = 0$ 时 x_{ij} 允许取值为 2, 这意味着允许一条路径只含一个客户, 即允许一辆车只为一个客户服务.

　　上述 2-指标车辆流模型的优点在于 CVRP 的其他版本很容易被合并到其框架下: 在约束中再加一个方程 $\sum_{e \in \delta(\{0\})} x_e = 2m$ 就得到 CVRP1 的 2-指标车辆流模型; 将目标函数中以车场为一个端点的边对应的项的系数都加上 $f/2$ 就得到 CVRP4(A) 的二指标模型; 另外, 如果不允许一辆车只为一个客户服务, 那么只需令所有变量都取值为 0 或 1 即可[23].

　　Lysgaard 等[23] 给出的基于上述 2-指标车辆流模型的分支切割算法之所以成功, 依赖于他们对 4 个已知的有效不等式: ① 取整容量不等式 (the rounded capacity inequalities); ② 框架不等式 (the framed capacity inequalities); ③ 强化梳状不等式 (the strengthened comb inequalities); ④ 短途旅行不等式 (the hypotour inequalities) 实施了新的分离过程[23] .

5.3.2 CVRP1 的 2-商品网络流模型

下面介绍 2004 年 Baldacci 等[24] 论文里的 CVRP1 的 2-商品网络流模型.

符号说明

$G = (V, E)$: 完全无向图, $V = \{0, 1, \cdots, n\}$ 是 $n+1$ 个节点构成的集合, 0 为车场, $1, 2, \cdots, n$ 为客户, $E = \{[i, j] \,|\, i, j \in V, i \neq j\}$ 为边集;

$\bar{G} = (\bar{V}, \bar{E})$: $G = (V, E)$ 的扩展图, $\bar{V} = V \cup \{n+1\}$, $n+1$ 是车场 0 的一个拷贝, $V' = \bar{V} \backslash \{0, n+1\}$, $\bar{E} = E \cup \{[i, n+1] \,|\, i \in V'\}$;

c_{ij}: 节点 i 到节点 j 的距离 (或费用), $c_{ij} = c_{ji}, \forall i, j \in V', i \neq j, c_{i,n+1} = c_{0i}, \forall i \in V'$;

q_i: 客户 $i \in V'$ 的需求;

Q: 每辆车的容量;

M: 车场车辆数;

$S = \{S \,|\, S \subseteq V', |S| \geqslant 2\}$;

$\bar{S} = \bar{V} \backslash S, S \in S$;

$r(S)$: 满足 $S \in S$ 里的客户需求所需的容量为 Q 的车辆的最小数目;

$q(S)$: $S \subseteq V'$ 中的节点的所有需求, 即 $q(S) = \sum_{i \in S} q_i$;

$R = \{i_1, i_2, \cdots, i_{|R|}\}$: 图 $\bar{G}$ 里一条从节点 $i_1 = 0$ 到节点 $i_{|R|} = n+1$ 的一条简单路径;

$\bar{V}(R), \bar{E}(R)$: 分别表示路径 R 经过 $\bar{G}$ 的节点集和边集;

$V'(R) = \bar{V}(R) \backslash \{0, n+1\}$: 表示路径 R 上的所有客户构成的集合.

决策变量

$x_{ij}, x_{ji} \,(i, j \in \bar{V}, i \neq j)$: 两个流变量, 如果一辆车从节点 i 行驶到节点 j, 那么 x_{ij} 表示该车在边 $[i, j]$ 上的装载量, 而 $x_{ji} = Q - x_{ij}$;

ξ_{ij}: 0-1 变量, 如果边 $[i, j] \in \bar{E}$ 在解中, 那么 $\xi_{ij} = 1$, 否则 $\xi_{ij} = 0$.

于是 CVRP1 的 2-商品网络流模型如下[24]:

$$\min \sum_{[i,j] \in \bar{E}} c_{ij} \xi_{ij},$$

$$\text{s.t.} \quad \sum_{j \in \bar{V}} (x_{ij} - x_{ji}) = 2q_i, \quad \forall i \in V', \tag{5.5}$$

$$\sum_{j \in V'} x_{0j} = q(V'), \tag{5.6}$$

$$\sum_{j \in V'} x_{j0} = MQ - q(V'), \tag{5.7}$$

$$\sum_{j \in V'} x_{n+1,j} = MQ, \tag{5.8}$$

$$x_{ij} + x_{ji} = Q\xi_{ij}, \quad \forall [i,j] \in \bar{E}, \tag{5.9}$$

$$\sum_{\substack{j \in \bar{V} \\ i<j}} \xi_{ij} + \sum_{\substack{j \in \bar{V} \\ i>j}} \xi_{ji} = 2, \quad \forall i \in V', \tag{5.10}$$

$$x_{ij} \geqslant 0, \ x_{ji} \geqslant 0, \quad \forall [i,j] \in \bar{E}, \tag{5.11}$$

$$\xi_{ij} \in \{0, 1\}, \quad \forall [i,j] \in \bar{E}. \tag{5.12}$$

式 (5.5)—(5.8) 以及非负约束 (5.11) 定义了一个从源节点 0 和 $n+1$ 到 $V' \cup \{0\}$ 中的汇节点的一个可行流模式. 式 (5.5) 说明在每个客户 $i \in V'$ 处的流入量减去流出量等于 $2q_i$; 式 (5.6) 表示在源节点 0 的流出量等于所有客户的需求量; 式 (5.7) 表示在节点 0 处的流入量对应车队的剩余能力; 式 (5.8) 表示在源节点 $n+1$ 的流入量等于车队的所有容量; 式 (5.9) 定义了可行解的边; 式 (5.10) 迫使任何可行解都包含与每个客户关联的两条边, 即某一车辆进入某一客户处, 该车辆必须从该客户处离开.

Baldacci 等[24] 给出了上述 2-商品网络流模型, 并利用其 LP-松弛给出了 CVRP1 的一个新的紧的下界, 该下界通过增加有效不等式又得到改进. 根据比较, Baldacci 等发现他们得到的下界比以前文献中得到的下界都要好. 结合这个下界他们给出一个非常成功的分支切割算法来求解 CVRP1.

5.3.3　CVRP1 的集划分模型

下面介绍 2008 年 Baldacci 等[26] 论文里的 CVRP1 的集划分模型.

符号说明

$G = (V', E)$: 完全无向图, $V' = \{0, 1, \cdots, n\}$ 是 $n+1$ 个节点构成的集合, 0 为车场, $E = \{[i,j] \mid i, j \in V', i \neq j\}$ 为边集;

d_{ij}: 节点 i 到节点 j 的距离 (或费用);

m: 车场含的车辆数;

Q: 每辆车的容量;

$V = V' \setminus \{0\}$: 所有客户构成的集合;

q_i: 客户 $i \in V$ 的需求, 且假设 $q_0 = 0$;

R: CVRP1 的所有可行路径构成的集合;

$R_i \subset R$: 覆盖客户 $i \in V$ 的所有可行路径构成的集合;

a_{ir}: 一个 0-1 系数, 如果顶点 $i \in V'$ 属于路径 $r \in R$, 那么 $a_{ir} = 1$, 否则 $a_{ir} = 0$, 注意 $a_{0r} = 1, \forall r \in R$;

c_r: 路径 $r \in R$ 关联的费用.

决策变量

y_r: 0-1 变量, $y_r = 1$ 当且仅当路径 $r \in R$ 属于最优解.

于是 CVRP1 的集划分模型如下[26]:

$$\min \sum_{r \in R} c_r y_r,$$

$$\text{s.t.} \quad \sum_{r \in R} a_{ir} y_r = 1, \quad \forall i \in V, \tag{5.13}$$

$$\sum_{r \in R} y_r = m, \tag{5.14}$$

$$y_r \in \{0, 1\}, \quad \forall r \in R, \tag{5.15}$$

约束式 (5.13) 指定每个客户 $i \in V$ 必须被一条路径覆盖; 约束式 (5.14) 要求 R 中有 m 条路径被选择; 式 (5.15) 是变量的整性约束.

CVRP1 的上述集划分模型对任意类型的费用矩阵 (d_{ij}) 都是有效的. 该模型中所含变量的个数可能是指数阶的, 不能直接用于求解 CVRP1, 但是其 LP-松弛的最优解的费用值为 CVRP1 提供了一个非常紧的下界, 并且该集划分模型很具有一般性, 能够考虑几个路径约束 (即时间窗), 因为路径的可行性在集合 R 的定义中没有明显地给出.

Baldacci 等[26] 基于上述集划分模型给出的精确算法比 Fukasawa 等[25] 给出的鲁棒分支切割定价算法还要好, 两个精确算法都能解决以前文献中的所有实例, 但 Baldacci 等[26] 给出的算法更节省时间.

5.3.4 CVRP4(A) 的集划分模型

下面介绍 2009 年 Baldacci 等[27] 论文里的 CVRP4(A) 的集划分模型.

符号说明

$G = (V', E)$: 完全无向图, $V' = \{0, 1, \cdots, n\}$ 是 $n+1$ 个节点构成的集合, 0 为车场, $E = \{[i, j] \mid i, j \in V', i \neq j\}$ 为边集;

m: 车场含 m 种类型的车辆;

$M = \{1, 2, \cdots, m\}$: 车辆的类型构成的集合;

U_k: 车场共有 U_k 辆第 $k \in M$ 种类型的车辆, 每辆车的容量为 Q_k;

F_k: 第 $k \in M$ 种类型的车辆每辆车的固定费用;

d_{ij}^k: 第 $k \in M$ 种类型车辆中的任意一辆车, 从节点 i 行驶到节点 j 的距离 (或费用);

$V = V' \setminus \{0\}$: 所有客户构成的集合;

q_i: 客户 $i \in V$ 的需求, 且假设 $q_0 = 0$;

$R = \{0, i_1, \cdots, i_r, 0\}$: 一条由类型 $k \in M$ 的一辆车执行的路径, 它是图 G 的穿越车场 0 和客户 $\{i_1, \cdots, i_r\} \subseteq V\ (r \geqslant 1)$ 的一个简单圈, 使得该路径上所有客户的需求量不超过该车辆的容量 Q_k;

R^k: 类型 $k \in M$ 的车辆的所有可行路径构成的集合;

$R = \bigcup_{k \in M} R^k$;

c_l^k: 路径 $l \in R^k$ 关联的一个路径费用;

$R_i^k \subset R^k$: 类型 $k \in M$ 的车辆覆盖客户 $i \in V$ 的所有可行路径构成的集合;

R_l^k: 由路径 $l \in R^k$ 访问的客户构成的集合.

决策变量

x_l^k: 0-1 变量, $x_l^k = 1$ 当且仅当路径 $l \in R^k$ 属于解.

于是 CVRP4(A) 的集划分模型如下[27]:

$$\min \sum_{k \in M} \sum_{l \in \mathrm{R}^k} (F_k + c_l^k) x_l^k,$$

$$\text{s.t.} \sum_{k \in M} \sum_{l \in \mathrm{R}_i^k} x_l^k = 1, \quad \forall i \in V, \tag{5.16}$$

$$\sum_{l \in \mathrm{R}^k} x_l^k \leqslant U_k, \quad \forall k \in M, \tag{5.17}$$

$$x_l^k \in \{0,\ 1\}, \quad \forall l \in R^k, \forall k \in M. \tag{5.18}$$

约束式 (5.16) 指定每个客户 $i \in V$ 必须恰好有一条路径覆盖它; 约束式 (5.17) 迫使每种类型车辆的使用数目不能超过车场拥有该种类型车辆的数目.

Baldacci 等[27] 基于上述集划分模型给出的精确算法能够用于求解 7 类车辆路径问题.

5.4　几种传统启发式算法介绍

由 5.2 节可知, 对 CVRP 的各种版本目前虽然有一些精确算法, 但是由于 CVRP 的各种版本都是强 NP-难问题, 所以用这些精确算法去求解大规模的相应的车辆路径问题是不可能的, 因此下面介绍几种比较著名的传统启发式算法.

5.4.1　C-W 节约算法

Clarke 和 Wright[6] 给出的节约算法 (C-W 节约算法) 是最广为人知的求解车辆路径问题的启发式算法, 该算法被称为标准节约算法, 其基于费用节省的概念, 当两条路径 $(0, i, 0)$ 和 $(0, j, 0)$ 能够可行地合并成一条路径 $(0, i, j, 0)$ 时, 就产生了费用节省 $s_{ij} = c_{i0} + c_{0j} - c_{ij}$, 如图 5.2 所示, 其中 0 为车场.

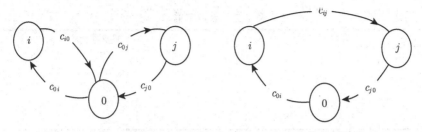

图 5.2 客户 i 和客户 j 在路径 $0 \to i \to j \to 0$ 中的费用节省 s_{ij}

于是标准节约算法可用于将使用车辆数作为决策变量的车辆路径问题, 而且此算法对有向和无向的车辆路径问题效果同样好. Clarke 和 Wright 给出的节约算法步骤如下.

步骤 1 (节约值计算) 对 $i, j = 1, \cdots, n, i \neq j$, 计算节约值 $s_{ij} = c_{i0} + c_{0j} - c_{ij}$, 将节约值按非增的顺序排列, 对 $i = 1, \cdots, n$ 生成 n 条车辆路径 $(0, i, 0)$.

平行版

步骤 2 (最好可行合并) 从节约值列表的前端开始, 执行下列操作: 给定一个节约值 s_{ij}, 确定是否存在两条路径, 一条包含弧或边 $(0, j)$, 另一条包含弧或边 $(i, 0)$, 使得它们能够可行地合并, 如果可行, 删除弧 $(0, j)$ 和 $(i, 0)$ 且引入弧 (i, j).

顺序版

步骤 2 (路径延长) 依次考虑每条路径 $(0, i, \cdots, j, 0)$. 确定第一个能够可行地将当前路径与另一条包含弧或边 $(k, 0)$ 或包含弧或边 $(0, l)$ 的路径合并的节约值 s_{ki} 或 s_{jl}. 实施合并, 并且对当前路径重复此操作. 如果当前路径没有可行的合并, 考虑下一条路径并且重复同样的操作. 当没有可行的路径合并时停止.

下面给出一个例子对标准节约算法进行说明[57]. 考虑具有 5 个客户的、对称的、带容量限制的车辆路径问题. 每辆车的容量为 100, 所有点对间的运输费用如表 5.1 所示.

表 5.1 节点对间的运输费用

节点	节点					
	0	1	2	3	4	5
0	—	28	31	20	25	34
1	28	—	21	29	26	20
2	31	21	—	38	20	32
3	20	29	38	—	30	26
4	25	26	20	30	—	25
5	34	20	32	26	25	—

客户的需求 (由车辆从车场送达) 如表 5.2 所示.

表 5.2 客户的需求

客户	需求量
1	37
2	35
3	30
4	25
5	32

所有客户对间的节约值如表 5.3 所示.

表 5.3 客户对间的节约值

客户	客户				
	1	2	3	4	5
1	—	38	19	26	42
2	38	—	13	36	33
3	19	13	—	15	26
4	26	36	15	—	34
5	42	33	26	34	—

将客户点对按节约值下降的顺序排列, 如表 5.4 所示.

表 5.4 节约值降序客户点对列表

(1, 5)	(1, 2)	(2, 4)	(4, 5)	(2, 5)	(1, 4)	(3, 5)	(1, 3)	(3, 4)	(2, 3)

先构作 5 条路径: 0-1-0, 0-2-0, 0-3-0, 0-4-0, 0-5-0, 见图 5.3.

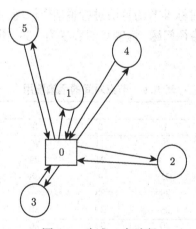

图 5.3 生成 5 条路径

顺序版的节约算法

在节约值表 (表 5.4) 中最前面的点对为 (1, 5), 所以我们先考虑路径 0-1-0 (或 0-5-0). 因为客户 1 与客户 5 的需求量之和为 69, 小于车辆的容量 100, 所以他们能够被分配到同一路径, 于是建立连接 1-5, 从而点 1 和点 5 在最终解中在一条路径上而且是邻居, 在节约值表 (表 5.4) 中将点对 (1, 5) 删除. 考察点对 (1, 2), 如果客户 1 和客户 2 应该在一条路径上是邻居, 这就要求客户序列 2-1-5(或 5-1-2) 在一条路径上, 这是因为我们已经建立了 1 和 5 在同一条路径上且必须被直接连续访问, 而序列 2-1-5(或 5-1-2) 总的需求为 104, 超出了车辆的容量 100, 因此客户 1 和客户 2 不能连接, 在表 5.4 中将点对 (1, 2) 删除. 对点对 (2, 4), 如果将他们进行连接 (他们的需求量之和为 60<100), 那么我们就会建立两条路径 (1-5 和 2-4), 而顺序节约算法被限制在每次只考虑一条路径, 因此在表 5.4 中保留点对 (2, 4).

连接点对 4 和 5 得路径 1-5-4, 该路径的总需求量为 94, 小于车辆的容量 100, 这个连接是可行的, 将点对 (4, 5) 在表 5.4 中删除. 对点对 (2, 5), 因 5 是路径 1-5-4 内部的点, 所以点 2 不能被添加到路径 1-5-4 上, 在表 5.4 中删除点对 (2, 5). 而点 1, 4 都已经在路径 1-5-4 上, 将点对 (1, 4) 在表 5.4 中删除. 5 是路径 1-5-4 内部的点, 将 (3, 5) 在表 5.4 中删除. 又路径 3-1-5-4 与 1-5-4-3 总的需求都是 124, 超出了车辆的容量 100, 因此将点对 (1, 3) 及 (3, 4) 在表 5.4 中删除, 点对 (2, 3) 在表 5.4 中保留, 得到一条路径 0-1-5-4-0.

此时表 5.4 中只剩下点对 (2, 4) 与点对 (2, 3) 了, 由于点 4 在 0-1-5-4-0 中, 而该路径添加不上其他点了, 因此将点对 (2, 4) 在表 5.4 中删除. 表 5.4 中就剩下 (2, 3), 为此考虑路径 0-2-0(或 0-3-0). 客户 2 与客户 3 总的需求量为 65, 小于车辆的容量 100, 因此他们可以安排在一条路径上, 此时所有点都安排了路径, 得到第二条路径 0-2-3-0.

至此, 顺序版节约算法构作出了本例子的一个可行解, 该可行解一共包含两条路径: 路径 0-1-5-4-0 与路径 0-2-3-0, 其中前者的运输费用为 98, 后者的运输费用为 89, 该解总的运输费用为 187. 顺序版节约算法生成本例子路径的过程如图 5.4 与图 5.5 所示.

平行版的节约算法

先连接点 1 和点 5, 得路径 0-1-5-0(或 0-5-1-0), 将点对 (1, 5) 从表 5.4 中删除, 与顺序版的节约算法相同的原因, 点 1 和点 2 不能连接, 将点对 (1, 2) 从表 5.4 中删除, 连接点 2 和点 4, 又得一条路径 0-2-4-0. 由于路径 0-1-5-4-2-0 总的需求为 119>100, 因此点 4 与 5 不能连接, 将点对 (4, 5) 从表 5.4 中删除; 同理将点对 (2, 5), (1, 4) 从表 5.4 中删除. 而路径 0-1-5-3-0 的总需求为 69 < 100, 因此点 3 与点 5 能连, 至此所有点都安排了路径, 从而也得到本例子的一个可行解, 共包含两条路径: 0-1-5-3-0 与 0-2-4-0, 知该可行解的运输总费用为 161. 平行版节约算法生成本

例子路径的过程如图 5.6 所示.

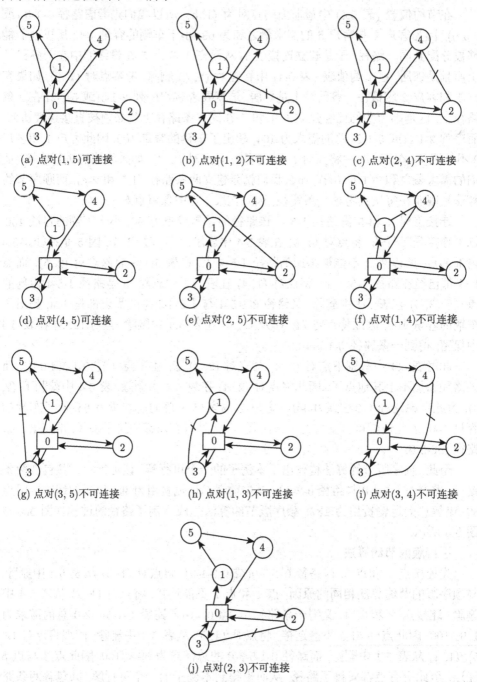

(a) 点对(1, 5)可连接   (b) 点对(1, 2)不可连接   (c) 点对(2, 4)不可连接

(d) 点对(4, 5)可连接   (e) 点对(2, 5)不可连接   (f) 点对(1, 4)不可连接

(g) 点对(3, 5)不可连接   (h) 点对(1, 3)不可连接   (i) 点对(3, 4)不可连接

(j) 点对(2, 3)不可连接

图 5.4   顺序版的节约算法生成第 1 条路径 0-1-5-4-0

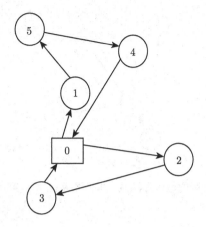

图 5.5 顺序版的节约算法生成第 2 条路径 0-2-3-0

在这个例子中, 平行版节约算法得到的解要优于顺序版节约算法得到的解, 但是一般地, 平行版节约算法在同时管理多条路径的连接上可能也含更多的计算工作, 因此很难说这两个版的节约算法哪个更好.

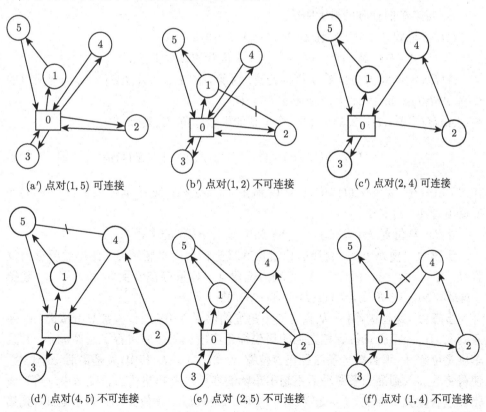

(a′) 点对 (1, 5) 可连接

(b′) 点对 (1, 2) 不可连接

(c′) 点对 (2, 4) 可连接

(d′) 点对 (4, 5) 不可连接

(e′) 点对 (2, 5) 不可连接

(f′) 点对 (1, 4) 不可连接

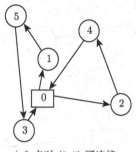

(g') 点对 (3, 5) 可连接

图 5.6 平行版的节约算法共生成两条路径 0-1-5-3-0 与 0-2-4-0

5.4.2 扫描算法

Gillett 和 Miller[9] 给出的用以求解 CVRP0 的扫描算法如下.

符号说明

N: 位置 (包括车场) 的数量;

C: 每辆车的容量;

D: 每辆车能行驶的最大距离;

$Q(I)$: 位置 I 的需求, 且 $Q(I) \leqslant C(I = 2, 3, \cdots, N)$;

$(X(I), Y(I))$: 第 $I(I = 1, 2, \cdots, N)$ 个位置的直角坐标;

$A(I, J)$: 位置 I 与位置 J 间的距离. 对所有的 $I \neq J, A(I, J) > 0$, 而对所有的 I, 有 $A(I, I) = 0$, 且 $A(I, 1) + A(1, I) \leqslant D$;

$An(I)$: 第 $I(I = 2, 3, \cdots, N)$ 个位置的极坐标角, 定义为

$$An(I) = \arctan [(Y(I) - Y(1)) / (X(I) - X(1))], \tag{5.19}$$

在式 (5.19) 中, 如果 $Y(I) - Y(1) < 0$, 那么 $-\pi < An(I) < 0$, 而如果 $Y(I) - Y(1) \geqslant 0$, 则 $0 \leqslant An(I) \leqslant \pi$;

$R(I)$: 从位置 $I(I = 2, 3, \cdots, N)$ 到位置 1(车场) 的半径.

步骤 1 (预处理) 将所有位置按其极坐标角度重新编号, 使得对所有的位置 I, 有 $An(I) < An(I + 1)$, 车场为位置 1. 如果存在位置 I 和位置 J, 使得 $An(I) = An(J)$, 那么若 $A(1, I) < A(1, J)$, 则 $I < J$;

步骤 2 (路径构作) 从具有最小角度的位置 2 开始, 位置被划分成路径. 注意到我们已经将所有位置按它们的极坐标角度增加的顺序进行了重新编号, 并且车场是位置 1, 那么第一条路径包含位置 2, 3, $\cdots$, J, 其中 J 是最后一个位置, 使得将其加入到第一条路径后不超出车辆的容量约束和路径的长度约束. 第二条路径包含位置 $J + 1$, $J + 2, \cdots, L$, 这里 L 是最后一个位置, 使得将其加入到第

二条路径后不超出车辆的容量约束和路径的长度约束. 用同样的方法形成剩下的路径.

步骤 3 (路径优化)　　通过精确地或近似地求解每条路径对应的旅行商问题来优化各条路径.

在扫描算法的上述实现中, 步骤 1 和步骤 2 是聚类过程 (即为每个客户分配为其服务的车辆), 步骤 3 是为每个被使用的车辆 (它们服务的客户集已经由步骤 1 和步骤 2 确定) 安排路径.

5.4.3　求解旅行商问题 (TSP) 的 3-opt 算法

在求解 CVRP 的传统启发式算法和元启发式算法中, 为了提高解的性能, 有些会使用求解旅行商问题的 3-opt 算法对得到的可行解进行改进, 后面的章节也会用到 3-opt 算法, 所以下面对其进行介绍.

(1) 旅行商问题.

旅行商问题可以描述为: 给定一组城市构成的集合以及每对城市之间的距离, 求一条访问每一座城市仅一次并回到出发城市的最短巡回路径 (Hamilton 回路).

(2) 3-opt 算法.

r-opt 算法由 Lin 等[58] 提出, 是一种局部改进搜索算法, 其主要思想是: 对给定的旅行商问题的初始巡回路径 (tour), 每次通过交换 r 条边来改进当前的解. r-opt 算法的时间复杂度为 $O(n^r)$. 取 $r = 3$ 时, 就得到 3-opt 算法.

在旅行商问题的一个巡回路径中断开 k 条边, 有 $(k-1)!2^{k-1}$ 种方式将其进行重新连接 (包括初始的巡回路径). 例如在 3-opt 中断开 3 条边, 共有 8 种情况进行重新连接, 如图 5.7 所示, 其中 (a) 是初始巡回路径[59].

在图 5.7 中, 只有 (e), (f), (g), (h) 这 4 种情况重新连接的 3 条边都是新的, 其他的 (除了初始巡回路径 (a)) 都是 2-opt 移动.

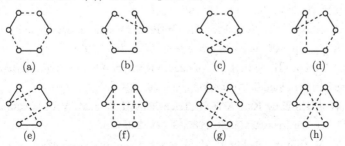

图 5.7　3-opt 中所有可能的重新连接

5.5 小　结

本章首先介绍了 CVRP 的 6 个版本, 接着对求解这 6 个版本的文献进行了综述, 之后介绍了 CVRP 的 4 种经典模型, 最后介绍了求解 CVRP 的两种传统启发式算法和求解旅行商问题的 3-opt 算法.

参 考 文 献

[1] Laporte G, Nobert Y. A branch and bound algorithm for the capacitated vehicle routing problem[J]. Operations-Research-Spektrum, 1983, 5: 77-85.

[2] Laporte G. The vehicle routing problem: An overview of exact and approximate algorithms[J]. European Journal of Operational Research, 1992, 59: 345-358.

[3] Lenstra J K, Rinnooy Kan A H G. Complexity of vehicle routing and scheduling problems[J]. Networks, 1981, 11(2): 221-227.

[4] Rodríguez A, Ruiz R. A study on the effect of the asymmetry on real capacitated vehicle routing problems[J]. Computers & Operations Research, 2012, 39: 2142-2151.

[5] Dantzig G B, Ramser J H. The truck dispatching problem[J]. Management Science, 1959, 6(1): 80-91.

[6] Clarke G, Wright J W. Scheduling of vehicles from a central depot to a number of delivery points[J]. Operations Research, 1964, 12(4): 568-581.

[7] Christofides N, Eilon S. An algorithm for the vehicle-dispatching problem[J]. Journal of the Operational Research Society, 1969, 20(3): 309-318.

[8] Yellow P C. A computational modification to the savings method of vehicle scheduling[J]. Journal of the Operational Research Society, 1970, 21(2): 281-283.

[9] Gillett B E, Miller L R. A heuristic algorithm for the vehicle-dispatch problem[J]. Operations Research, 1974, 22(2): 340-349.

[10] Toth P, Vigo D. The Vehicle Routing Problem[M]. 北京: 清华大学出版社, 2011: 109-128.

[11] Christofides N, Mingozzi A, Toth P. Exact algorithms for the vehicle routing problem, based on spanning tree and shortest path relaxations[J]. Mathematical Programming, 1981, 20 (3): 255-282.

[12] Laporte G, Nobert Y, Desrochers M. Optimal routing under capacity and distance restrictions [J]. Operations Research, 1985, 33(5): 1050-1073.

[13] Laporte G, Mercure H, Nobert Y. An exact algorithm for the asymmetrical capacitated vehicle routing problem[J]. Networks, 1986, 16: 33-46.

[14] Kolen A W J, Rinnooy Kan A H G, Trienekens H W J M. Vehicle routing with time windows[J]. Operations Research, 1987, 35(2): 266-273.

[15] Agarwal Y, Mathur K, Salkin H M. A set-partitioning-based exact algorithm for the vehicle routing problem[J]. Networks, 1989, 19: 731-749.

[16] Desrochers M, Desrosiers J, Solomon M. A new optimization algorithm for the vehicle routing problem with time windows[J]. Operations Research, 1992, 40(2): 342-354.

[17] Fischetti M, Toth P, Vigo D. A branch and bound algorithm for the capacitated vehicle routing problem on directed graphs[J]. Operations Research, 1994, 42(5): 846-859.

[18] Fisher M L. Optimal solution of vehicle routing problems using minimum K-trees[J]. Operations Research, 1994, 42(4): 626-642.

[19] Hadjiconstantinou E, Christofides N, Mingozzi A. A new exact algorithm for the vehicle routing problem based on q-paths and k-shortest paths relaxations[J]. Annals of Operations Research, 1995, 61: 21-43.

[20] Miller D L. A matching based exact algorithm for capacitated vehicle routing problems[J]. ORSA Journal on Computing, 1995, 7(1): 1-9.

[21] Achuthan N R, Caccetta L, Hill S P. Capacitated vehicle routing problem some new cutting planes[J]. Asia-Pacific Journal of Operational Research, 1998, 15: 109-123.

[22] Achuthan N R, Caccetta L, Hill S P. An improved branch-and-cut algorithm for the capacitated vehicle routing problem[J]. Transportation Science, 2003, 37(2): 153-169.

[23] Lysgaard J, Letchford A N, Eglese R W. A new branch-and-cut algorithm for the capacitated vehicle routing problem[J]. Mathematical Programming, 2004, 100: 423-445.

[24] Baldacci R, Hadjiconstantinou E, Mingozzi A. An exact algorithm for the capacitated vehicle routing problem based on a two-commodity network flow formulation[J]. Operations Research, 2004, 52(5): 723-738.

[25] Fukasawa R, Longo H, Lysgaard J, et al. Robust branch-and-cut-and-price for the capacitated vehicle routing problem[J]. Mathematical Programming, 2006, 106: 491-511.

[26] Baldacci R, Christofides N, Mingozzi A. An exact algorithm for the vehicle routing problem based on the set partitioning formulation with additional cuts[J]. Mathematical Programming, 2008, 115: 351-385.

[27] Baldacci R, Mingozzi A. A unified exact method for solving different classes of vehicle routing problems[J]. Mathematical Programming, 2009, 120: 347-380.

[28] 答家瑞, 郑澜波. 带时间窗的车辆路径问题的精确算法研究[J]. 物流技术, 2017, 36(6): 95-99.

[29] Baldacci R, Bartolini E, Mingozzi A, et al. An exact solution framework for a broad class of vehicle routing problems[J]. Computational Management Science, 2010, 7(3): 229-268.

[30] 姜大立, 杨西龙, 杜文, 等. 车辆路径问题的遗传算法研究 [J]. 系统工程理论与实践, 1999, (6): 40-45.

[31] Tarantilis C D, Kiranoudis C T, Vassiliadis V S. A list based threshold accepting algorithm for the capacitated vehicle routing problem[J]. International Journal of Computer

Mathematics, 2002, 79(5): 537-553.

[32] Berger J, Barkaoui M. A new hybrid genetic algorithm for the capacitated vehicle routing problem[J]. Journal of the Operational Research Society, 2003, 54: 1254-1262.

[33] Mazzeo S, Loiseau I. An ant colony algorithm for the capacitated vehicle routing[J]. Electronic Notes in Discrete Mathematics, 2004, 18: 181-186.

[34] 郎茂祥, 胡思继. 车辆路径问题的禁忌搜索算法研究 [J]. 管理工程学报, 2004, 18(1): 81-84.

[35] 李宁, 邹彤, 孙德宝. 车辆路径问题的粒子群算法研究 [J]. 系统工程学报, 2004, 19(6): 596-600.

[36] 高麟, 杜文. 基于蚁群系统算法的车辆路径问题研究 [J]. 物流技术, 2005, (6): 50-52.

[37] 林丹, 丑英哲, 王萍. 求解车辆路径问题的一种遗传算法 [J]. 系统工程理论方法应用, 2006, 15(6): 528-533.

[38] 蒋忠中, 汪定伟. 车辆路径问题的捕食搜索算法研究 [J]. 计算机集成制造系统, 2006, 12(11): 1899-1902, 1908.

[39] 屈援, 汪波, 钟石泉. 单车场多送货点车辆路径问题的改进遗传算法 [J]. 计算机工程与应用, 2007, 43(25): 237-239.

[40] Wang C H, Lu J Z. A hybrid genetic algorithm that optimizes capacitated vehicle routing problems[J]. Expert Systems with Applications, 2009, 36: 2921-2936.

[41] Lin S W, Lee Z J, Ying K C, et al. Applying hybrid meta-heuristics for capacitated vehicle routing problem[J]. Expert Systems with Applications, 2009, 36: 1505-1512.

[42] Ai T J, Kachitvichyanukul V. Particle swarm optimization and two solution representations for solving the capacitated vehicle routing problem[J]. Computers & Industrial Engineering, 2009, 56: 380-387.

[43] Chen P, Huang H K, Dong X Y. Iterated variable neighborhood descent algorithm for the capacitated vehicle routing problem[J]. Expert Systems with Applications, 2010, 37: 1620-1627.

[44] Kanthavel K, Prasad P. Optimization of capacitated vehicle routing problem by nested particle swarm optimization[J]. American Journal of Applied Sciences, 2011, 8 (2): 107-112.

[45] Jin J Y, Crainic T G, Løkketangen A. A parallel multi-neighborhood cooperative tabu search for capacitated vehicle routing problems[J]. European Journal of Operational Research, 2012, 222: 441-451.

[46] Ursani Z, Essam D, Cornforth D, et al. Enhancements to the localized genetic algorithm for large scale capacitated vehicle routing problems[J]. International Journal of Applied Evolutionary Computation, 2013, 4(1): 17-38.

[47] Xiao Y Y, Zhao Q H, Kaku I. Variable neighbourhood simulated annealing algorithm for capacitated vehicle routing problems[J]. Engineering Optimization, 2014, 46(4): 562-579.

[48] Akpinar S. Hybrid large neighbourhood search algorithm for capacitated vehicle routing problem[J]. Expert Systems with Applications, 2016, 61: 28-38.

[49] Bouzid M C, Haddadene H A, Salhi S. An integration of Lagrangian split and VNS: The case of the capacitated vehicle routing problem[J]. Computers & Operations Research, 2017, 78: 513-525.

[50] Santillan H J, Tapucar S, Manliguez C, et al. Cuckoo search via Lévy flights for the capacitated vehicle routing problem[J]. Journal of Industrial Engineering International, 2018, 14: 293-304.

[51] Letchford A N, Salazar-González J J. Projection results for vehicle routing[J]. Mathematical Programming, 2006, 105: 251-274.

[52] Laporte G. Fifty years of vehicle routing[J]. Transportation Science, 2009, 43(4): 408-416.

[53] Baldacci R, Mingozzi A, Roberti R. Recent exact algorithms for solving the vehicle routing problem under capacity and time window constraints[J]. European Journal of Operational Research, 2012, 218: 1-6.

[54] Toth P, Vigo D. Vehicle Routing: Problem, Methods, and Applications[M]. 2nd ed. Philadelphia: The Society for Industrial and Applied Mathematics and the Mathematical Optimization Society, 2014.

[55] Adewumi A O, Adeleke O J. A survey of recent advances in vehicle routing problems[J]. International Journal of System Assurance Engineering and Management, 2018, 9(1): 155-172.

[56] Uchoa E, Pecin D, Pessoa A, et al. New benchmark instances for the capacitated vehicle routing problem[J]. European Journal of Operational Research, 2017, 257: 845-858.

[57] Clarke G, Wright J V. Scheduling of vehicles from a central depot to a number of delivery points[J]. Operations Research, 12(4): 568-581.

[58] Lin S. Computer solutions of the traveling salesman problem[J]. Bell System Technical Journal, 1965, 44(10): 2245-2269.

[59] Blazinskas A, Misevicius A. Combining 2-OPT, 3-OPT and 4-OPT with K-SWAP-KICK perturbations for the traveling salesman problem[C]. Proceedings of 16th International Conference on Information and Software Technologies, April 26-29, 2011, Kaunas, Lithuania. Kaunas University of Technology, 2011: 29-34.

第 6 章　绿色车辆路径问题

绿色车辆路径问题分为下列 4 种类型[1,2]：① 优化油耗的车辆路径问题；② 污染路径问题 (the pollution routing problem, PRP)；③ 新能源车辆的运输路线优化问题[3,4]；④ 逆向物流中的车辆路径问题 (the vehicle routing problem in reverse logistics)[1,2].

Lin 和 Choy 等[1] 总结了 2014 年以前国外在绿色车辆路径问题方面的研究现状, 而 Park 和 Chae[2] 从算法的角度对 2014 年以前国外研究绿色车辆路径问题的文献进行了综述. 李英等[3] 对 2016 年以前国内外研究绿色车辆路径问题的 360 多篇文献进行了分析, 杨萍和蒋洪伟[4] 主要对 2017 年以前国内关于绿色车辆路径问题的研究进行了回顾. 另外, 第 5 章的文献 [55] 对绿色路径问题进行了总结. 下面分三节来介绍和讨论前三种绿色车辆路径问题.

6.1　优化油耗的车辆路径问题

优化油耗的车辆路径问题就是将 CVRP 中车辆在其路径上每条边 (弧) 的费用由距离或时间改为油耗费用, 这样目标函数就扩展为极小化油耗费用 (有的还加上车辆的固定费用). 这里我们将其分为封闭式 (车辆从车场出发, 完成配送或收集任务后返回其出发的车场)、半开放式 (车辆从车场出发, 完成配送或收集任务后返回另一个固定节点 (单车场情形) 或某一邻近车场 (多车场情形)) 和开放式 (车辆从车场出发, 完成配送或收集任务后终止在其路径的最后一个客户处) 三种类型, 下面对它们进行介绍.

6.1.1　封闭式优化油耗的车辆路径问题

1. 文献综述

2007 年, Kara 等[5] 将 CVRP1 和 ACVRP1 中每条边 (弧) 的费用由距离或时间改为车辆在该边 (弧) 上的总负载 (包括车辆自身的重量) 乘上该边 (弧) 的距离, 并将其作为车辆在该边 (弧) 上的油耗费用, 目标为优化所有车辆路径的总费用, 并用 CPLEX 8.0 对该问题的两个例子进行了求解. Kara 等的这种计算耗油量的方法只考虑了车载对油耗量的影响, 而没有给出车载量与油耗量之间的关系式.

2008 年, Apaydin 和 Gonullu[6] 在研究土耳其城市特拉布宗市的固体废物收集问题时, 使用一个软件收集数据, 通过这些数据优化车辆的路径以减少车辆的油耗量, 再折合成 CO_2, NO_x, HC, CO, PM 排放量的减少量. Taveares 等[7] 用同样的方法研究了类似的问题. 两篇文献都未给出数学模型.

2012 年, Xiao 等[8] 引入了油耗率这个概念, 油耗率给出了车载量与油耗量之间的关系式. 基于油耗率, Xiao 等[8] 给出公式计算 CVRP4(A) 中车辆在其行驶路径的每条边上的油耗费用, 进而将 CVRP4(A) 的目标函数改为优化所有使用车辆的固定费用与所有车辆路径的总油耗费用之和. Xiao 等[8] 计算油耗量费用的方法也只考虑了车载量对油耗量的影响. 2015 年 Song 等[9] 也研究了 Xiao 等的问题. 同年 Suzuki 和 Kabir[10] 以及 2016 年 Suzuki[11] 将 CVRP0 和 CVRP1 中车辆在每条边的费用改为油耗费用, 进而将 CVRP0 和 CVRP1 的目标函数改为极小化所有车辆路径的总油耗费用. Suzuki 和 Kabir[10] 在论文里计算油耗费用的公式与 Xiao 等[8] 论文里的略有不同, 而 Suzuki[11] 论文里计算油耗费用的公式与 Xiao 等[8] 论文里的是相同的.

2015 年, 陈玉光与陈志祥[12] 研究了一个准时送货和油耗最小化的双目标车辆路径问题, 他们采用 Xiao 等[8] 的方法计算油耗费用, 并给出一个粒子群算法对其问题进行求解.

以上这些文献在计算油耗费用时都只考虑了单个因素: 文献 [6] 考虑路径长度, 其他文献都考虑车载量这一个因素.

2014 年, 饶卫振等[13] 将 CVRP2(A0) 中每条车辆路径上的每条边的费用由距离或时间改为车辆在此边上的油耗费用, 目标是极小化所有路径的油耗费用. 他们采用的计算油耗费用的公式中考虑了车辆的行驶距离、车载量、道路坡度形成的角度、车辆的速度和加速度这些因素.

2015 年, Küçükoğlu 等[14] 将 CVRP5(A0) 中每条车辆路径上的每条边的费用由距离或时间改为车辆在此边上的油耗费用, 他们给出的计算车辆路径上每条边的油耗费用的公式中也考虑了饶卫振等[13] 论文中同样的因素. 同年葛显龙等[15] 在 Küçükoğlu 等[14] 问题的基础上, 增加了优化车辆使用成本和时间窗惩罚成本.

饶卫振等[13]、Küçükoğlu 等[14]、葛显龙等[15] 计算每条车辆路径上的每条边的油耗费用的公式都不相同, 但都考虑了多个因素.

2. 经典模型

1) 单因素油耗量计算模型

Xiao 等[8] 研究了一个目标为极小化油耗量的带容量限制的车辆路径问题 (fuel consumption rate(FCR) considered CVRP, FCVRP), 他们在计算油耗费用时只考虑了车载量这一个因素. 该问题可以描述为: 给定一个有向图 $G = (V, A)$, 其中 $V = \{0, 1, 2, \cdots, n\}$ 是顶点集, 0 表示车场, $1, 2, \cdots, n$ 表示客户; $A = \{(i, j) | i, j = 0, 1, \cdots, n, i \neq j\}$ 是弧集. 车场有若干辆车供使用, 每辆车有相同的容量限制. 车辆

从车场出发给一些客户送货, 其车载不能超过其容量限制, 之后返回车场, 要求给出一个派车方案, 使得总的车辆启动费用和总的油耗费用之和最小. Xiao 等[8] 给出了这一问题的数学模型.

符号说明

F: 固定费用 (一辆车的启动费用);

Q: 每辆车的最大容量;

d_{ij}: 顶点 i 与顶点 j 的距离 (弧 (i,j) 的长度), 且设 $d_{ij} = d_{ji}$;

c_0: 单位燃料费用;

ρ_0: 一辆车空载时的油耗率 (即燃油消耗率 FCR, 以下同);

ρ^*: 一辆车满载时的油耗率;

D_i: 客户 i 的需求量;

$\alpha = \dfrac{\rho^* - \rho_0}{Q}$.

决策变量

x_{ij}: 0-1 变量, $x_{ij} = 1$ 如果有车辆经过弧 (i,j), 否则 $x_{ij} = 0$.

y_{ij}: $y_{ij} \geqslant 0$ 为连续变量, 表示弧 (i,j) 上车辆的载货量.

于是 Xiao 等[8] 给出的其问题的数学模型如下:

$$\min \quad H = \sum_{j=1}^{n} F x_{0j} + \sum_{i=0}^{n} \sum_{j=0}^{n} c_0 d_{ij} \left(\rho_0 x_{ij} + \alpha y_{ij} \right), \tag{6.1}$$

$$\text{s.t.} \quad \sum_{j \in V \setminus \{i\}} x_{ij} = 1, \quad \forall i \in V \setminus \{0\}, \tag{6.2}$$

$$\sum_{q \in V \setminus \{i\}} x_{qi} - \sum_{j \in V \setminus \{i\}} x_{ij} = 0, \quad \forall i \in V, \tag{6.3}$$

$$\sum_{q \in V \setminus \{i\}} y_{qi} - \sum_{j \in V \setminus \{i\}} y_{ij} = D_i, \quad \forall i \in V \setminus \{0\}, \tag{6.4}$$

$$y_{ij} \leqslant Q x_{ij}, \quad \forall (i,j) \in A, \tag{6.5}$$

$$x_{ij} \in \{0,1\}, \quad \forall (i,j) \in A, \tag{6.6}$$

$$y_{ij} \in \mathbf{R}_+, \quad y_{ij} \leqslant Q, \quad \forall (i,j) \in A. \tag{6.7}$$

式 (6.1) 中等号右侧为车辆总的启动费用与总的油耗费用之和; 式 (6.2) 表示每个客户必须由一辆车访问一次; 式 (6.3) 说明如果一辆车访问一个节点, 那么该辆车必须从这个节点处离开; 式 (6.4) 显示车辆在访问一个客户后其减少的货物等于该客户的需求, 这个约束也禁止了任何不合法的子回路; 式 (6.5) 表示车辆的车载不能超出其容量限制, 且当 $x_{ij} = 0$ 时迫使 $y_{ij} = 0$; 式 (6.6) 与式 (6.7) 为决策变量的取值范围.

Xiao 等[8] 给出一个模拟退火算法对其进行求解. Song 和 Chen 等[9] 将上述问题视为集覆盖问题, 从而进一步设计出一个基于下界的启发式算法对其进行求解. Suzuki 和 Kabir[10] 的模型与 Xiao 等[8] 的略有不同, 他们的模型如下:

$$\min \sum_{i \in V} \sum_{j \in V} d_{ij} \rho_{ij} x_{ij}, \tag{6.8}$$

$$\text{s.t.} \quad (6.2)\text{—}(6.5),$$

$$\rho_{ij} = \rho_0 + \left(\frac{\rho^* - \rho_0}{Q} \right) y_{ij}, \quad \forall (i,j) \in A, \tag{6.9}$$

$$\sum_{j \in V \setminus \{0\}} x_{0j} \leqslant K, \tag{6.10}$$

$$(6.6)\text{—}(6.7).$$

式 (6.8) 与式 (6.9) 中的 ρ_{ij} 为一辆车在弧 (i,j) 上行驶的油耗率, 式 (6.10) 中的 K 为车场拥有的车辆数. 式 (6.8) 为极小化所有车辆的油耗费用; 式 (6.10) 为所使用的车辆数不能超过车场拥有的车辆数. Suzuki 和 Kabir[10] 给出一个两阶段算法 (先聚类, 后构建路径) 对其模型进行求解.

Suzuki[11] 的模型中的目标函数为

$$\min \sum_{i \in V} \sum_{j \in V} d_{ij} \rho_{ij} x_{ij} = \sum_{i \in V} \sum_{j \in V} d_{ij} \left(\rho_0 x_{ij} + \frac{\rho^* - \rho_0}{Q} y_{ij} \right), \tag{6.11}$$

约束与 Suzuki 和 Kabir[10] 的模型中的约束相同. Suzuki[11] 将其问题重新建模成一个双目标优化问题进行求解.

2) 多因素油耗量计算模型

2015 年, Küçükoğlu 等[14] 研究了带时间窗的优化油耗的车辆路径问题, 在计算油耗量 (费用) 时考虑了多个因素.

符号说明

m: 一辆车的重量 (空车重量加上装载量);

f: 滚动阻力系数;

g: 重力加速度;

$F_{\text{Ro}} = fmg$: 滚动阻力;

c_d: 空气动力系数;

A: 车辆的正面表面面积;

ρ: 空气密度;

v: 车辆的速度; $v(t)$: 车辆在时刻 t 的速度;

$F_{\text{Ae}} = c_d A \rho \dfrac{v^2}{2}$: 空气动力阻力;

λ: 传递变量;

a: 加速率;

$F_{\mathrm{Acc}} = \lambda m a$: 加速阻力;

α: 与道路坡度相关的一个系数 (在 Küçükoğlu 等[14] 的论文中 $\alpha = 0$);

$F_G = m g \alpha$: 上坡阻力 (在 Küçükoğlu 等[14] 的论文中 F_G 为常数);

$F_T = F_{\mathrm{Ro}} + F_{\mathrm{Ae}} + F_{\mathrm{Acc}}$: 车轮受到的全部阻力 (加速度和速度给定);

$P_T = F_T v$: 车轮处的所有功率;

$P_T(t) = F_T(t)\, v(t)$: 在时刻 t 车轮处的所有功率;

u_p: 每单位功率的燃油消耗值 (量);

$u_p P_T(t)$: 在时刻 t 的所有油耗量;

$v_{\max}$: 车辆速度的最大限制;

$a_{\mathrm{acc}}, a_{\mathrm{dec}}$:　分别表示车辆的加速率和减速率, 在 Küçükoğlu 等[14] 的论文中 $a_{\mathrm{acc}} = a_{\mathrm{dec}} = a$;

t_1, t_2, t_3: 都表示时刻:

$$t_1 = t_3 - t_2 = \frac{v_{\max}}{a},$$
$$t_2 - t_1 = \frac{\text{距离}}{v_{\max}} - \frac{v_{\max}}{a},$$
$$t_3 = \frac{v_{\max}}{a} + \frac{\text{距离}}{v_{\max}} = \frac{v_{\max}^2 + a \times \text{距离}}{a v_{\max}};$$

车辆在 0 到 t_1 时间段加速, 在 t_1 至 t_2 时间段运行速度为常数 (不超过 $v_{\max}$), 在 t_2 至 t_3 时间段减速;

$v(t)$: 车辆在时刻 t 的速度, 且 $v(t) = \begin{cases} a_{\mathrm{acc}} t, & 0 \leqslant t \leqslant t_1, \\ v_{\max}, & t_1 \leqslant t \leqslant t_2, \\ v_{\max} - a_{\mathrm{dec}}\,[t - t_2], & t_2 \leqslant t \leqslant t_3, \\ 0, & \text{其他情形;} \end{cases}$

$F_T(t) = f m g + c_d A \rho \dfrac{v^2(t)}{2} + \lambda m a$: 车轮在时刻 t 受到的全部阻力;

$\displaystyle\int_0^{t_3} u_p P_T(t)\,\mathrm{d}t$: 0 到 t_3 时间段车辆总油耗量;

N: 节点个数, 0 表示车场, $1, 2, \cdots, N$ 表示客户;

K: 车场拥有的车辆数;

c_{ij}: 节点 i 与节点 j 的距离 (弧 (i, j) 的长度);

l_i, e_i: 分别表示节点 i 的时间窗上下限;

p_i: 节点 i 处的服务时间;

d_i: 节点 i 的需求;

Q: 车辆的容量;

a_1, a_2, b: 回归方程系数;

M: 一个大的常数;

Min_load: 空车重量;

Max_load: Min_load + Q.

决策变量

x_{ijk}: 0-1 变量, 如果车辆 k 从节点 i 行驶到节点 j, 那么 $x_{ijk} = 1$, 否则 $x_{ijk} = 0$;

y_i: 车辆在节点 i 的载货量;

w_i: 在节点 i 处的服务开始时间.

Küçükoğlu 等[14] 研究的带时间窗的优化油耗的车辆路径问题的数学模型如下:

$$\min \ z = \sum_{i=0}^{N} \sum_{j=0}^{N} \sum_{k=1}^{K} x_{ijk} \int_{0}^{\frac{v_{\max}^2 + ac_{ij}}{av_{\max}}} u_p P_T(t) \, \mathrm{d}t, \tag{6.12}$$

$$\text{s.t.} \ \sum_{i=0}^{N} \sum_{k=1}^{K} x_{ijk} = 1, \quad i \neq j, \ j \in \{1, 2, \cdots, N\}, \tag{6.13}$$

$$\sum_{j=0}^{N} \sum_{k=1}^{K} x_{ijk} = 1, \quad i \neq j, \ i \in \{1, 2, \cdots, N\}, \tag{6.14}$$

$$\sum_{j=1}^{N} x_{0jk} = 1, \quad k \in \{1, 2, \cdots, K\}, \tag{6.15}$$

$$\sum_{i=1}^{N} x_{i0k} = 1, \quad k \in \{1, 2, \cdots, K\}, \tag{6.16}$$

$$\sum_{i=0}^{N} x_{ijk} = \sum_{i=0}^{N} x_{jik}, \quad k \in \{1, 2, \cdots, K\}, \ j \in \{1, 2, \cdots, N\}, \tag{6.17}$$

$$y_0 = \text{Min\_load}, \tag{6.18}$$

$$y_i - y_j \geqslant d_i - M \left(1 - \sum_{k=1}^{K} x_{ijk} \right), \quad i = \{1, 2, \cdots, N\},$$

$$j = \{0, 1, \cdots, N\}, \tag{6.19}$$

$$\text{Min\_load} \leqslant y_i \leqslant \text{Max\_load}, \quad i \in \{1, 2, \cdots, N\}, \tag{6.20}$$

$$w_i + p_i + t_{ij} \leqslant w_j + M \left(1 - \sum_{k=1}^{K} x_{ijk} \right), \quad i \in \{0, 1, \cdots, N\},$$

$$j \in \{1, 2, \cdots, N\}, \tag{6.21}$$

$$w_i + p_i + t_{i0} \leqslant l_0 + M\left(1 - \sum_{k=1}^{K} x_{i0k}\right), \quad i \in \{1, 2, \cdots, N\}, \tag{6.22}$$

$$e_i \leqslant w_i \leqslant l_i, \quad i \in \{0, 1, \cdots, N\}, \tag{6.23}$$

$$y_i \geqslant 0, \quad i \in \{0, 1, \cdots, N\}, \tag{6.24}$$

$$w_i \geqslant 0, \quad i \in \{0, 1, \cdots, N\}, \tag{6.25}$$

$$x_{ijk} \in \{0, 1\}, \quad i \neq j, \ i, j \in \{1, 2, \cdots, N\}, \ k \in \{1, 2, \cdots, K\}. \tag{6.26}$$

目标函数式 (6.12) 极小化所有油耗量; 约束 (6.13) 和式 (6.14) 确保每个客户恰好被访问一次; 约束式 (6.15) 和式 (6.16) 确保车辆从车场离开还得返回车场; 约束式 (6.17) 确保每一节点的流平衡; 约束式 (6.18) 确保车辆空车返回车场; 约束式 (6.19) 和式 (6.20) 限制车辆在被访问客户处的装载量和排除子回路; 约束式 (6.21) 说明如果车辆 k 由客户 i 处驶向客户 j 处, 那么车辆 k 不能在 $w_i + p_i + t_{ij}$ 之前到达客户 j 处; 约束式 (6.22) 确保如果车辆 k 由客户 i 处驶向车场, 那么车辆 k 不能在 $w_i + p_i + t_{i0}$ 之前到达车场; 约束式 (6.23) 确保时间窗被遵守; 约束式 (6.24) 和式 (6.25) 确保 y_i 和 w_i 都是非负的; 约束式 (6.26) 定义了 0-1 变量 x_{ijk}.

Küçükoğlu 等[14] 将目标函数 (6.12) 线性化为式 (6.27), 进而给出一个模拟退火算法对其问题进行了求解.

$$\min z = \sum_{i=0}^{N} \sum_{j=0}^{N} \sum_{k=1}^{K} a_1 c_{ij} x_{ijk} + \sum_{i=0}^{N} \sum_{j=0}^{N} \mu_{ij} + \sum_{i=0}^{N} \sum_{j=0}^{N} \sum_{k=1}^{K} p_{ij} b x_{ijk}, \tag{6.27}$$

在式 (6.27) 中, 如果 $x_{ijk} = 1$, 那么 $\mu_{ij} = p_{ij} a_2 y_j$.

6.1.2 半开放和开放式优化油耗的车辆路径问题

1. 文献综述

2011 年, Suzuki[16] 研究了一个半开放式优化油耗的车辆路径问题, 在他的问题中, 车辆从车场 0 出发, 完成配送任务后都终止在一个节点 $n+1$. 他计算车辆在其路径上一条边的油耗费用时考虑了车辆的行驶速度、路面的倾斜度以及车辆的负载这些因素, 因此给出的计算油耗量 (或费用) 的公式与 Xiao 等[8] 给出的计算方法不相同. 2013 年, 吴丽荣等[17] 也讨论了与 Suzuki 类似的问题, 但是他们计算油耗量的公式与 Suzuki 的不同, 这是因为他们计算油耗量的公式只考虑了车辆的速度和车载量两个因素. 2012 年王明阳等[18] 以及 2013 年 Zhang 和 Wang[19] 采用了与 Kara 等[5] 计算车辆在其路径每条边上费用相类似的方法, 同时考虑了车辆的固定费用, 分别求解了一个单车场、一个多车场多车型开放式优化油耗的车辆路径问题.

2. 模型介绍

1) 单因素油耗量计算模型

i) 单车场多车型开放式优化油耗的车辆路径问题

2012 年, 王明阳等[18] 研究了一个单车场、多车型、开放式优化油耗的车辆路径问题. 一个车场共有 L 种类型的车辆. 设第 $l(1 \leqslant l \leqslant L)$ 种类型车辆共有 K_l 辆 (K_l 足够大, 即各种类型的车足够用), 每辆车的容量为 Q_l, 启动费用为 C_l. 该车场共为 N 个客户点服务, 其中第 $i(1 \leqslant i \leqslant N)$ 个客户点所需货物重为 $g_j \left(0 < g_i \leqslant \dfrac{1}{2} \min_{1 \leqslant l \leqslant L} \{Q_l\} \right)$. 配送车辆从车场装上货物出发, 为 N 个客户送货. 要求每个客户只由一辆车为其完成送货任务; 车辆将货物运送完毕后结束于其最后服务的客户点. 被派出完成配送任务的每辆车的费用都为它所产生的油耗费用与它的启动费用之和, 目标为使所有被派出的车辆的费用之和最小. 王明阳等[18] 给出了该问题的数学模型.

符号说明

0: 表示车场;

c_l: 表示第 $l(1 \leqslant l \leqslant L)$ 种类型车辆单位距离单位重量的燃油费;

$d_{ij}(i, j = 0, 1, \cdots, N)$: 表示节点 i 与节点 j 之间的距离, 且 $d_{ii} = 0(i, j = 0, 1, \cdots, N)$.

决策变量

x_{ij}^{lk}: 0-1 决策变量, 当第 $l(1 \leqslant l \leqslant L)$ 种类型的第 $k(1 \leqslant k \leqslant K_l)$ 辆车从顶点 $i(i \in \{0, 1, \cdots, N\})$ 驶向顶点 $j(j \in \{1, \cdots, N\})(i \neq j)$ 时 $x_{ij}^{lk} = 1$, 否则 $x_{ij}^{lk} = 0$.

y_i^{lk}: 0-1 决策变量, 当顶点 (客户)$i(i \in \{1, \cdots, N\})$ 由第 $l(1 \leqslant l \leqslant L)$ 种类型的第 $k(1 \leqslant k \leqslant K_l)$ 辆车服务时 $y_i^{lk} = 1$, 否则 $y_i^{lk} = 0$.

r_{ij}^{lk}: 连续型决策变量, 取非负实数, 表示第 $l(1 \leqslant l \leqslant L)$ 种类型的第 $k(1 \leqslant k \leqslant K_l)$ 辆车在弧 (i, j) 上的载货量, 且如果该车不经过弧 (i, j), 则 $r_{ij}^{lk} = 0$.

于是上述问题可用下列非线性混合整数规划模型进行描述:

$$\min \left\{ \sum_{l=1}^{L} \sum_{k=1}^{K_l} \sum_{i=0}^{N} \sum_{j=0}^{N} c_l d_{ij} r_{ij}^{lk} x_{ij}^{lk} + \sum_{l=1}^{L} \sum_{k=1}^{K_l} C_l \sum_{j=1}^{N} x_{0j}^{lk} \right\}, \tag{6.28}$$

$$\text{s.t.} \quad \sum_{k=1}^{K_l} \sum_{j=1}^{N} x_{0j}^{lk} \leqslant K_l, \quad l = 1, \cdots, L, \tag{6.29}$$

$$\sum_{l=1}^{L} \sum_{k=1}^{K_l} y_i^{lk} = 1, \quad i = 1, \cdots, N, \tag{6.30}$$

$$\sum_{j=0}^{N} x_{ji}^{lk} = y_i^{lk}, \quad i = 1, \cdots, N, \ l = 1, \cdots, L, \ k = 1, \cdots, K_l, \tag{6.31}$$

$$\sum_{i=1}^{N} x_{i0}^{lk} = 0, \quad l = 1, \cdots, L, \ k = 1, \cdots, K_l, \tag{6.32}$$

$$\sum_{l=1}^{L}\sum_{k=1}^{K_l}\sum_{j=0}^{N} r_{ji}^{lk} - \sum_{l=1}^{L}\sum_{k=1}^{K_l}\sum_{j=0}^{N} r_{ij}^{lk} = g_i, \quad i = 1, \cdots, N, \tag{6.33}$$

$$\sum_{i=1}^{N} g_i y_i^{lk} \leqslant Q_l, \quad l = 1, \cdots, L, \ k = 1, \cdots, K_l, \tag{6.34}$$

$$x_{ij}^{lk}, y_i^{lk} \in \{0, 1\}, \quad i = 0, 1, \cdots, N, \ j = 1, 2, \cdots, N,$$

$$l = 1, 2, \cdots, L, \ k = 1, 2, \cdots, K_l, \tag{6.35}$$

$$r_{ij}^{lk} \in \mathbf{R}_+, \quad i = 0, 1, \cdots, N, \ j = 1, 2, \cdots, N,$$

$$l = 1, 2, \cdots, L, \ k = 1, 2, \cdots, K_l. \tag{6.36}$$

式 (6.28) 为所有配送车辆总的油耗费用和总的启动费用; 式 (6.29) 表示整个配送服务中所用的每种类型车辆数不超过此类型车的总数; 式 (6.30)—(6.31) 表示每个客户点只由且仅由一辆车访问一次; 式 (6.32) 表示所有被使用车辆都不返回车场; 式 (6.33) 为消除子回路约束; 式 (6.34) 表示路径中所使用的车辆的装载量不大于其最大容量; 式 (6.35)、式 (6.36) 为变量的取值范围.

上述问题是开放式车辆路径问题的扩展, 而开放式车辆路径问题是 NP-难的, 所以上述问题也是 NP-难的, 于是王明阳等[18] 采用禁忌搜索算法对其进行求解. 在该禁忌搜索算法中, 初始解是用改进的最近邻算法 6.1 求得的, 该算法描述如下.

改进的最近邻算法 6.1

变量说明

not_arrange_clients: 所有未安排路径的客户构成的集合;

solution: 存储问题的一个可行解;

paths_amount: solution 存储的可行解中包含的路径数量;

path: 存储当前要生成的路径, 如果生成完毕, 将其加入到 solution 中;

left_capacity: 存储路径 path 对应的车辆的剩余容量.

算法步骤

步骤 1 (数据初始化)　置:

not_arrange_clients:={1, 2, $\cdots$, N}, solution:=[ ], path:=[ ], paths_amount:=0.

步骤 2　当 not_arrange_clients $\neq$ [ ] 时重复实施下列操作, 否则转步骤 3.

① 若 path=[ ], 则随机选择一种车型记为 k, 在 not_arrange_clients 中选择一个

客户, 使得他的需求量与他与车场的距离之比最大, 设其为 i, 置:

$$\text{path}:=[k,i], \quad \text{left\_capacity}:= Q_k - g_i,$$

在 not_arrange_clients 中删除 i 转步骤 2.

② 若 path$\neq$[ ], 则从 not_arrange_clients 中选一个客户, 使得他的需求量与他和 path 中最后一个节点 j 的距离之比最大, 设其为 s, 置:

$$\text{left\_capacity}=\text{left\_capacity}-g_s.$$

如果 left_capacity$>$0, 置:

$$\text{path}:=[\text{path},s],$$

在 not_arrange_clients 中删除 s 转步骤 2;

如果 left_capacity$=$0, 置:

$$\text{path}:=[\text{path},s], \text{paths\_amount}:=\text{paths\_amount}+1,$$
$$\text{solution}\{\text{paths\_amount}+1\}:=\text{path}, \text{path}:=[\ ],$$

在 not_arrange_clients 中删除 s 转步骤 2;

如果 left_capacity$<$0, 且 not_arrange_clients 只含一个客户, 置:

$$\text{paths\_amount}:=\text{paths\_amount}+1, \text{solution}\{\text{paths\_amount}+1\}:=\text{path}, \text{path}:=[\ ],$$

转步骤 2;

如果 left_capacity$<$0, 且 not_arrange_clients 中含客户的个数大于等于 2, 置:

$$\text{left\_capacity}=\text{left\_capacity}+g_s,$$

从 not_arrange_clients 中选取一个客户, 使得他的需求量与他和 path 中最后一个节点 j 的距离之比次大, 设其为 r, 置:

$$\text{left\_capacity}= \text{left\_capacity}-g_r;$$

若 left_capacity$>$0, 置

$$\text{path}:=[\text{path},r],$$

在 not_arrange_clients 中删除 r 转步骤 2;

若 left_capacity$=$0, 置:

$$\text{path}:=[\text{path},r], \text{paths\_amount}:=\text{paths\_amount}+1,$$
$$\text{solution}\{\text{paths\_amount}+1\}:=\text{path}, \text{path}=[\ ],$$

在 not_arrange_clients 中删除 r 转步骤 2;

若 left_capacity$<$0, 置:

$$\text{paths\_amount}:=\text{paths\_amount}+1, \text{solution}\{\text{paths\_amount}+1\}:=\text{path}, \text{path}:=[\ ],$$

转步骤 2.

步骤 3 置 solution$\{1\}$:=paths_amount, 输出 solution, 停机.

由于所讨论的问题中考虑油耗, 所以在运用改进的最邻近算法 6.1 产生路径时, 在 not_arrange_clients 中选取其需求量和其与路径中最后一点的距离比值最大或次大者进行添加, 可明显地降低油耗.

禁忌搜索算法

(1) 禁忌搜索算法中解的表示.

由于上述问题为单车场多车型问题, 并且要用 MATLAB 实现禁忌搜索算法, 为了便于进行邻域操作, 所以采用车型代替车场, 用一维元胞数组来表示问题的一个解, 例如, 假设某一车场共有两种类型车辆, 为 10 个客户点配送货物, 用 1,2 表示车型, 1—10 表示 10 个客户点, 则一维元胞数组

$$\{[4], [1, 3, 5, 7], [2, 2, 1, 6], [1, 4, 10, 9], [2, 8]\}$$

表示该问题的一个解, 其解码为: 该解中共有 4 条路径, 它们分别为

第 1 条路径: 第 1 种车型的一辆车从车场出发, 依次给客户点 3, 5, 7 送货;

第 2 条路径: 第 2 种车型的一辆车从车场出发, 依次给客户点 2, 1, 6 送货;

第 3 条路径: 第 1 种车型的一辆车从车场出发, 依次给客户点 4, 10, 9 送货;

第 4 条路径: 第 2 种车型的一辆车从车场出发, 给客户点 8 送货.

(2) 禁忌搜索算法中的邻域操作.

根据车型不同而导致启动费用不同, 下面用一些特殊的邻域操作方法来减少车辆的剩余容量, 从而减少车辆的启动费用和使用数量, 以达到减少目标函数值的目的. 随机从 solution 中任取两条路径, 再随机从两条路径中分别取出一个节点, 之后实施下列操作:

① 若取出的两个节点均为车型, 则分别检测是否有容量更加适合此两条路径的车型 (剩余容量最小), 若有则更换车型, 若无, 无操作;

② 若取出的两节点中一点为车型, 一点为客户点, 则将客户点插入在另一路径车型之后并将此点在原路径中剔除, 如果原路径中仍然有客户点存在, 则将此路径中车型替换成容量与此路径中所有客户的总需求量最近的车型, 若无客户点存在, 则直接删除此路径;

③ 若取出的两点均为客户点, 则将第二个客户点插在第一个客户点之后, 并将此点在原路径中删除, 如果原路径中仍然有客户点存在, 则将此路径中车型替换成容量与此路径中所有客户的总需求量最近的车型, 若无客户点存在, 则直接删除此路径.

(3) 计算禁忌搜索算法中的评价值.

为了扩大算法的搜索范围, 防止局部最优解的生成, 在每次迭代中, 本算法允许不可行解产生邻居, 但由于不可行解违反约束, 所以对不可行解加以惩罚, 设惩罚因子为 p, 且令

$$p = N \times \max_{1 \leqslant l \leqslant L} \{C_l\} + \left(\max_{1 \leqslant l \leqslant L} \{c_l\}\right) \times \left(\sum_{i=0}^{N} \sum_{j=0}^{N} d_{ij}\right) \times \left(\sum_{i=1}^{N} g_i\right),$$

若解 x 中总共有 u_x 条路径不可行, 设 x 对应的目标函数值为 f_x, 则解 x 的评价值为 $u_x \times p + f_x$.

(4) 禁忌对象及禁忌长度.

将每次迭代得到的局部最好解 (评价值最小) 作为禁忌对象放入禁忌表中; 取禁忌长度为一个常数, 其值根据问题的规模来确定; 从当前解的邻域中随机选择 N 个邻居作为候选集合; 采用迭代指定步数为 T 的终止准则.

禁忌搜索算法的 MATLAB 程序可扫本书封面的二维码获得电子版 (见第 6 章电子附件).

例 6.1 某一配送任务中, 车场数为 1, 客户数为 30, 此车场有三种类型的车辆负责配送任务, 而且每种类型的车辆足够用, 三种车型的车辆容量分别为 10, 20, 50, 启动费用分别为 100, 150, 300, 单位距离单位装载量的油耗费用分别为 11, 14, 18. 车场坐标为 (11, 11). 各个客户点的需求量及坐标如表 6.1 所示. 要求合理为客户配送货物, 使得总费用最少.

表 6.1　各个客户点的需求量及坐标

客户点	需求量	横坐标	纵坐标	客户点	需求量	横坐标	纵坐标
1	3	16	18	16	6	16	3
2	4	17	5	17	2	19	8
3	15	3	12	18	4	14	15
4	4	6	9	19	9	7	5
5	7	25	3	20	9	20	5
6	9	19	11	21	5	22	9
7	2	8	13	22	6	4	6
8	3	14	5	23	6	9	11
9	8	3	2	24	11	0	8
10	8	1	7	25	12	1	12
11	1	7	12	26	9	4	15
12	8	9	18	27	7	4	21
13	6	3	17	28	2	9	0
14	10	2	15	29	3	3	7
15	4	9	18	30	3	20	3

调用改进的最近邻算法 6.1 后得到的问题的初始可行解为

$$x_0 = \{[8], [1, 23], [3, 3, 25, 14, 26], [3, 19, 22, 10, 24, 9, 29, 4], [1, 6],$$
$$[2, 12, 15, 27], [2, 20, 30, 16], [1, 18, 1], [3, 13, 7, 11, 5, 21, 17, 2, 8, 28]\}.$$

x_0 对应的目标函数值 (总的费用) 为 53247.7269853684.

禁忌搜索算法运行完之后产生的可行解为

$$x_1 = \{[8], [2, 22, 9, 13], [3, 11, 3, 25, 14, 26], [2, 19, 29, 10], [2, 18, 1, 6],$$
$$[3, 23, 7, 15, 12, 27], [2, 17, 21, 5, 30], [2, 4, 24, 2], [2, 8, 16, 20, 28]\}.$$

x_1 对应的目标函数值 (总的费用) 为 36313.1026671265.

对此例而言, 禁忌搜索算法对初始解的改善是很明显的.

ii) 多车场多车型开放式优化油耗的车辆路径问题

2013 年, Zhang 和 Wang[19] 研究了一个多车场多车型开放式优化油耗的车辆路径问题. 一个企业有多个车场给一定数量的客户送货. 每个车场都有足够数量的几种类型的车辆供使用, 而每个客户只需一辆车服务一次来满足其需求. 由于企业的物流是外包的, 因此所有被使用车辆从车场出发, 完成其配送任务后不必返回任一车场而是终止于其路径上的最后一个客户, 即其路径是开放式的. 另外, 每辆被使用车辆所装货物量不超过其最大容量, 其完成配送任务的费用为它产生的油耗与它的启动费用, 目标为使所有被派出的车辆的费用之和最小.

符号说明

假设企业共有 M 个车场 (或配送中心) 负责给 N 个客户送货. 每个车场都有 L 种不同型号的车辆供使用, 而且第 $l(1 \leqslant l \leqslant L)$ 种类型的车辆每辆车的容量、启动费用、单位距离单位重量的燃油费用以及车辆数量分别为 Q_l, a_l, c_l 和 K_l, 各种类型的车辆足够用. 第 $i(i = 1, 2, \cdots, N)$ 个客户点的需求量为 $g_i \left(0 < g_i \leqslant \min\limits_{1 \leqslant l \leqslant L} \{Q_l\}\right)$. 用 d_{mi} 表示车场 m 与客户点 i 之间的距离, d_{ik} 表示客户点 i 与客户点 k 之间的距离, 且 $d_{kk} = +\infty \, (k = 1, \cdots, N)$.

决策变量

x_{ji}^{ml}: 0-1 变量, 当车场 m 的第 l 种类型的第 j 辆车为客户 i 服务时 $x_{ji}^{ml} = 1$, 否则 $x_{ji}^{ml} = 0$.

y_{ji}^{ml}: 0-1 变量, 当车场 m 的第 l 种类型的第 j 辆车直接从车场 m 到达客户点 i 时 $y_{ji}^{ml} = 1$, 否则 $y_{ji}^{ml} = 0$.

z_{jik}^{ml}: 0-1 变量, 当车场 m 的第 l 种类型的第 j 辆车直接从客户点 i 到节点 k(节点 k 可以是客户点也可以是任一车场) 时 $z_{jik}^{ml} = 1$, 否则 $z_{jik}^{ml} = 0$.

q_{ji}^{ml}: 连续型变量, 它取非负实数, 表示车场 m 的第 l 种类型的第 j 辆车从车场 m 直接到客户点 i 时的载货量.

q_{jik}^{ml}: 连续型变量, 它取非负实数, 表示车场 m 的第 l 种类型的第 j 辆车直接从客户点 i 到客户点 k 时的载货量.

于是上述问题可用下列非线性混合整数规划模型进行描述:

$$\min \ z = \sum_{m=1}^{M}\sum_{l=1}^{L}\sum_{j=1}^{K_l}\sum_{i=1}^{N}\left(a_l y_{ji}^{ml} + c_l \left(d_{mi}q_{ji}^{ml}x_{ji}^{ml} + \sum_{\substack{k=1\\k\neq i}}^{N} d_{ik}q_{jik}^{ml}z_{jik}^{ml}\right)\right), \qquad (6.37)$$

$$\text{s.t.} \ \sum_{m=1}^{M}\sum_{l=1}^{L}\sum_{j=1}^{K_l} x_{ji}^{ml} = 1, \quad i = 1,\cdots,N, \qquad (6.38)$$

$$y_{ji}^{ml} + \sum_{\substack{k=1\\k\neq i}}^{N} z_{jki}^{ml} = x_{ji}^{ml} \geqslant \sum_{\substack{k=1\\k\neq i}}^{N} z_{jik}^{ml}, \quad m = 1,\cdots,M,$$

$$l = 1,\cdots,L, \ j = 1,\cdots,K_l, \ i = 1,\cdots,N, \qquad (6.39)$$

$$\sum_{i=1}^{N} z_{jis}^{ml} = 0, \quad m,s = 1,\cdots,M, \ l = 1,\cdots,L, \ j = 1,\cdots,K_l, \qquad (6.40)$$

$$\sum_{i=1}^{N} y_{ji}^{ml} \leqslant 1, \quad m = 1,\cdots,M, \ l = 1,\cdots,L, \ j = 1,\cdots,K_l, \qquad (6.41)$$

$$\sum_{i=1}^{N} g_i x_{ji}^{ml} \leqslant Q_l, \quad m = 1,\cdots,M, \ l = 1,\cdots,L, \ j = 1,\cdots,K_l, \qquad (6.42)$$

$$\sum_{j=1}^{K_l}\sum_{i=1}^{N} y_{ji}^{ml} \leqslant K_l, \quad m = 1,\cdots,M, \ l = 1,\cdots,L, \qquad (6.43)$$

$$\sum_{i=1}^{N} g_i x_{ji}^{ml} = \sum_{i=1}^{N} q_{ji}^{ml} y_{ji}^{ml}, \quad m = 1,\cdots,M, \ l = 1,\cdots,L, \ j = 1,\cdots,K_l,$$

$$(6.44)$$

$$\sum_{m=1}^{M}\sum_{l=1}^{L}\sum_{j=1}^{K_l}\left(y_{ji}^{ml}q_{ji}^{ml} + \sum_{\substack{k=1\\k\neq i}}^{N} z_{jki}^{ml}q_{jki}^{ml} - \sum_{\substack{k=1\\k\neq i}}^{N} z_{jik}^{ml}q_{jik}^{ml}\right) = g_i, \quad i = 1,\cdots,N,$$

$$(6.45)$$

$$x_{ji}^{ml}, y_{ji}^{ml}, z_{jik}^{ml} = 0,1, \quad m = 1,\cdots,M, \ l = 1,\cdots,L, \ j = 1,\cdots,K_l,$$

$$i,k = 1,\cdots,N, \qquad (6.46)$$

$$q_{ji}^{ml}, q_{jik}^{ml} \in \mathbf{R}_+, \quad q_{ji}^{ml} \leqslant Q_l y_{ji}^{ml}, \quad q_{jik}^{ml} \leqslant Q_l z_{jik}^{ml}, \quad m = 1,\cdots,M,$$

$$l = 1,\cdots,L, \ j = 1,\cdots,K_l, \ i,k = 1,\cdots,N. \qquad (6.47)$$

式 (6.37) 是使得所使用车辆的总油耗费用及总启动费用最小; 式 (6.38) 和 (6.39) 确保每个客户点都只被一辆车服务一次; 式 (6.40) 表示所有被使用车辆都不返回任一车场; 式 (6.41) 表示每一辆车至多被使用一次; 式 (6.42) 确保每辆车所装货物不能超过该车的最大载货量; 式 (6.43) 表示各个车场所用的各种类型的车辆数不能超过该车场所拥有该种类型的车辆数; 式 (6.44) 表示车辆在车场时其载货量;

式 (6.45) 表示车辆进出顾客点 i 的装载量之间的关系, 式 (6.46) 与式 (6.47) 为变量的取值范围.

多车场多车型开放式优化油耗的车辆路径问题是上面考虑的单车场多车型开放式优化油耗的车辆路径问题的扩展, 所以也是 NP-难的, 因此, Zhang 和 Wang[19] 采用遗传算法对其进行求解. 为此先用改进的最近邻算法 6.2 产生初始解, 该算法描述如下.

改进的最近邻算法 6.2

变量说明

not_arrange_clients: 存储未安排路径的所有客户点的序号;

solution: 存储一个解所含路径的数目及全部路径;

paths_amount: solution 存储的解中含路径的条数.

depot_m_current_path: 存储第 $m(m = 1, 2, \cdots, M)$ 个车场当前要生成的路径及该路径对应车辆的类型, 即 depot_m_current_path 的第一个元素存储 m, 第二个元素存储该路径对应车辆的车型, 其他元素存储该车辆依次服务的所有客户的序号, 如果生成完毕, 将其加入 solution 中;

depot_m_vehicle_left_capcity: 存储 depot_m_current_path 对应车辆的剩余容量 (在路径形成过程中允许出现小于零的情况);

elemants_amount_depot_m_current_path : 存储 depot_m_current_path 含元素的个数;

last_node_depot_m: 如果 elemants_amount_depot_m_current_path=2, last_node_depot_m 存储 m, 而如果 elemants_amount_depot_m_current_path>2, 则 last_node_depot_m 存储 depot_m_current_path 中最后一个客户节点的序号.

算法步骤

步骤 1 (数据初始化)　对 $m = 1, 2, \cdots, M$, 随机生成一种车型记为 $l_m(l_m \in \{1, 2, \cdots, L\})$, 置:

$$\text{depot\_m\_current\_path} := [m, l_m], \quad \text{elemants\_amount\_depot\_m\_current\_path} := 2,$$
$$\text{last\_node\_depot\_m} := m, \quad \text{depot\_m\_vehicle\_left\_capcity} = Q_{l_m},$$
$$\text{solution} := \text{cell}(0, 0), \quad \text{paths\_amount\_in\_solution} := 0,$$
$$\text{not\_arrange\_clients} := [1, 2, \cdots, N].$$

步骤 2　当 not_arrange_clients≠[ ] 时, 重复以下操作, 否则转步骤 3.

① 从 not_arrange_clients 中任选一个客户记为 i, 并将其从 not_arrange_clients 中删除;

② 对 $m = 1, 2, \cdots, M$, 分别计算 $g_i/d_{\text{last\_node\_depot\_m}, i}$;

③ 取 $g_i/d_{\text{last\_node\_depot\_s}, i} = \max\limits_{m \in \{1, \cdots, M\}} \{g_i/d_{\text{last\_node\_depot\_m}, i}\}$, 置:

$$\text{depot\_s\_vehicle\_left\_capcity:=depot\_s\_vehicle\_left\_capcity} - g_i.$$

若 depot_s_vehicle_left_capcity=0, 置:

$$\text{depot\_s\_current\_path:=[depot\_s\_current\_path, } i],$$

$$\text{paths\_amount\_in\_solution:=paths\_amount\_in\_solution+1,}$$

$$\text{solution\{paths\_amount\_in\_solution+1\}:=depot\_s\_ current\_path,}$$

随机生成一种车型记为 l_s, 置:

$$\text{depot\_s\_current\_path:=[}s, l_s], \text{depot\_s\_vehicle\_left\_capcity=} Q_{l_s},$$

$$\text{elemants\_amount\_depot\_s\_current\_path:=2, last\_node\_depot\_s:=}s,$$

转步骤 2;

若 depot_s_vehicle_left_capcity>0, 置:

$$\text{depot\_s\_current\_path:=[depot\_s\_current\_path, } i],$$

$$\text{elemants\_amount\_depot\_s\_current\_path:=elemants\_ amount\_depot\_s\_current\_path+1,}$$

$$\text{last\_node\_depot\_s:=}i,$$

转步骤 2;

若 depot_s_vehicle_left_capcity<0, 置:

$$\text{paths\_amount\_in\_solution:=paths\_amount\_in\_solution+1,}$$

$$\text{solution\{paths\_amount\_in\_solution+1\}:=depot\_ s\_current\_path,}$$

随机生成一个车型记为 l_s, 置:

$$\text{depot\_s\_current\_path:=[}s, l_s, i], \text{depot\_s\_vehicle\_left\_capcity:=}Q_{l_s} - g_i,$$

$$\text{elemants\_amount\_depot\_s\_current\_path:=3, last\_node\_depot\_s:=}i,$$

转步骤 2.

步骤 3 置 solution{1}:=paths_amount_in_solution, 输出 solution, 停机.

遗传算法

(1) **编码** 采用一维元胞数组来进行编码 (表示一条染色体, 即问题实例的一个解), 一个一维元胞数组中第一个元素为该解中含路经的个数, 剩下的每一个元素都包含三部分内容, 即车场、车型、客户点. 例如, 有 3 个车场, 每个车场有 3 种车型的车辆, 为 6 个客户点配送货物. 用 1, 2, 3 分别表示 3 个车场, 仍用 1, 2, 3 分别表示 3 种车型, 1-6 分别表示 6 个客户点. 则一维元胞数组表示的一条染色体 $\{[3], [1,2,1,4], [2,1,3,5], [3,3,2,6]\}$ 解码为该解一共包含 3 条路径:

第 1 条路径 [1,2,1,4], 其含义为第 1 个车场的第 2 种类型的一辆车依次给客户点 1、客户点 4 送货;

第 2 条路径 [2,1,3,5], 其含义为第 2 个车场的第 1 种类型的一辆车依次给客户点 3、客户点 5 送货;

第 3 条路径 [3,3,2,6], 其含义为第 3 个车场的第 3 种类型的一辆车依次给客户点 2、客户点 6 送货.

(2) **初始种群的产生** 用改进的最近邻算法 6.2 产生初始种群, 种群规模为 40, 注意到在改进的最近邻算法 6.2 中, 车型的选择是随机的, 这可以使得种群具有一定的优良特性.

(3) **适应值函数** 为了使违反约束的染色体有更小的适应值, 而好的染色体有更大的适应值, 将目标函数值加上惩罚项. 设 z_x 表示染色体 x(即解 x) 的目标函数值, μ_x 表示解 x 中有 μ_x 条路径其上所有客户的总需求量超过该路径车辆的最大载重量, 令 $z'_x = z_x + \mu_x p$, $f_x = \dfrac{1}{z'_x}$, 其中 f_x 表示适应值, p 为惩罚因子, 且设

$$p = N * \left(\max_{l \in \{1,2,\cdots,L\}} \{a_l\} \right) + \left(\max_{1 \leqslant l \leqslant L} \{c_l\} \right)$$
$$* \left((M+N)^2 * \left(\max_{\substack{i,j \in \{1,2,\cdots,N\} \\ i \neq j}} \{d_{ij}\} \right) \right) * \left(N * \left(\max_{i \in \{1,2,\cdots,N\}} \{g_i\} \right) \right).$$

(4) **遗传算子** 在实施遗传操作之前, 首先将种群中的适应值最大和最小的两条染色体选出, 将前者保留使其进入下一代种群, 在当前种群中将这两条染色体删除, 之后对当前种群实施遗传操作.

① **复制** 采用轮盘赌选择法进行复制;

② **交叉** 由于研究的是多车场多车型开放式车辆路径问题, 所以在实施交叉操作时, 选择单点交换方法进行交叉, 而为了保持种群的优良性, 在父体 A 与父体 B 交叉产生子体 A' 与子体 B' 后将这四条染色体里最优的染色体放入种群中, 其余三条舍弃, 但为了保持种群的数目及避免早熟现象的发生, 我们用生成初始解的方法产生一条染色体放入种群中.

交叉原则 分别从父体 A 与父体 B 中随机选取一点, 分别为 i 和 j 进行交换: 若 $i = j$ 或 i 与 j 中任意一点为车场、车型, 则重新选择; 否则将 i 与 j 交换, 此时, 父体 A 与父体 B 中均会出现客户点重复和缺失现象, 将交换后的 A, B 中与被交换客户点重复的点换成缺失的点. 例如

父体 A: $\big\{[3], [1,2,1,4], \big[2,1,3,\boxed{5}\big], [3,3,2,6]\big\}$,

父体 B: $\big\{[4], [2,1,6], \big[2,3,1,\boxed{3}\big], [2,2,2,5], [3,1,4]\big\}$,

则

子体 A': $\big\{[3], [1,2,1,4], \big[2,1,5,\boxed{3}\big], [3,3,2,6]\big\}$,

子体 B': $\big\{[4], [2,1,6], \big[2,3,1,\boxed{5}\big], [2,2,2,3], [3,1,4]\big\}$.

③ **变异** 随机抽取一条染色体中两条不同的路径设为路径 1 和路径 2, 接着在路径 1 中随机取出一点设为 i_1, 在路径 2 中随机取出一点设为 i_2:

若 i_1, i_2 均为车场或车型, 将路径 1 和路径 2 的车型换为最佳车型 (容量与路径上所有客户点总的需求差距最小);

若 i_1, i_2 均为客户点, 则将 i_2 插在 i_1 之前, 将路径 1 的车型换成最佳车型, 在路径 2 中将 i_2 删除, 如果路径 2 的长度为 2, 则删除第二条路径;

若 i_1, i_2 中一点为车场, 一点为客户, 例如 i_1 为车场, i_2 为客户点, 则将 i_2 插在 i_1 之后, 将路径 1 的车型换成最佳车型, 在路径 2 中将 i_2 删除, 如果路径 2 的长度为 2, 则删除第二条路径.

终止原则 遗传算法迭代到 400 次停机.

遗传算法的 MATLAB 程序可扫本书封面的二维码获得电子版 (见第 6 章电子附件).

例 6.2 假设有 3 个车场为 30 个客户配送货物, 各个车场都有 3 种车型的车辆供使用, 每种类型的车辆足够用. 3 种车型的车辆容量分别为 10, 20, 50, 启动费用依次为 100, 150, 300, 单位距离单位装载量的油耗费用分别为 11, 14, 18.3, 车场坐标分别为 (11,8), (23,31), (35,20), 各个客户点的需求量及坐标分别如表 6.2 所示. 要求车场合理为客户配送货物, 使得总费用最少.

表 6.2 客户的需求量及坐标

客户点	需求量	横坐标	纵坐标	客户点	需求量	横坐标	纵坐标
1	9	8	31	16	5	16	8
2	3	21	12	17	6	9	12
3	5	34	8	18	6	31	24
4	6	11	24	19	3	6	30
5	5	15	12	20	4	8	7
6	7	4	14	21	7	10	10
7	6	24	10	22	8	9	21
8	9	35	8	23	9	15	20
9	8	17	9	24	4	20	30
10	8	24	21	25	4	10	6
11	9	25	16	26	3	26	10
12	7	29	14	27	7	7	20
13	5	35	6	28	9	15	9
14	7	14	11	29	5	14	12
15	5	18	22	30	5	18	10

调用改进的最近邻算法 6.2 后得到的初始种群中的最好可行解为

$$x_0 = \{[16], [1, 1, 28], [1, 2, 9, 23], [1, 1, 11], [1, 1, 14], [1, 1, 20], [3, 2, 12, 18, 26],$$
$$[3, 1, 16], [3, 1, 7], [1, 2, 6, 19, 22], [1, 1, 1], [3, 2, 5, 29, 25, 3], [1, 2, 27, 4, 30],$$
$$[3, 1, 13], [2, 2, 10, 24, 15, 2], [1, 2, 17, 21], [3, 3, 8]\}.$$

x_0 对应的目标函数值 (总的费用) 为 44921.5822403273.

运行完遗传算法后产生的可行解为

$$x_1 = \{[15], [1,2,16,5], [1,2,28,9], [1,1,27], [1,1,20,25], [1,2,14,29,30],$$
$$[3,2,12,26,7], [3,1,8], [3,2,18,11], [1,1,23], [1,2,21,17,6],$$
$$[3,1,3,13], [1,2,22,4], [3,1,15,19], [2,2,24,10,2], [1,1,1]\}.$$

x_1 对应的目标函数值 (总的费用) 为 27241.2677605073.

对此例而言, 遗传算法对初始解的改善是很明显的.

2) 多因素油耗量计算模型

i) 带时间窗的半开放式优化油耗的车辆路径问题

2011 年, Suzuki[16] 研究了一个带时间窗的半开放式车辆路径问题. 令 $G = (N, R)$ 是一个有向图, 其中 $N = \{0,1,2,\cdots,n,n+1\}$ 是节点集, R 为连接节点的弧集. 节点 $1,2,\cdots,n$ 表示客户, 车场 0 表示开始节点, 车场 $n+1$ 表示结束节点, 即车辆都从车场 0 出发, 完成配送任务后都停在车场 $n+1$. 假设在任意节点 $i \in N \setminus \{n+1\}, j \in N \setminus \{0\}$ 之间存在一条弧 $(i,j) \in R$. 穿过每条弧 (i,j) 的英里数和分钟数分别用 d_{ij} 和 t_{ij} 来表示. 每个客户 i 有一个指定的时间窗 $[S_i, S_i + D_i]$, 客户 i 必须在这期间被服务, 且 S_i, D_i 分别表示客户 i 的时间窗的开始时间和持续时间. 用 U_i 表示在每个客户 i 处的卸货时间. 要求在客户 i 处的开始卸货时间 B_i 和卸货完成时间 $B_i + U_i$ 都在时间窗 $[S_i, S_i + D_i]$ 内, 并假设车辆可以在客户 i 处等待, 即允许车辆到达客户 i 处的时间 A_i 比 S_i 早, 但是不允许在 S_i 之前开始卸货. 每个客户的需求都是正的且是事先已知的. 还假设一辆车的最大装载量不能小于其路径上客户的需求之和. 目标是极小化车辆总的油耗量.

符号说明

v_{ij}: 一辆车在弧 (i,j) 上行驶的平均速度;

γ_{ij}: 弧 (i,j) 道路梯度因子, 当道路平坦时 $\gamma_{ij} = 1$, 如果道路梯度为正, 那么 $\gamma_{ij} < 1$, 而如果道路梯度为负, 那么 $\gamma_{ij} > 1$;

α_0, α_1: 分别为速度回归截距和斜率;

$c_{ij} = (\alpha_0 + \alpha_1 v_{ij})\gamma_{ij}, \forall i \in N \setminus \{n+1\}, j \in N \setminus \{0\}, i \neq j$: 一辆车在弧 (i,j) 上的油耗率;

β_0, β_1: 分别为一辆车的装载量回归截距和斜率;

$\mathrm{mpg} = \beta_0 + \beta_1 L$: 每加仑行驶的英里数, $\beta_0 \geqslant 0$ 为一辆车空车时的 mpg, $\beta_1 < 0$ 为衡量每增加 1 磅的装载量引起 mpg 损失的系数;

ρ: 每等待 1 小时的油耗量;

μ: 一辆车的平均或基本装载量;

$l_i > 0, \forall i \in N \setminus \{0, n+1\}$: 表示交付给客户 i 的装载量;

$Y_{ij} \subseteq N \setminus \{0, n+1\}$: 车辆行驶在弧 (i,j) 上时, 其待访问的客户集;

$$\pi_{ij} = \frac{\beta_0 + \beta_1 \sum_{i \in Y_{ij}} l_i}{\beta_0 + \beta_1 \mu}, \forall i \in N \setminus \{n+1\}, j \in N \setminus \{0\}, i \neq j: 负载因子, 测量一$$

辆车在每条弧上的 mpg 与基于负载量平均值的 mpg 的偏差.

决策变量

X_{ij}: 0-1 变量, 如果车辆访问完节点 i 之后下一个访问的节点就是 j, 则 $X_{ij} = 1$, 否则 $X_{ij} = 0$.

于是 Suzuki 研究的问题的数学模型如下:

$$\min \quad \sum_{i \in N \setminus \{n+1\}} \sum_{j \in N \setminus \{0,i\}} \frac{d_{ij}}{c_{ij} \pi_{ij}} X_{ij} + \sum_{j \in N \setminus \{0,n+1\}} (B_i - A_i) \frac{\rho}{60}, \tag{6.48}$$

$$\text{s.t.} \quad X_{ij} \in \{0,1\}, \quad \forall i \in N \setminus \{n+1\}, j \in N \setminus \{0\}, i \neq j, \tag{6.49}$$

$$\sum_{j \in N \setminus \{0,i\}} X_{ij} = 1, \quad \forall i \in N \setminus \{n+1\}, \tag{6.50}$$

$$\sum_{j \in N \setminus \{j,n+1\}} X_{ij} = 1, \quad \forall j \in N \setminus \{0\}, \tag{6.51}$$

$$(A_j - B_i - U_i - t_{ij}) X_{ij} = 0, \quad \forall i \in N \setminus \{n+1\}, j \in N \setminus \{0\}, i \neq j, \tag{6.52}$$

$$B_i = \max \{A_i, S_i\}, \quad \forall i \in N \setminus \{0\}, \tag{6.53}$$

$$B_i + U_i \leqslant S_i + D_i, \quad \forall i \in N \setminus \{0\}, \tag{6.54}$$

$$B_0 = U_0 = S_{n+1} = U_{n+1} = 0, \quad D_{n+1} = \infty. \tag{6.55}$$

约束式 (6.50) 和式 (6.51) 要求一车辆进入和离开每个节点恰好一次; 约束式 (6.52) 表示被连续服务的两个节点之间的时间关系; 约束式 (6.53) 和式 (6.54) 指定了时间窗约束; 约束式 (6.55) 指出了两个车场节点 0 和 $n+1$ 的特征.

Suzuki[16] 在计算油耗量时考虑了车载量、车辆的等待时间、车辆的速度, 道路的坡度这些因素, 而且 Suzuki[16] 用实验的方式讨论了问题的求解.

ii) 考虑车辆固定成本的半开放式优化油耗的车辆路径问题

2013 年, 吴丽荣等[17] 研究了一个考虑车辆固定成本的半开放式优化油耗的车辆路径问题. 给定一个无向图 $G = (N, R)$, 其中 $N = \{0,1,2,\cdots,n,n+1\}$ 表示有 n 个客户点 $1,2,\cdots,n$, 点 0 为起始点, 点 $n+1$ 表示终止点. 弧集 $R = \{(i,j) | i \in N \setminus \{n+1\}, j \in N \setminus \{0\}, i \neq j\}$ 表示两点之间可能路径的集合. d_{ij} 表示两点间的距离, F 表示派出一辆车的固定成本 (即车辆的启动费用), 每辆车的最大容量为 C, 客户点 i 的需求量为 q_i, p 为每升燃料的价格.

$f(s,l) = as^2 + bs + cl + dsl + e$ 表示燃料消耗函数, 其中 s 为车辆的行驶速度, l 为车辆的载重量, a, b, c, d, e 为参数, 吴丽荣等[17] 在他们的论文中取 $a = 0.02$, $b = -1.67$, $c = 0.46$, $d = 0.03$, $e = 51.17$.

决策变量

x_{ij}: 0-1 变量, 当有车辆经过弧 (i,j) 时 $x_{ij} = 1$, 否则 $x_{ij} = 0$;

Q_{ij}: 一连续变量, 表示车辆从客户点 i 到客户点 j 的载重量;

v: 正整数, 表示一共派出的车辆数. 目标是最小化燃料消耗成本.

于是吴丽荣等[17] 研究的考虑车辆固定成本的、半开放式优化油耗的车辆路径问题其数学模型如下:

$$\min \sum_{i=0}^{n+1} \sum_{j=0}^{n+1} (p d_{ij} x_{ij} f(s,l) + Fv), \tag{6.56}$$

$$\text{s.t.} \quad \sum_{j \in N \setminus \{0,i\}} x_{ij} = 1, \quad \forall i \in N \setminus \{n+1\}, \tag{6.57}$$

$$\sum_{i \in N \setminus \{j,n+1\}} x_{ij} = 1, \quad \forall j \in N \setminus \{0\}, \tag{6.58}$$

$$q_j x_{ij} \leqslant Q_{ij} \leqslant (C - q_i) x_{ij}, \quad \forall i \in N \setminus \{n+1\}, \ j \in N \setminus \{0\}, \ i \neq j, \tag{6.59}$$

$$\sum_{j=0}^{n} (Q_{ji} - Q_{ij}) = q_i, \quad \forall i \in N \setminus \{n+1\}, \ i \neq j, \tag{6.60}$$

$$0 \leqslant Q_{ij} \leqslant C, \quad \forall i \in N \setminus \{n+1\}, \ j \in N \setminus \{0\}, \ i \neq j, \tag{6.61}$$

$$x_{ij} \in \{0,1\}, \quad \forall i \in N \setminus \{n+1\}, \ j \in N \setminus \{0\}, \ i \neq j, \tag{6.62}$$

$$v \in \mathbf{Z}^+. \tag{6.63}$$

式 (6.56) 为目标函数, 即最小化燃料消耗成本; 式 (6.57) 与式 (6.58) 表示每个客户点只能经过一次; 式 (6.59)—(6.61) 是对车辆的载重量限制; 式 (6.62) 与式 (6.63) 是变量的取值范围.

吴丽荣等[17] 在计算油耗量时只考虑了车辆的速度和车载量这两个因素, 而且给出一个两阶段启发式算法对问题进行了求解.

6.2　污染路径问题

与优化油耗的车辆路径问题相比, 污染路径问题更进一步, 这类问题将油耗量和温室气体排放量集成在一起进行优化. 下面我们分 3 个方面对其进行讨论.

6.2.1 封闭式污染路径问题

1. 文献综述

2011 年, Bektas 和 Laporte[20] 研究一个带有时间窗并考虑优化油耗量和温室气体排放量的车辆路径问题, 称其为污染路径问题. 该问题实际上就是将 CVRP5(A0) 中车辆在其路径上每条弧的费用由距离或时间改为油耗费用和温室气体排放费用, 目标为极小化总的油耗费用、总的温室气体排放费用、司机的总费用之和, Bektas 和 Laporte[20] 对其问题进行了实验分析, 2012 年, Demir 等[21] 开发了一个自适应大规模邻域搜索算法对该问题进行了求解. 2013 年, Kwon 等[22] 将 CVRP3(A1) 中车辆在其路径上每条弧的费用由距离或时间改为运作费用和二氧化碳排放交易费用, 目标是极小化所有路径总的运作费用和二氧化碳排放交易费用. Kwon 等[22] 给出一个禁忌搜索算法对其问题进行了求解. 2014 年, Demir 等[23] 在 Bektas 和 Laporte 问题的目标函数的基础上又加了一个目标: 极小化所有路径的运行时间, Demir 等[23] 给出一个自适应大邻域搜索算法对其问题进行求解. 同年, Koc 等[24] 将 Bektas 和 Laporte[20] 问题中的车辆改为几种不同类型的车辆, 车辆类型不同容量就不同, 并且对 Bektas 和 Laporte[20] 模型的目标函数也做了相应的改变. Koc 等[24] 开发了一个强大的元启发式算法对其问题进行了求解. 2015 年, Kramer 等[25] 开发了一个元启发式算法求解了 Bektas 和 Laporte[20] 的问题. 2018 年, Majidi 等[26] 研究了一个带同时取送货的污染路径问题, 他们给出一个自适应大邻域启发式算法对其问题进行求解. 2019 年, Rauniyar 等[27] 研究了一个双目标的污染路径问题, 该问题就是在 Bektas 和 Laporte[20] 问题的基础上增加一个极小化所有路径的距离这个目标函数.

以上这些文献都是用综合模式排放模型 (comprehensive modal emissions model, CMEM)[28] 来计算油耗量和温室气体排放量 (或费用) 的, 这种模型的优点在于其计算油耗量和温室气体排放量时考虑了多种因素, 但是人们在使用该模型时为了简单起见一般都假设车辆以一个固定的速度运行或将速度离散化. 2017 年, Turkensteen[29] 特意对此进行了数值实验分析, 结果表明, 用固定的速度来计算油耗量和温室气体排放量不够精确, 即和实际是有出入的, 因为在实际中车辆的行驶速度是波动的. 实际上, 2016 年 Fukasawa 等[30] 就注意到这一点, 于是他们在研究污染路径问题时假设车辆速度是一个区间上的连续决策变量, 并为污染路径问题建立了新的模型, 尤其是为污染路径问题建立了两个混合整数凸优化模型, 并得到几组有效不等式来进一步增强这两个模型, 他们用基准实例对其模型进行了测试, 有些实例首次被最优地解决.

还有许多文献研究优化油耗量和二氧化碳排放量的车辆路径问题. 例如, 2014 年, 李进和张江华[31] 在带时间窗的车辆路径问题 (CVRP5(A0)) 中加入了优化碳排放量, 并使用欧盟委员会在 MEET 报告[32] 中给出的碳排放计算函数来计算碳排放量, 他们给出一个两阶段算法对其问题进行了求解. 2015 年 Zhang 等[33], 李进等[34], 2017 年康凯等[35], Eshtehadi 等[36] 也都研究了优化油耗量和二氧化碳排放量的车辆路径问题, 这里就不一一详细介绍了.

2. 经典模型

下面只介绍 Bektas 和 Laporte[20] 的模型. 2011 年 Bektas 和 Laporte[20] 首次提出了污染路径问题. 该问题被定义在一个完全图 $G = (\mathcal{N}, \mathcal{A})$ 上, 其中 $\mathcal{N} = \{0, 1, \cdots, n\}$ 是顶点集, $\mathcal{A} = \{(i, j) | i, j \in \mathcal{N}, i \neq j\}$ 是弧集. 顶点 0 是车场, 它有 m 辆同型车辆 (汽车), 用 $\mathcal{K} = \{1, 2, \cdots, m\}$ 表示这些车辆构成的集合, 每辆车的容量都为 Q. $\mathcal{N}_0 = \mathcal{N} \setminus \{0\}$ 为客户集, 每个客户 $i \in \mathcal{N}_0$ 具有需求 q_i 并要求在一个指定的时间窗 $[a_i, b_i]$ 内开始对其进行服务. 一辆车对客户 i 进行服务的时间 (卸货或装货的时间) 用 t_i 来表示. 从顶点 i 到顶点 j 的距离用 d_{ij} 表示. 要为车场中的若干车辆构作路径来满足所有客户的需求, 同时保证这些车辆从车场出发完成配送任务后返回车场, 且车载不能超过其容量, 而且每个客户都在其对应的时间窗内由一辆车对其开始进行服务. 目标是极小化由排放费用、运作费用和司机的费用构成的总费用.

Bektas 和 Laporte[20] 给出了该问题的数学模型.

符号说明

c_f: 单位油耗费用 (也可能包含运行费用, 诸如那些与修理和维护相关联的费用);

e: 单位温室气体排放费用;

k: 发动机摩擦系数;

N: 发动机速度;

V: 发动机排量;

P_t: 施加在车辆上的以瓦特表示的全部牵引力需求要求;

ε: 车辆动力传动系统效率;

P_a: 与发动机运转损失以及附加的车辆附件 (比如空调设备) 相关联的发动机功率需求;

η: 对柴油发动机效率的一个估量值, $\eta \approx 0.45$;

U: 依赖于一些常量 (包括 N) 的一个值;

F: 燃料使用率, $F \approx (kNV + (P_t/\varepsilon + P_a)/\eta) U$;

M: 车辆的重量 (kg, 空车重量加上载货量);

v: 车辆的速度 (m/s);

a: 车辆的加速度 (m/s²);

g: 重力加速度 (9.81 m/s^2);

θ: 路面的倾角;

A: 车辆的正面表面积 (m^2);

ρ: 空气密度 (kg/m^3);

C_r: 滚动阻力系数;

C_d: 拖曳阻力系数;

$\beta = 0.5 C_d A \rho$;

$P_t = \left(Mav + Mgv\sin\theta + 0.5 C_d A \rho v^3 + MgC_r\cos\theta\, v \right)$;

v_{ij}: 车辆在弧 (i,j) 上行驶的平均速度;

f_{ij}: 车辆在弧 (i,j) 上行驶时的载货量;

w: 空车重量;

$M = w + f_{ij}$;

d_{ij}: 顶点 i 到顶点 j 的距离 (meters);

θ_{ij}: 弧 (i,j) 的路面倾角;

P_{ij}: 车辆在弧 (i,j) 上消耗的全部能量;

$\alpha_{ij} = a + g\sin\theta_{ij} + gC_r\cos\theta_{ij}$: 一个弧指定的常数;

$P_{ij} \approx P_t \left(d_{ij}/v_{ij} \right)$
$\approx \alpha_{ij}\left(w + f_{ij}\right)d_{ij} + \beta v_{ij}^2 d_{ij}$;

F_{ij}: 弧 (i,j) 上的耗油量, 用 P_{ij} 来估计;

$M_{ij} = \max\left\{0, b_i + s_i + d_{ij}/l_{ij} - a_j\right\}$;

l_{ij}, u_{ij}: 分别表示一辆车在弧 $(i,j) \in \mathcal{A}$ 上的行驶速度的下界和上界.

假设车辆在每条弧上的速度限制都相同, 即对任意的弧 $(i,j) \in \mathcal{A}$, 令 $l_{ij} = l$, $u_{ij} = u$, 定义一个速度水平集合 $\mathcal{R} = \{1, 2, \cdots, r, \cdots\}$, 其中对一给定的弧 $(i,j) \in \mathcal{A}$, 每个 $r \in \mathcal{R}$ 对应一个速度区间 $[l^r, u^r]$, 且 $u^{|\mathcal{R}|} = u$, Bektas 和 Laporte 对每个水平 $r \in \mathcal{R}$ 计算平均速度 $\bar{v}^r = (l^r + u^r)/2$.

t_j: 一辆车对客户点 $j \in \mathcal{N}_0$ 的服务时间 (装货或卸货时间);

p: 一辆车的司机单位时间 (通常是每小时) 的工资;

s_j: 在以客户点 $j \in \mathcal{N}_0$ 为返回车场前最后一个被访问客户的路径上花费的总的时间;

L: 一个充分大的数.

决策变量

x_{ij}: 0-1 变量, 如果有一车辆在弧 $(i,j) \in \mathcal{A}$ 上行驶, 那么 $x_{ij} = 1$, 否则 $x_{ij} = 0$.

y_j: 在客户点 $j \in \mathcal{N}_0$ 处的开始服务时间.

z_{ij}^r: 0-1 变量, 如果有一车辆以速度水平 $r \in \mathcal{R}$ 在弧 $(i,j) \in \mathcal{A}$ 上行驶, 那么 $z_{ij}^r = 1$, 否则 $z_{ij}^r = 0$.

f_{ij}, v_{ij}: 车辆在弧 (i,j) 上行驶时的载货量与速度.

于是可得 $s_j = (y_j + t_j + d_{j0}/v_{j0}) \, x_{j0}$, 并且污染路径问题可用下列非线性混合整数规划模型来描述.

$$\min \sum_{(i,j)\in\mathcal{A}} (c_f + e) \, \alpha_{ij} d_{ij} x_{ij} \tag{6.64}$$

$$+ \sum_{(i,j)\in\mathcal{A}} (c_f + e) \, \alpha_{ij} f_{ij} d_{ij} \tag{6.65}$$

$$+ \sum_{(i,j)\in\mathcal{A}} (c_f + e) \, d_{ij} \beta \left(\sum_{r\in\mathcal{R}} (\bar{v}^r)^2 \, z_{ij}^r \right) \tag{6.66}$$

$$+ \sum_{j\in\mathcal{N}_0} p s_j, \tag{6.67}$$

$$\text{s.t.} \sum_{j\in\mathcal{N}} x_{0j} = m, \tag{6.68}$$

$$\sum_{j\in\mathcal{N}} x_{ij} = 1, \quad \forall i \in \mathcal{N}_0, \tag{6.69}$$

$$\sum_{i\in\mathcal{N}} x_{ij} = 1, \quad \forall j \in \mathcal{N}_0, \tag{6.70}$$

$$\sum_{j\in\mathcal{N}} f_{ji} - \sum_{j\in\mathcal{N}} f_{ij} = q_i, \quad \forall i \in \mathcal{N}_0, \tag{6.71}$$

$$q_j x_{ij} \leqslant f_{ij} \leqslant (Q - q_i) x_{ij}, \quad \forall (i,j) \in \mathcal{A}, \tag{6.72}$$

$$y_i - y_j + t_i + \sum_{r\in\mathcal{R}} (d_{ij}/\bar{v}^r) z_{ij}^r \leqslant M_{ij} (1 - x_{ij}), \quad \forall i \in \mathcal{N}, \ j \in \mathcal{N}_0, \ i \neq j, \tag{6.73}$$

$$a_i \leqslant y_i \leqslant b_i, \quad \forall i \in \mathcal{N}_0, \tag{6.74}$$

$$y_j + t_j - s_j + \sum_{r\in\mathcal{R}} (d_{j0}/\bar{v}^r) z_{j0}^r \leqslant L (1 - x_{j0}), \quad \forall j \in \mathcal{N}_0, \tag{6.75}$$

$$\sum_{r\in\mathcal{R}} z_{ij}^r = x_{ij}, \quad \forall (i,j) \in \mathcal{A}, \tag{6.76}$$

$$x_{ij} \in \{0,1\}, \quad \forall (i,j) \in \mathcal{A}, \tag{6.77}$$

$$f_{ij} \in \mathbf{R}_+, \ f_{ij} \leqslant Q, \quad \forall (i,j) \in \mathcal{A}, \tag{6.78}$$

$$z_{ij}^r \in \{0,1\}, \quad \forall (i,j) \in \mathcal{A}, \ r \in \mathcal{R}. \tag{6.79}$$

目标函数含 4 个部分: 前两个即式 (6.64) 和式 (6.65) 估量由车辆的车载 (包括车

辆自重) 产生的费用; 式 (6.66) 估量由速度变化而产生的费用, 式 (6.64)—(6.66) 这三部分为所有的油耗和温室气体排放费用, 这些费用通过单位费用 $c_f + e$ 乘上在弧 (i, j) 所消耗的所有燃油量来计算得到; 目标函数的最后部分式 (6.67) 为付给司机的所有费用; 约束 (6.68) 意味着 m 辆车从车场出发 (虽然目前的模型假设车辆数是一个常数, 但这个模型可直接扩展为将车辆数 m 视作决策变量并且在模型的目标函数中增加一项 ξm, ξ 表示出一辆车所产生的启动费用); 约束 (6.69) 和 (6.70) 保证每个客户恰好被访问一次; 式 (6.71) 是流平衡约束, 也是消除子回路约束, 约束 (6.72) 用于限制车辆装载货物量不能超过其能力; 式 (6.73) 和式 (6.74) 是时间窗约束; 约束式 (6.75) 用于计算每辆车总的运行时间; 式 (6.76) 给出了变量 z_{ij}^r 与 x_{ij} 之间的关系; 式 (6.77)—(6.79) 是变量的取值范围.

Bektas 和 Laporte[20] 用实验分析的方法对其问题进行了求解.

6.2.2 开放式半开放式污染路径问题

1. 文献综述

2015 年, 葛显龙等[37] 研究了一个多目标开放式污染路径问题, 他们采用 Demir 等[38] 以及 Barth 等[39] 给出的综合排放模型来计算油耗量和二氧化碳排放量, 并给出一种改进自适应遗传算法对其问题进行求解. 2017 年, Dabia 等[40] 研究了一个半开放式污染路径问题, 他们采用综合模式排放模型来计算耗油量和温室气体排放量, 并给出一个精确算法对其问题进行了求解.

2018 年, Niu 等[41] 研究了一个以物流外包为背景的开放式污染路径问题, 也采用综合模式排放模型来计算油耗量和温室气体排放量 (或费用), Niu 等[41] 给出一个混合禁忌搜索算法对其问题进行了求解. 2019 年, Yu 等[42] 研究了一个带时间窗的、多车型半开放式污染路径问题, 根据 Demir 等[43] 对各种碳排放模型的总结, 以及 Turkensteen[29] 的工作给出了计算油耗量和碳排放量的计算公式, 并且给出一个分支定价精确算法对其问题进行了求解.

2. 经典模型

1) 带车辆里程限制的多目标开放式污染路径问题

2015 年, 葛显龙等[37] 研究了一个带车辆里程限制的多目标开放式污染路径问题. 假设一个完全赋权图 $G = (V, A)$, 其中 $V = \{0, 1, 2, \cdots, n\}$ 为节点集, 0 表示车场, $V_0 = V \backslash \{0\}$ 表示客户集, 且客户 $i \in V_0$ 的需求量为 q_i, 而 $A = \{(i, j) | i, j \in V, i \neq j\}$ 是每对节点间的弧集. 存在相同类型的车辆集 $K = \{1, 2, \cdots, k\}$, 每辆车的额定载重为 Q, 且 $\max q_i \leqslant Q$, 于是最少使用车辆数估计为 $k = [\sum_{i=1}^{n} q_i / Q] + 1$. d_{ij} 表示从 i 到 j 的距离, t_{ij} 表示车辆从 i 行驶到 j 的时间.

车场的装货时间为 t_0, 客户点 i 的卸货时间为 t_i. 要求每个客户必须被访问一次且只访问一次; 货物的装载量不能超过车辆的额定载重量, 并且车辆允许满载; 车辆路径计算的是每辆车从车场到最后一个客户之间的距离, 即车辆从车场出发, 完成配送任务后不返回车场. 每段弧之间的行驶时间为距离与速度的比值, 总的行驶时间则是从车辆到达车场开始到服务完最后一个客户结束, 车辆的行驶时间不超过规定的工作时间 T. 目标为极小化所有使用车辆总的碳排放量和总的行驶路程. 葛显龙等[37] 给出了这一问题的数学模型, 其中的参数如表 6.3 所示.

表 6.3   开放式污染路径问题模型参数

参数	定义 (单位)	取值
f_{ij}	弧 (i, j) 上所载货物重量 (kg)	—
v	车辆速度 (m/s)	—
d	距离 (m)	—
w	空车重量 (kg)	6350
φ	燃料与空气的质量比	1
λ	发动机摩擦因子 (kJ/r/l)	0.2
N	发动机转速 (r/s)	33
V_s	发动机排量 (l)	5
η	柴油发动机的效率参数	0.9
μ	柴油的热量值 (kJ/g)	44
ε	传动系统效率	0.4
α	加速度	0
θ	道路坡度	0
C_d	空气阻力系数	0.7
C_r	滚动阻力系数	0.01
A	车辆的迎风面积 (m²)	3.912
ρ	空气密度 (kg/m³)	1.2041
g	重力加速度 (N/kg)	9.81
ψ	换算因子, 将燃料单位从 g/s 转换成 ls	737
e	欧洲碳排放标准 (kg/l)	2.62

令 $\gamma = \dfrac{1}{1000}\varepsilon\eta$, $\beta = 0.5C_d\rho A$, 则弧 (i, j) 上的碳排放量为

$$E_{ij} = e\left(\varphi/\mu\psi\right)\left(\lambda N V_s + \gamma\left(\omega\alpha v + f_{ij}\alpha v + \beta v^3\right)\right)d/v.$$

决策变量

x_{ijk}: 0-1 变量, 如果车辆 k 从 i 驶向 j, 那么 $x_{ijk} = 1$, 否则 $x_{ijk} = 0$.

y_{ik}: 0-1 变量, 如果客户 i 的任务由车辆 k 来完成, 那么 $y_{ik} = 1$, 否则 $y_{ik} = 0$.

于是上述问题的数学模型为

$$\min\ k, \tag{6.80}$$

$$\min \quad E = \sum_{(i,j)\in A} \sum_{k\in K} E_{ij} x_{ijk}, \tag{6.81}$$

$$\min \quad D = \sum_{(i,j)\in A} \sum_{k\in K} d_{ij} x_{ijk}, \tag{6.82}$$

$$\text{s.t.} \quad \sum_{i\in V, i\neq j} \sum_{k\in K} x_{ijk} = 1, \quad \forall j \in V_0, \tag{6.83}$$

$$\sum_{j\in V_0, i\neq j} \sum_{k\in K} x_{ijk} = 1, \quad \forall i \in V, \tag{6.84}$$

$$\sum_{k\in K} y_{ik} = 1, \quad \forall i \in V, \tag{6.85}$$

$$\sum_{j\in V} y_{ji} - \sum_{j\in V} y_{ij} = q_i, \quad \forall i \in V_0, \tag{6.86}$$

$$\sum_{i\in V_0} \sum_{k\in K} q_i y_{ik} \leqslant Q, \tag{6.87}$$

$$t_0 + \sum_{(i,j)\in A} t_{ij} x_{ijk} + \sum_{i\in V_0} t_i y_{ik} \leqslant T, \tag{6.88}$$

$$\sum_{j\in V_0} \sum_{k\in K} x_{0jk} = k, \tag{6.89}$$

$$\sum_{\substack{i,j\in S\times S \\ i\neq j}} \sum_{k\in K} x_{ijk} \leqslant |S| - 1, \quad \forall S \subset V_0, \tag{6.90}$$

$$x_{ijk}, y_{ik} \in \{0,1\}, \quad \forall (i,j) \in A. \tag{6.91}$$

目标函数含三部分: 式 (6.80) 使所使用的车辆数最少, 式 (6.81) 使碳排放量最少, 式 (6.82) 使行驶距离最短; 式 (6.83) 与式 (6.84) 确保每个客户被访问一次; 式 (6.85) 确保每个客户都被访问到; 式 (6.86) 为流量守恒约束; 式 (6.87) 是每辆车的装载能力约束; 式 (6.88) 为车辆的工作时间约束; 式 (6.89) 为使用的车辆数; 式 (6.90) 表示消除子回路; 式 (6.91) 是决策变量的整性约束.

葛显龙等[37] 给出一种改进的自适应遗传算法对问题进行求解.

2) 带时间窗的半开放式污染路径问题

2019 年, Yu 等[42] 研究了一个带时间窗的半开放式污染路径问题. 设 $G = (V, E)$ 是一个完全有向图, $V = \{0, 1, \cdots, n, n+1\}$ 是节点集, 节点 0 和 $n+1$ 分别表示开始车场和结束车场, 即车辆从车场 0 出发, 完成配送任务后停在车场 $n+1$. $V_0 = V \setminus \{0, n+1\}$ 是客户集. 对客户 i, 有质量为 q_i 的产品需要车辆在时间窗 $[a_i, b_i]$ 内为其送达. 且客户 i 有一个服务时间 s_i. E 表示弧集. 对每条弧 $(i,j) \in E$, 令 d_{ij} 为从节点 i 到节点 j 的距离. 车场 0 有 $|M|$ 种类型的车辆供使用, 各种类型的车辆足够多. 第 $m (m = 1, 2, \cdots, m)$ 种类型的车辆每辆空车重量为 W_m, 容量为 Q_m. 要求: ① 所有客户必须被服务; ② 每个客户必须被一辆车访问一次;

③ 每条可行路径都开始于车场 0 而结束于车场 $n+1$; ④ 每条路径上客户的需求之和不超过该路径上车辆的容量; ⑤ 在每个客户 i 处的开始服务时间必须在时间窗 $[a_i, b_i]$ 内, 并且如果车辆在 a_i 之前到达客户 i 处, 车辆将等待; ⑥ 每条路径上的车辆都需要在时刻 b_{n+1} 之前返回车场 $n+1$. 目标是极小化所有碳排放量. Yu 等[42] 记该问题为 HFGVRPTW.

符号说明

0: 出发车场;

$n+1$: 终止车场;

M: 车辆类型集合;

m: 车辆类型, $m = 1, 2, \cdots, |M|$;

W_m, Q_m: 分别表示第 $m (m = 1, 2, \cdots, |M|)$ 种类型的车辆每辆空车重量和容量;

Ω_m: m 类型车辆的可行路径集合;

Z_m: 可供使用的 m 类型车辆的数目;

M_a: 车辆重量;

v: 车辆的速度;

$\max Q$: 所有车辆的最大容量, $\max Q = \max \{Q_m, m = 1, \cdots, |M|\}$;

$V = \{0, 1, \cdots, n, n+1\}$: 节点集;

$V_0 = V \setminus \{0, n+1\}$: 客户集;

i, j: 节点 $i, j \in V$;

d_{ij}: 节点 i 与节点 j 的距离;

f_{ij}: 车辆通过弧 $(i, j) \in E$ 的车载量;

k: 路径 $p = \{i_0, i_1, \cdots, i_k\}$ 上有序客户的数量;

$p = \{i_0, i_1, \cdots, i_k\}$: 一辆车访问的可行路径;

A_p^0: 路径 $p = \{i_0, i_1, \cdots, i_k\}$ 的总距离, $A_p^0 = \sum_{l=1}^{k} d_{i_{l-1} i_l}$;

A_p^1: 沿着路径 $p = \{i_0, i_1, \cdots, i_k\}$ 的所有装载距离, $A_p^1 = \sum_{l=0}^{k-1} f_{i_{l-1} i_l} \sum_{l=1}^{k} d_{i_{l-1} i_l}$;

q_i: 客户 i 对产品的需求量;

$[a_i, b_i]$: 节点 i 的时间窗, 在这个时间段内开始对节点 i 进行服务, a_i, b_i 分别为最早和最晚开始时刻;

s_i: 在节点 i 的服务时间, 且在车场 (即节点 0 和 $n+1$) 的服务时间设为 0;

c_{mp}: 由第 m 类型的车辆服务路径 p 沿途的碳排放量.

决策变量

x_{mp}: 0-1 变量, 如果类型为 m 的车辆的路径 p 被选择, 那么 $x_{mp} = 1$, 否则 $x_{mp} = 0$;

σ_{ip}: 0-1 变量, 如果车辆在路径 p 上为客户 i 服务, 那么 $\sigma_{ip} = 1$, 否则 $\sigma_{ip} = 0$.

车辆的碳排放量计算

设 C_d 为空气动力阻力系数, ρ 为空气密度, A 为车辆正面面积, v_t 为车辆的速度, w 为车辆的空车重量, f 为车辆的装载量, g 为重力加速度, C_r 为滚动阻力, ϕ 为路面的偏角, a_t 为加速度, P_t 为车辆在第 t 秒受的力, 那么

$$P_t = 0.5 C_d \rho A v_t^3 + (w + f)\, v_t \left(g \sin \phi + g C_r \cos \phi + a_t \right).$$

令参数 ς 表示燃料和空气的质量比, κ 为典型柴油的发热量, N_f 为发动机摩擦系数, N_e 为发动机转速, N_d 为发动机排量, $\bar{\omega}$ 为柴油发动机的效率参数, ε 为车辆传动系统效率, FR_t 为第 t 秒的燃料消耗率 (克), 则

$$\mathrm{FR}_t = \frac{\varsigma}{\kappa} \left(N_f N_e N_d + \frac{P_t}{1000 \varepsilon \bar{\omega}} \right).$$

FR_t 被分成与 M_a 呈线性关系的一项记为 $\mathrm{FR}_t (M_a)$, 则

$$\mathrm{FR}_t (M_a) = \frac{\varsigma}{\kappa} \frac{v_t \left(g \sin \phi + g C_r \cos \phi + a_t \right)}{1000 \varepsilon \bar{\omega}} M_a + \mathrm{FR}_t (0),$$

其中 $\mathrm{FR}_t (0)$ 为与车辆重量无关的排放量, 即

$$\mathrm{FR}_t (0) = \frac{\varsigma}{\kappa} \left(N_f N_e N_d + \frac{0.5 C_d \rho A v_t^3}{1000 \varepsilon \bar{\omega}} \right).$$

令 $\alpha_1 = \mathrm{FR}_t (0), \alpha_2 = \mathrm{FR}_t (1000) - \mathrm{FR}_t (0)$, 则车辆在弧 (i, j) 上以固定速度 v 行驶的耗油量 (千克) 的计算公式为

$$F_{ij} = \alpha_1 \times d_{ij}/v + (w + f_{ij}) \times \alpha_2 \times d_{ij}/v.$$

令 r 为碳排放指标参数, 那么车辆在弧 (i, j) 上总的碳排放量为

$$e_{ij} = r F_{ij},$$

于是对于一个给定的可行路径 $p = \{i_0, i_1, \cdots, i_k\}$, 该路径的碳排放量 c_{mp} 可用下式计算:

$$c_{mp} = \sum_{l=0}^{k-1} e_{i_l i_{l+1}} = r \left(\frac{\alpha_1 + W_m \times \alpha_2}{v} \times A_p^0 + \frac{\alpha_2}{v} \times A_p^1 \right).$$

Yu 等[42] 给出一个集划分模型作为求解 HFGVRPTW 的主问题. 集划分模型如下:

$$\min \sum_{m=1}^{|M|} \sum_{p \in \Omega_m} c_{mp} x_{mp}, \tag{6.92}$$

$$\text{s.t.} \sum_{m=1}^{|M|} \sum_{p\in\Omega_m} \sigma_{ip}x_{mp} = 1, \quad \forall i \in V_0, \tag{6.93}$$

$$\sum_{p\in\Omega_m} x_{mp} \leqslant Z_m, \quad \forall m \in \{1,2,\cdots,|M|\}, \tag{6.94}$$

$$x_{mp} = 0,1, \quad \forall p \in \Omega_m, \forall m \in M. \tag{6.95}$$

目标函数式 (6.92) 为极小化碳排放量; 约束式 (6.93) 确保每个客户只被访问一次; 约束式 (6.94) 限制了第 m 类型车辆的数目; 约束式 (6.95) 是决策变量的整性约束.

Yu 等[42] 称上述集划分模型的线性规划松弛为主问题, 记为 MP. 由于 MP 中含太多的可行路径, 因此很难在可行的时间内求解它, 于是 Yu 等[42] 给出一个列生成算法来求解 MP. Yu 等[42] 将带有一个路径子集的 MP 称为限制的 MP, 将其记为 RMP, 进而将寻找可行路径, 并将其加到 RMP 中, 这样一个子问题称为定价问题. Yu 等[42] 开发了一个双向标号算法来精确求解 HFGVRPTW 的定价问题, 而且 Yu 等[42] 给出一个多车辆近似动态规划算法来加速求解定价问题.

6.2.3   时间依赖的污染路径问题

前面讨论的两类污染路径问题在计算碳排放量时考虑了车载量、车辆行驶距离、路面的坡度、车辆的速度等因素, 但没有明确考虑交通堵塞对碳排放量的影响. 2011 年, Figliozzi[44] 通过研究发现, 车辆的速度是影响碳排放量的重要因素, 而交通堵塞对车辆的速度有重要的影响. 下面介绍的时间依赖的污染路径问题就是在前两类污染路径问题的基础上明确考虑了交通堵塞对碳排放量的影响.

1. 文献综述

2013 年, Franceschetti 等[45] 研究了一个考虑交通堵塞的污染路径问题, 称其为时间依赖的污染路径问题, 并将其记为 TDPRP. 2017 年, Franceschetti 等[46] 给出一个元启发式算法对该问题进行了求解. 2016 年, Alinaghian 和 Naderipour[47] 研究了一个带多选择图的时间依赖的污染路径问题; 他们的问题与 Franceschetti 等[45] 的问题之间的区别在于为了避开交通堵塞, 两节点间的路径可以有多条供选择而不是像传统的车辆路径问题那样选最短路径. Alinaghian 和 Naderipour[47] 给出一个改进的萤火虫算法对其问题进行了求解. 2017 年, Xiao 和 Konak[48] 研究了一个优化二氧化碳排放量的时间依赖的车辆路径和调度问题, 给出一个将遗传算法和精确动态规划算法组合在一起的混合算法对其问题进行求解. Soysal 和 Çimen[49] 研究了一个绿色时间依赖的车辆路径问题. Kazemian 等[50] 研究了一个带时间窗的绿色时间依赖的车辆路径问题, 先将其问题转化为一个辅助图, 之后将其问题转化为带装载费用的车辆路径问题, 而带装载费用的车辆路径问题已经有精确的和启发式的求解算法, 从而使其问题得到解决. 2019 年, Raeesi 和 Zografos[51] 研究了一个多目标斯坦纳污染路径问题, 他们给出一个精确的路径消除过程 (path elimination procedure, PEP) 算法对其问题进行求解.

2. 经典模型

下面只介绍 Franceschetti 等[45] 的 TDPRP. TDPRP 被定义在一个完全图 $G = \{N, A\}$ 上, 其中 N 是节点集, 0 是车场, $N_0 = N \backslash \{0\}$ 是客户集, A 是每对节点间的弧集, 两个节点 $i \neq j \in N$ 之间的距离用 d_{ij} 来表示. 车场有 K 辆相同的车辆, 每辆车的容量都为 Q 个单位. 每个客户 $i \in N_0$ 有一个非负的需求量 q_i、一个服务时间 h_i 和一个硬时间窗 $[l_i, u_i]$, 对客户 i 的服务必须在 $[l_i, u_i]$ 中的某个时刻开始. 特别地, 如果车辆在时刻 l_i 之前到达节点 i 处, 该车辆需要等到时刻 l_i 才能对节点 i 进行服务. 不失一般性, 假设车辆在 0 时刻就可以离开车场 (后面又对该假设进行了松弛, 即车辆可在车场等待一段时间再离开车场). 要为 K 辆车确定一组路径, 这组路径都开始和结束于车场, 以及要确定车辆在每条弧上的速度和离开每个节点的时间, 目标为极小化司机的费用和碳排放费用.

1) 时间依赖性的确定

假设最初有一个交通拥塞的时间段, 持续 a 个单位时间, 紧接着是一段自由流时间. 这种模型框架适合于从上午交通高峰阶段开始, 此阶段交通堵塞, 接着交通堵塞就消散了的情形. 在高峰阶段车辆以拥塞速度 v_c 行驶, 而在接下来的时间段, 车辆的行驶速度仅受速度的下限 $v_{\min}$ 和上限 $v_{\max}$ 限制, 这意味着车辆可以以自由流动速度 $v_f \in [v_{\min}, v_{\max}]$ 行驶. 并假设 v_c 和 a 都是能够从存档的车辆数据中提取的常数.

考虑被一段距离 d 隔开的两个位置, 令 $T(w, v_f)$ 表示一车辆在这两个位置之间的行驶时间, 即车辆花费在路上的时间依赖于从第一个位置离开的时间 w, 并且车辆的行驶速度选择自由流速度 v_f. $T(w, v_f)$ 的计算公式如下:

$$T(w, v_f) = \begin{cases} \dfrac{d}{v_c}, & w \leqslant \left(a - \dfrac{d}{v_c}\right)^+, \\ \dfrac{v_f - v_c}{v_f}(a - w) + \dfrac{d}{v_f}, & \left(a - \dfrac{d}{v_c}\right)^+ < w < a, \\ \dfrac{d}{v_f}, & w \geqslant a. \end{cases}$$

于是根据车辆离开的时间 w 可将计划时间分成 3 个连续的时间区域.

第一个时间区域: $w \in \left[0, \left(a - \dfrac{d}{v_c}\right)^+\right]$, 被称为所有交通拥塞时间区域, 车辆在这个时间区域离开第一个位置, 在拥塞阶段用 d/v_c 个单位时间完成整个行程并

到达第二个位置;

第二个时间区域: $w \in \left[\left(a - \dfrac{d}{v_c} \right)^+, a \right]$, 被称为过渡时间区域, 车辆在这个时间区域先以速度 v_c 行驶长度为 $(a - w) v_c$ 的距离, 剩下的长度为 $d - (a - w) v_c$ 的距离以自由流速度 v_f 行驶;

最后一个时间区域: $w \in [a, \infty)$, 被称为所有的自由流时间区域, 在这个时间区域车辆以自由流速度 v_f 完成行程, 且完成时间为 $\dfrac{d}{v_f}$ 个时间单位.

2) 碳排放量计算公式

Franceschetti 等[45] 使用综合模式排放模型来计算碳排放量.

设 ξ 为燃料对空气的质量比, κ 为典型柴油燃料的发热量 (kJ/g), ψ 是从 (g/s) 到 (1/s) 的转换因子, k 是发动机摩擦系数 (kJ/rev/l), N_e 是发动机转速 (rev/s), V 为发动机排量 (l), ρ 是空气密度 (kg/m³), A 是车辆正面表面面积 (m²), μ 是空车重量 (kg), g 是重力加速度 (等于 $9.81 \mathrm{m/s}^2$), ϕ 是路面倾角, C_d 和 C_r 分别为空气动力阻力和滚动阻力, ε 为车辆的传动系效率, ϖ 是柴油发动机的效率参数, f 为车载量.

令

$$\alpha = g \sin \phi + g C_r \cos \phi, \quad \beta = 0.5 C_d A \rho, \quad \gamma = \frac{1}{1000 \varepsilon \varpi}, \quad \lambda = \frac{\xi}{\kappa \psi}.$$

设某一车辆在某一给定长度为 d 的弧上的出发时刻为 w, 行驶速度为 v_f. 用 $F(w, v_f)$ 表示该车在这条弧上的油耗量. 如果该车辆在该弧上行驶时所处的时间位于所有交通拥塞时间区域, 那么

$$F(w, v_f) = \lambda \left[k N_e V T(w, v_f) + \gamma \beta T(w, v_f) v_c^3 + \gamma \alpha (\mu + f) d \right],$$

如果位于所有自由流时间区域, 那么

$$F(w, v_f) = \lambda \left[k N_e V T(w, v_f) + \gamma \beta T(w, v_f) v_f^3 + \gamma \alpha (\mu + f) d \right],$$

如果位于过渡时间区域, 则

$$
\begin{aligned}
&F(w, v_f) \\
&= \lambda \left[k N_e V T(w, v_f) + \gamma \beta \left[(a - w) v_c^3 + (w + T(w, v_f) - a) v_f^3 \right] + \gamma \alpha (\mu + f) d \right],
\end{aligned}
$$

其中 $a - w$ 是车辆花费在交通拥塞时的时间, $w + T(w, v_f) - a$ 是车辆花费在以自由流速度 v_f 行驶时的时间.

令 $T^c(w) = \min \left\{ (a - w)^+, \dfrac{d}{v_c} \right\}$ 表示车辆花费在交通拥塞时的时间, $T^f(w, v_f)$

$$= \frac{\left[d - (a-w)^+ v_c\right]^+}{v_f}$$ 表示车辆花费在以自由流速度 v_f 行驶时的时间, 那么有

$$T(w, v_f) = T^c(w) + T^f(w, v_f),$$

于是 $F(w, v_f)$ 可写成下列形式:

$$F(w, v_f) = \lambda k N_e V T(w, v_f) + \lambda\gamma\beta\left[T^c(w)v_c^3 + T^f(w, v_f)v_f^3\right] + \lambda\gamma\alpha(\mu + f)d.$$

表 6.4　设定车辆和排放气体参数

符号	描述	取值
ξ	燃料对空气的质量比	1
κ	典型柴油燃料的发热量 (kJ/g)	44
ψ	转换因子/(g/l)	737
k	发动机摩擦系数 (kJ/rev/l)	0.2
N_e	发动机转速 (rev/s)	33
V	发动机排量 (l)	5
ρ	空气密度 (kg/m³)	1.2041
A	车辆正面表面面积 (m²)	3.912
μ	空车重量 (kg)	6350
g	重力加速度 (m/s²)	9.81
ϕ	路面倾角	0
C_d	空气动力阻力	0.7
C_r	滚动阻力	0.01
ε	车辆的传动系效率	0.4
ϖ	柴油发动机的效率参数	0.9
f_c	每升燃料价格 (£)	1.4
d_c	司机工资 (£/s)	0.0022

Franceschetti 等[45] 使用了 Bektas 和 Laporte[20] 的方法将自由流速度线性化. 设 $R = \{1, 2, \cdots, k\}$ 是不同速度水平的指标集, $v^1, v^2, \cdots, v^k$ 表示对应的自由流速度, 且 $v_c \leqslant v_{\min} = v^1 < v^2 < \cdots < v^k = v_{\max}$.

令 $b^0 = 0$, $b^1 = \left(a - \dfrac{d}{v_c}\right)^+$, $b^2 = a$, $b^3 = \infty$, $[b^{m-1}, b^m)$ 表示第 $m \in \{1, 2, 3\}$ 个时间区域, 特别地, $m = 1$ 是所有交通拥塞时间区域, $m = 2$ 是过渡时间区域, $m = 3$ 是所有自由流时间区域.

定义 v^{mr} 为在时间区域 m 且给定自由流速度 $v^r (r \in R)$ 时的速度, 即

$$v^{1r} = v_c, \quad v^{2r} = v_c, \quad v^{3r} = v^r.$$

令

$$\theta^{mr} = \begin{cases} 0, & m = 1, 3, \\ \dfrac{v^{2r} - v^{3r}}{v^{3r}}, & m = 2, \end{cases} \qquad \eta_{ij}^{mr} = \begin{cases} \dfrac{d_{ij}}{v^{1r}}, & m = 1, \\ \dfrac{d_{ij}}{v^{3r}} + \left(\dfrac{v^{3r} - v^{2r}}{v^{3r}}\right) a, & m = 2, \\ \dfrac{d_{ij}}{v^{3r}}, & m = 3. \end{cases}$$

于是对弧 (i,j), 如果 $b^{m-1} \leqslant w < b^m, r \in R$, 那么 $T(w, v_f)$ 可被改写为

$$T(w, v_f) = \theta^{mr} w + \eta_{ij}^{mr}.$$

决策变量

x_{ij}: 0-1 变量, 如果一辆车穿过弧 $(i,j) \in A$, 那么 $x_{ij} = 1$, 否则 $x_{ij} = 0$;

z_{ij}^{mr}: 0-1 变量, 如果一辆车穿过弧 $(i,j) \in A$, 且在时间区间 $m \in \{1, 2, 3\}$ 以自由流速度 v_r ($r \in R$) 离开节点 i, 那么 $z_{ij}^{mr} = 1$, 否则 $z_{ij}^{mr} = 0$;

f_{ij}: 车辆在弧 (i,j) 上的装载量;

w_{ij}^{mr}: 变量等于一时间点, 在该时间点一辆车在时间区间 $m \in \{1, 2, 3\}$ 以自由流速度 v^r ($r \in R$) 穿过弧 $(i,j) \in A$;

s_i: 花费在一条以节点 i 为返回车场前最后一个节点的路径上的所有时间;

φ_i: 在节点 $i \in N_0$ 开始服务的时间;

有了上述变量, 可得: $\theta_{ij}^{mr} w_{ij}^{mr} + \eta_{ij}^{mr} x_{ij}^{mr}$ 等于一车辆在时间区间 $m \in \{1, 2, 3\}$ 内离开节点 i, 且以自由流速度 v^r ($r \in R$) 在弧 (i,j) 上的行驶时间.

于是 Franceschetti 等[45] 给出的 TDPRP 的数学模型如下:

$$\min \sum_{(i,j) \in A} \sum_{r \in R} \sum_{m=1}^{3} f_c \lambda k N_e V \left(\theta_{ij}^{mr} w_{ij}^{mr} + \eta_{ij}^{mr} z_{ij}^{mr}\right) \tag{6.96}$$

$$+ \sum_{(i,j) \in A} \sum_{r \in R} \sum_{m=1,3} f_c \lambda \gamma \beta \left(v^{mr}\right)^3 \left(\theta_{ij}^{mr} w_{ij}^{mr} + \eta_{ij}^{mr} z_{ij}^{mr}\right) \tag{6.97}$$

$$+ \sum_{(i,j) \in A} \sum_{r \in R} f_c \lambda \gamma \beta \left(v^{2r}\right)^3 \left(a z_{ij}^{2r} - w_{ij}^{2r}\right) \tag{6.98}$$

$$+ \sum_{(i,j) \in A} \sum_{r \in R} f_c \lambda \gamma \beta \left(v^{3r}\right)^3 \left(w_{ij}^{2r} + \theta_{ij}^{2r} w_{ij}^{2r} + \eta_{ij}^{2r} z_{ij}^{2r} - a z_{ij}^{2r}\right) \tag{6.99}$$

$$+ \sum_{(i,j) \in A} f_c \lambda \gamma \alpha_{ij} d_{ij} \left(\mu x_{ij} + f_{ij}\right) \tag{6.100}$$

$$+ \sum_{i \in N_0} d_c s_i, \tag{6.101}$$

$$\text{s.t.} \quad \sum_{i \in N_0} x_{0j} = K, \tag{6.102}$$

$$\sum_{i \in N} x_{ij} = 1, \quad \forall j \in N_0, \tag{6.103}$$

$$\sum_{j \in N} x_{ij} = 1, \quad \forall i \in N_0, \tag{6.104}$$

$$\sum_{j \in N} f_{ji} - \sum_{j \in N} f_{ij} = q_i, \quad \forall i \in N_0, \tag{6.105}$$

$$q_j x_{ij} \leqslant f_{ij} \leqslant x_{ij}(Q - q_i), \quad \forall (i,j) \in A, \tag{6.106}$$

$$z_{ij}^{mr} b_{ij}^{m-1} \leqslant w_{ij}^{mr} \leqslant z_{ij}^{mr} b_{ij}^m, \quad \forall (i,j) \in A, \, m \in \{1,2,3\}, \, r \in R, \tag{6.107}$$

$$\sum_{i \in N} \sum_{m=1}^{3} \sum_{r \in R} (w_{ij}^{mr} + \theta_{ij}^{mr} w_{ij}^{mr} + \eta_{ij}^{mr} z_{ij}^{mr}) \leqslant \varphi_j, \quad \forall j \in N_0, \tag{6.108}$$

$$\sum_{j \in N} \sum_{r \in R} \sum_{m=1}^{3} w_{ij}^{mr} \geqslant \varphi_i + h_i, \quad \forall i \in N_0, \tag{6.109}$$

$$l_i \leqslant \varphi_i \leqslant u_i, \quad \forall i \in N_0, \tag{6.110}$$

$$s_i \geqslant \sum_{r \in R} \sum_{m=1}^{3} (w_{i0}^{mr} + \theta_{i0}^{mr} w_{i0}^{mr} + \eta_{i0}^{mr} z_{i0}^{mr}), \quad \forall i \in N_0, \tag{6.111}$$

$$\sum_{m=1}^{3} \sum_{r \in R} z_{ij}^{mr} = x_{ij}, \quad \forall (i,j) \in A, \tag{6.112}$$

$$z_{ij}^{mr} \in \{0,1\}, \quad \forall (i,j) \in A, \, m \in \{1,2,3\}, \, r \in R, \tag{6.113}$$

$$x_{ij} \in \{0,1\}, \quad \forall (i,j) \in A, \tag{6.114}$$

$$f_{ij} \geqslant 0, \quad \forall (i,j) \in A, \, m \in \{1,2,3\}, r \in R. \tag{6.115}$$

式 (6.96) 计算由发动机模块诱发的排放费用; 式 (6.97) 计算由在所有交通拥塞和所有自由流时间区域的速度模块生成的碳排放费用; 式 (6.98) 和式 (6.99) 计算由在过渡时间区域的速度模块生成的碳排放费用; 式 (6.100) 是由重量模块诱发的费用; 式 (6.101) 为考量在计划时间开始时付给所有司机的费用. 相反, 如果司机的工资在他离开的时候支付给他, 那么所有司机的工资将是 $\sum_{i \in N_0} d_c s_i - \sum_{j \in N_0} \sum_{r \in R} \sum_{m=1}^{3} d_c w_{0j}^{mr}$. 约束式 (6.102) 指明恰好有 K 辆车从车场离开; 约束式 (6.103) 和式 (6.104) 保证每个客户恰好被访问一次; 约束式 (6.105) 和式 (6.106) 限定了每条弧上的流所满足的条件, 且确保车辆的容量限制不被违反; 约束式 (6.107) 是离开时间的取值范围; 约束式 (6.108) 和式 (6.109) 分别表示到达时间与服务时间之间以及服务时间与离开时间之间的关系; 约束式 (6.110) 是在客户节点的时间窗限制; 约束式 (6.111) 计算车辆返回车场的时间; 约束式 (6.112) 显示了速度和穿过弧的变量之间的关系. 最后, 约束式 (6.113)—(6.115) 是变量的整性和非负限制.

Franceschetti 等[45] 首先对单个弧的网络进行了分析, 接着给出一个多项式时间算法来优化一个固定的路径上的车辆离开该路径上每一节点的时间和速度, 将该问题记为 DSOP. 最后针对上面给出的数学模型和 DSOP 算法用软件 CPLEX12.1 对其问题进行了实验分析.

6.3　新能源车辆的运输路线优化问题

6.3.1　新能源车辆的类型

新能源汽车 (国外称为可替代燃料汽车) 主要包括如下几种. ① 燃料电池电动汽车 (FCEV): 是以氢气、甲醇等为燃料, 通过化学反应产生电流, 依靠电机驱动的汽车. 其电池的能量是通过氢气和氧气的化学作用, 而不是经过燃烧直接变成电能的. ② 混合动力汽车: 是指采用传统燃料, 同时配以电动机或发动机来改善低速动力输出和燃油消耗的车型. 混合动力汽车按照燃料种类的不同, 又可以分为汽油混合动力汽车和柴油混合动力汽车两种. 目前在国内混合动力车辆的主流都是汽油混合动力为主, 而国际上柴油混合动力车型的发展也比较快速. ③ 氢能源动力汽车: 就是以氢气为汽车燃料的汽车. 氢能源动力汽车是一种能真正实现零排放的交通工具, 排放出的是纯净水, 具有无污染、零排放、储量丰富等优势, 因此, 氢动力汽车是传统汽车最理想的替代方案. 不过, 氢燃料电池成本过高, 而且氢燃料的存储和运输按照目前的技术条件来说相对有点困难. ④ 纯电动汽车 (BEV, 包括太阳能汽车): 主要是采用电力驱动的汽车, 目前大部分车型是直接采用电机驱动的, 有一部分车辆则把电动机装在发动机舱内, 也有一部分直接以车轮作为四台电动机的转子, 而其难点在于电力储存技术. ⑤ 其他新能源汽车: 包括压缩天然气、液化石油气、液化天然气和乙醇等作为燃料的汽车. 目前许多国家和地区在这方面的新能源汽车已经有了较大的推广, 这也将成为未来世界汽车产业发展的趋势.

与传统石化燃料驱动的汽车相比, 新能源车辆温室气体排放更少, 但新能源车辆却有着运输覆盖范围较小、相关能源补充站数量少等技术瓶颈, 因此新能源车辆路径优化的研究是车辆燃料补充车辆路径问题的进一步拓展, 而且这类车辆路径问题都是强 NP-难问题.

6.3.2　新能源车辆路径问题及数学模型

1. 文献综述

2012 年, Erdoğan 和 Miller-Hooks[52] 最先研究了考虑补充燃料站点的新能源车辆路径问题, 给出两个启发式算法: ① 修改的 C-W 节约算法; ② 基于密度的聚类算法来求解其问题. 2016 年, Montoya 等[53] 给出一个多空间采样启发式算法来求解 Erdoğan 和 Miller-Hooks[52] 的问题, 同年, Bruglieri 等[54] 为 Erdoğan 和 Miller-Hooks[52] 的问题建立了新的数学规划模型, 并用软件 CPLEX 12.5 对其模型进行了测试, 2017 年, Koç 等[55] 也为 Erdoğan 和 Miller-Hooks[52] 的问题建立了新的数学规划模型, 并且根据此模型给出一个基于模拟退火启发式和分支切割算法的启发式算法对问题进行求解. 同年, Andelmin 等[56] 给出一个基于集划分模型的精确算法, Leggieri 等[57] 给出一个基于混合整数线性规划模型的精确算法对 Erdoğan 和 Miller-Hooks[52] 的问题进行了求解. 2018 年, Affi 等[58] 给出一个变邻域搜索算法来求解 Erdoğan 和 Miller-Hooks[52] 的问题.

下面的文献研究的问题都是 Erdoğan 和 Miller-Hooks[52] 研究的问题的变种.

2014 年 Schneider 等[59], Afroditi 等[60], 2015 年 Bruglieri 等[61], 2016 年邢芳芳等[62] 研究了带时间窗和补充燃料站点的电动汽车路径规划问题.

2014 年 Felipe 等[63], 2017 年 Bruglieri 等[64] 研究了带部分充电策略的电动汽车路径规划问题.

2015 年 Goeke 和 Schneider[65], 2019 年 Macrina 等[66] 研究了传统车辆和电动车辆混合车队路径规划问题.

2017 年, Montoya 等[67] 将 Erdoğan 和 Miller-Hooks[52] 的模型中的目标函数改为极小化所有车辆的行驶时间和充电时间的电动汽车路径规划问题, 给出一个混合元启发式算法对其问题进行了求解.

2017 年, Strehler 等[68], Mancini[69] 研究了混合汽车 (介于传统内燃机驱动汽车和电动汽车之间的汽车) 的路径规划问题.

2015 年 Yang 和 Sun[70], 2017 年 Zheng 和 Peeta[71], Hof 等[72] 研究了带充电站定位的电动汽车路径规划问题.

2. 经典模型

Erdoğan 和 Miller-Hooks[52] 对新能源车辆路径问题进行了描述. 给定一个无向完全图 $G = (V, E)$, $I = \{v_1, v_2, \cdots, v_n\}$ 是客户集, v_0 为车场, $F = \{v_{n+1}, v_{n+2}, \cdots, v_{n+s}\}$ $(s \geqslant 0)$ 为补充替代燃料的站点 (以后简称燃料站) 集.

V 为顶点集, $V = I \cup \{v_0\} \cup F = \{v_0, v_1, v_2, \cdots, v_{n+s}\}$, $|V| = n + s + 1$. 假设除了燃料站 $v_{n+1}, v_{n+2}, \cdots, v_{n+s}$ 以外, 车场也能够被用作燃料站, 它们都有无限能力. $E = \{(v_i, v_j) | v_i, v_j \in V\}$ 为连接 V 中顶点的边集. 每条边 (v_i, v_j) 都关联一个非负的旅行时间 t_{ij}、费用 c_{ij} 和距离 d_{ij}. 假设在每条链接上车辆的行驶速度都是常数. 车场 v_0 中有若干新能源车辆, 这些车辆停下来补充燃料的次数没有限制, 并假设每当车辆去补充燃料时, 其油箱都被加满. 目标是寻求 m 条路径, 每条路径对应一辆车, 开始和结束于车场, 并且访问 V 的一个子集, 该子集中当需要时还含一

些燃料站, 使得总的行驶距离最小.

在上述问题中, 车辆行驶里程约束由其油箱容量限制来确定, 其路径持续时间由预先给定的 $T_{\max}$ 来限定, 而且假设对每一客户而言, 如果一车辆从车场出发直接到该客户处对其进行服务, 之后直接返回车场所用的时间都在 $T_{\max}$ 内. 不失一般性, 为了反映现实生活中的服务区设计, 每条路径可以只访问一个客户, 也可访问多个客户, 但在每条路径上车辆至多去一个燃料站处补充一次燃料. 于是对燃料站、车场、客户的访问是有区别的, 每个客户只能由一辆车访问一次, 每个燃料站可被多辆车访问, 也可没被访问, 车场必须被每条路径上的车辆在路径开始和结束时进行访问, 而且车场还可以作为燃料站而被车辆访问. 由于 V 中的顶点有这样的区别, 所以将图 G 增广为图 $G' = (V', E')$, 即在 V 的基础上增加 s' 个空顶点 $v_{n+s+1}, v_{n+s+2}, \cdots, v_{n+s+s'}$, 每个空顶点对应一次潜在的对燃料站或车场 (作为燃料站) 的访问. 令 $\Phi = \{v_{n+s+1}, v_{n+s+2}, \cdots, v_{n+s+s'}\}$, 那么 $V' = V \cup \Phi$. 对每个燃料站 $v_f \in F \cup \{v_0\}$, 对应 n_f 个空顶点, 表示 v_f 被访问的次数. n_f 被设置得尽可能小以减小网络的尺寸, 但得足以保证不限制多次有益的访问. Erdoğan 和 Miller-Hooks 等给出了上述问题的数学模型.

符号说明

I_0: 客户和车场组成的集合, 即 $I_0 = \{v_0\} \cup I$;

F_0: 燃料站和车场与空节点组成的集合, 即 $F_0 = \{v_0\} \cup F'$, $F' = F \cup \Phi$;

p_i: 在顶点 i 的服务时间, 如果 $i \in I$, 那么 p_i 为在客户点的服务时间, 如果 $i \in F$, 则 p_i 表示在燃料站点的补充燃料时间, 且假设 p_i 是常数.

r: 车辆油耗率 (加仑/英里);

Q: 车辆油箱容量.

决策变量

x_{ij}: 0-1 变量, 如果有车辆从节点 i 行驶到节点 j, 那么 $x_{ij} = 1$, 否则 $x_{ij} = 0$.

y_j: 连续变量, 表示车辆到达节点 j 时其油箱剩余的燃油油位, 其在每个燃料站节点 i 及车场都被重置为 Q.

τ_j: 连续变量, 表示一车辆到达节点 j 的时间, 初始化为 0, 表示车辆从车场出发的时间.

上述问题的数学模型为

$$\min \sum_{\substack{i,j \in V' \\ i \neq j}} d_{ij} x_{ij}, \tag{6.116}$$

$$\text{s.t.} \sum_{\substack{j \in V' \\ j \neq i}} x_{ij} = 1, \quad \forall i \in I, \tag{6.117}$$

$$\sum_{\substack{j \in V' \\ i \neq j}} x_{ij} \leqslant 1, \quad \forall i \in F_0, \tag{6.118}$$

$$\sum_{\substack{i \in V' \\ j \neq i}} x_{ji} - \sum_{\substack{i \in V' \\ j \neq i}} x_{ij} = 0, \quad \forall j \in V', \tag{6.119}$$

$$\sum_{j \in V' \backslash \{0\}} x_{0j} \leqslant m, \tag{6.120}$$

$$\sum_{j \in V' \backslash \{0\}} x_{j0} \leqslant m, \tag{6.121}$$

$$\tau_j \geqslant \tau_i + (t_{ij} - p_j) x_{ij} - T_{\max}(1 - x_{ij}), \quad i \in V', \ \forall j \in V' \backslash \{0\}, \ i \neq j, \tag{6.122}$$

$$0 \leqslant \tau_0 \leqslant T_{\max}, \tag{6.123}$$

$$t_{0j} \leqslant \tau_j \leqslant T_{\max} - (t_{j0} + p_j), \quad \forall j \in V' \backslash \{0\}, \tag{6.124}$$

$$y_j \leqslant y_i - rd_{ij}x_{ij} + Q(1 - x_{ij}), \quad \forall j \in I, \ i \in V', \ i \neq j, \tag{6.125}$$

$$y_j = Q, \quad \forall j \in F_0, \tag{6.126}$$

$$y_j \geqslant \min\{rd_{j0}, r(d_{jl} - d_{l0})\}, \quad \forall j \in I, \ l \in F', \tag{6.127}$$

$$x_{ij} \in \{0, 1\}, \quad \forall i, j. \tag{6.128}$$

目标函数 (6.116) 极小化在给定的一天中车场派遣的新能源车辆所行驶的总距离; 式 (6.117) 确保每个客户顶点恰好有一个后继节点, 该后继节点可以是一个客户节点或一个燃料站节点或车场节点; 式 (6.118) 确保每个燃料站 (和其关联的空节点) 将至多有一个后继节点, 该后继节点可以是一个客户节点或一个燃料站节点或车场节点; 式 (6.119) 为流平衡约束; 式 (6.120) 确保车场至多派遣 m 辆车参与配送任务; 式 (6.121) 确保在给定的一天中至多有 m 辆车返回车场, 并且给出车场的一个拷贝, 用于区分车辆离开和到达车场的次数, 这是为了跟踪每个被访问节点的时间以及消除子回路; 式 (6.122) 用来跟踪每辆车到达每个节点的时间; 式 (6.122)—(6.124) 保证每辆车返回车场的时间不超过 $T_{\max}$; 式 (6.123) 指定一个从车场离开的 0 时刻 ($\tau_0 = 0$) 和返回到达车场时间的一个上界; 式 (6.124) 给出在一个客户点和燃料站节点处的到达时间的上下界来确保每条路径在 $T_{\max}$ 时间内被完成; 式 (6.125) 根据节点序列和类型来跟踪车辆油箱的油位. 如果节点 j 恰好在节点 i 之后被访问 ($x_{ij} = 1$), 且节点 i 是一个客户节点, 那么约束 (6.125) 中的第一项在到达节点 j 时基于从节点 i 到节点 j 的距离以及车辆的油耗率来减少油位; 时间和油位跟踪约束式 (6.122) 和式 (6.125) 分别用来排除子回路产生的可能性; 式 (6.126) 表示到达车场或燃油站的车辆的油位重置为 Q; 式 (6.127) 保证车辆有足够的剩余燃料直接返回车场, 或从途中任何客户位置到途中的一个燃料站, 这个约束追求车辆不搁浅, 也可以将此约束扩展为允许车辆在返回路径中访问多于一个燃料站的情形; 式 (6.128) 是变量 x_{ij} 的整性约束.

Erdoğan 和 Miller-Hooks 等[52] 指出, 求解车辆路径问题的主要困难是确保不产生子回路, 与传统的车辆路径模型不同的是, 新能源车辆路径问题的数学模型需要三组约束式 (6.122) 至 (6.124) 组合起来阻止子回路的产生, 而传统的车辆路径模型只需一组约束即可.

6.4　小　结

本章介绍和讨论了三种绿色车辆路径问题: ① 优化油耗的车辆路径问题; ② 污染路径问题; ③ 新能源车辆的运输路线优化问题. 对每种绿色车辆路径问题, 首先对研究这种车辆路径问题的文献进行综述, 之后介绍该种车辆路径问题的经典数学模型, 另外对其中的某些问题还详细介绍了求解算法.

参 考 文 献

[1] Lin C H, Choy K L, Ho G T S, et al. Survey of green vehicle routing problem: Past and future trends[J]. Expert Systems with Applications, 2014, 41(4): 1118-1138.

[2] Park Y, Chae J. A review of the solution approaches used in recent G-VRP(Green Vehicle Routing Problem)[J]. International Journal of Advanced Logistics, 2014, 3(1-2): 27-37.

[3] 李英, 李惠, 成琪. 基于文献计量和知识图谱的国际绿色车辆路径问题研究发展分析 [J]. 中国管理科学, 2016, 24(SI): 206-216.

[4] 杨萍, 蒋洪伟. 绿色车辆路径问题研究综述 [J]. 中国储运, 2017, (8): 107-109.

[5] Kara I, Kara B, Yetis M. Energy Minimizing Vehicle Routing Problem[M]//Combinatorial Optimization and Applications. Berlin, Heidelberg: Springer, 2007: 62-71.

[6] Apaydin O, Gonullu M T. Emission control with route optimization in solid waste collection process: A case study[J]. Sadhana, 2008, 33(2): 71-82.

[7] Tavares G, Zsigraiova Z, Semiao V, et al. A case study of fuel savings through optimisation of MSW transportation routes[J]. Management of Environmental Quality, 2008, 19: 444-454.

[8] Xiao Y Y, Zhao Q H, Kaku I, et al. Development of a fuel consumption optimization model for the capacitated vehicle routing problem[J]. Computers & Operations Research, 2012, 39(7): 1419-1431.

[9] Song L, Chen H, Gu H, et al. Set covering in fuel-considered vehicle routing problems[J]. Theoretical Computer Science, 2015, 607: 471-479.

[10] Suzuki Y, Kabir Q S. Green vehicle routing for small motor carriers[J]. Transportation Journal, 2015, 54(2): 186-212.

[11] Suzuki Y. A dual-objective metaheuristic approach to solve practical pollution routing problem [J]. International Journal of Production Economics, 2016, 176: 143-153.

[12] 陈玉光, 陈志祥. 基于准时送货和最小耗油的配送车辆路径问题研究 [J]. 中国管理科学, 2015, 23(SI): 156-164.

[13] 饶卫振, 金淳, 王新华, 等. 考虑道路坡度因素的低碳 VRP 问题模型与求解策略 [J]. 系统工程理论与实践, 2014, 34(8): 2092-2105.

[14] Küçükoğlu İ, Ene S, Aksoy A, et al. A memory structure adapted simulated annealing algorithm for a green vehicle routing problem[J]. Environmental Science and Pollution Research,2015, 22(5): 3279-3297.

[15] 葛显龙, 黄钰, 谭柏川. 基于油耗的带时间窗变速车辆路径问题研究 [J]. 物流技术, 2015, 34: 130, 149.

[16] Suzuki Y. A new truck-routing approach for reducing fuel consumption and pollutants emission[J]. Transportation Research Part D, 2011, 16: 73-77.

[17] 吴丽荣, 胡祥培, 饶卫振. 考虑燃料消耗率的车辆路径问题模型与求解 [J]. 系统工程学报, 2013, 28(6): 804-811.

[18] 王明阳, 陈鑫, 张丽华. 带油耗的单车场开放式车辆路径问题研究 [J]. 物流科技, 2012, (10): 18-21.

[19] Zhang L H, Wang M Y. Study on a multi-depot and heterogeneous-vehicle open vehicle routing problem to reduce fuel consumption[J]. Applied Mechanics and Materials, 2013, 336-338: 2567-2571.

[20] Bektas T, Laporte G. The pollution-routing problem[J]. Transportation Research Part B, 2011, 45(8): 1232-1250.

[21] Demir E, Bektaş T, Laporte G. An adaptive large neighborhood search heuristic for the Pollution-Routing Problem[J]. European Journal of Operational Research, 2012, 223: 346-359.

[22] Kwon Y J, Choi Y J, Lee D H. Heterogeneous fixed fleet vehicle routing considering carbon emission[J]. Transportation Research Part D, 2013, 23: 81-89.

[23] Demir E, Bektaş T, Laporte G. The bi-objective pollution-routing problem[J]. European Journal of Operational Research, 2014, 232: 464-478.

[24] Koç C, Bektaş T, Jabali O, et al. The fleet size and mix pollution-routing problem[J]. Transportation Research Part B, 2014, 70: 239-254.

[25] Kramer R, Subramanian A, Vidal T, et al. A matheuristic approach for the Pollution-Routing Problem[J]. European Journal of Operational Research, 2015, 243: 523-539.

[26] Majidi S, Mahdi S H M, Ignatius J. Adaptive large neighborhood search heuristic for pollution-routing problem with simultaneous pickup and delivery[J]. Soft Computing, 2018, 22: 2851-2865.

[27] Rauniyar A, Nath R, Muhuri P K. Multi-factorial evolutionary algorithm based novel

solution approach for multi-objective pollution-routing problem[J]. Computers & Industrial Engineering, 2019, 130: 757-771.

[28]　Barth M, Scora G, Younglove T. Modal emissions model for heavy-duty diesel vehicles[J]. Transportation Research Record, 2004, 1880(1): 10-20.

[29]　Turkensteen M. The accuracy of carbon emission and fuel consumption computations in green vehicle routing[J]. European Journal of Operational Research, 2017, 262: 647-659.

[30]　Fukasawa R, He Q, Song Y J. A disjunctive convex programming approach to the pollution-routing problem[J]. Transportation Research Part B, 2016, 94: 61-79.

[31]　李进, 张江华. 基于碳排放与速度优化的带时间窗车辆路径问题 [J]. 系统工程理论与实践, 2014, 34(12): 3063-3072.

[32]　Hickman J, Hassel D, Joumard R, et al. Methodology for calculating transport emissions and energy consumption[R]. Crowthorne, UK: Transportation Research Laboratory,1999.

[33]　Zhang J H, Zhao Y X, Xue W L, et al. Vehicle routing problem with fuel consumption and carbon emission[J]. International Journal of Production Economics, 2015, 170: 234-242.

[34]　李进, 傅培华, 李修琳, 等. 低碳环境下的车辆路径问题及禁忌搜索算法研究 [J]. 中国管理科学, 2015, 23(10): 98-106.

[35]　康凯, 韩杰, 马艳芳, 等. 基于碳排放的模糊约定时间车辆路径问题研究 [J]. 工业工程与管理, 2017, 22(4): 17-22.

[36]　Eshtehadi R, Fathian M, Demir E. Robust solutions to the pollution-routing problem with demand and travel time uncertainty[J]. Transportation Research Part D, 2017, 51: 351-363.

[37]　葛显龙, 苗国庆, 谭柏川. 开放式污染路径问题优化建模与算法研究 [J]. 工业工程与管理, 2015, 20(4): 46-53.

[38]　Demir E, Bektaş T, Laporte G. A comparative analysis of several vehicle emission models for road freight transportation[J]. Transportation Research Part D, 2011, 16: 347-357.

[39]　Barth M, Younglove T, Scora G. Development of a Heavy-Duty Diesel Modal Emissions and Fuel Consumption Model: California PATH Research Report: UCB-ITS-PRR-2005-1[R]. UC Berkeley: California Partners for Advanced Transportation Technology.

[40]　Dabia S, Demir E, Woensel T V. An exact approach for a variant of the pollution-routing problem[J]. Transportation Science, 2017, 51, (2): 607-628.

[41]　Niu Y Y, Yang Z H, Chen P. Optimizing the green open vehicle routing problem with time windows by minimizing comprehensive routing cost[J]. Journal of Cleaner Production, 2018, 171: 962-971.

[42]　Yu Y, Wang S H, Wang J W, et al. A branch-and-price algorithm for the heterogeneous fleet green vehicle routing problem with time windows[J]. Transportation Research Part B, 2019, 122: 511-527.

[43] Demir E, Bektaş T, Laporte G. A review of recent research on green road freight transportation[J]. European Journal of Operational Research, 2014, 237: 775-793.

[44] Figliozzi M A. The impacts of congestion on time-definitive urban freight distribution networks CO_2 emission levels: Results from a case study in Portland, Oregon[J]. Transportation Research Part C, 2011, 19: 766-778.

[45] Franceschetti A, Honhon D, Van Woensel T, et al. The time-dependent pollution routing problem[J]. Transportation Research Part B, 2013, 5: 265-293.

[46] Franceschetti A, Demir E, Honhon D, et al. A metaheuristic for the time-dependent pollution-routing problem[J]. European Journal of Operational Research, 2017, 259: 972-991.

[47] Alinaghian M, Naderipour M. A novel comprehensive macroscopic model for time-dependent vehicle routing problem with multi-alternative graph to reduce fuel consumption: A case study[J]. Computers & Industrial Engineering, 2016, 99: 210-222.

[48] Xiao Y Y, Konak A. A genetic algorithm with exact dynamic programming for the green vehicle routing & scheduling problem[J]. Journal of Cleaner Production, 2017, 167: 1450-1463.

[49] Soysal M, Çimen M. A simulation based restricted dynamic programming approach for the green time dependent vehicle routing problem[J]. Computers and Operations Research, 2017, 88: 297-305.

[50] Kazemian I, Rabbani M, Farrokhi-Asl H. A way to optimally solve a green time-dependent vehicle routing problem with time windows[J]. Computational and Applied Mathematics, 2018, 37(3): 2766-2783.

[51] Raeesi R, Zografos K G. The multi-objective Steiner pollution-routing problem on congested urban road networks[J]. Transportation Research Part B, 2019, 122: 457-485.

[52] Erdoğan S, Miller-Hooks E. A green vehicle routing problem[J]. Transportation Research Part E, 2012, 48(1): 100-114.

[53] Montoya A, Guéret C, Mendoza J E, et al. A multi-space sampling heuristic for the green vehicle routing problem[J]. Transportation Research Part C, 2016, 70: 113-128.

[54] Bruglieri M, Mancini S, Pezzella F, et al. A new mathematical programming model for the green vehicle routing problem[J]. Electronic Notes in Discrete Mathematics, 2016, 55: 89-92.

[55] Koç Ç, Karaoglan I. The green vehicle routing problem: A heuristic based exact solution approach [J]. Applied Soft Computing, 2016, 39: 154-164.

[56] Andelmin J, Bartolini E. An exact algorithm for the green vehicle routing problem[J]. Transportation Science, 2017, 51(4): 1288-1303.

[57] Leggieri V, Haouari M. A practical solution approach for the green vehicle routing problem [J]. Transportation Research Part E: Logistics and Transportation Review, 2017, 104: 97-112.

[58] Affi M, Derbel H, Jarboui B. Variable neighborhood search algorithm for the green vehicle routing problem[J]. International Journal of Industrial Engineering Omputations, 2018, 9: 195-204.

[59] Schneider M, Stenger A, Goeke D. The electric vehicle routing problem with time windows and recharging stations[J]. Transportation Science, 2014, 48(4): 500-520.

[60] Afroditi A, Boile M, Theofanis S, et al. Electric vehicle routing problem with industry constraints: trends and insights for future research[J]. Transportation Research Procedia, 2014, 3: 452-459.

[61] Bruglieri M, Pezzella F, Pisacane O, et al. A variable neighborhood search branching for the electric vehicle routing problem with time windows[J]. Electronic Notes in Discrete Mathematics, 2015, 47(3): 221-228.

[62] 邢芳芳, 贾永基, 蒋琦, 等. 带充电设施的电动班车路径规划问题研究 [J]. 管理科学与工程, 2016, 5(4): 149-156.

[63] Felipe Á, Ortuño M T, Righini G, et al. A heuristic approach for the green vehicle routing problem with multiple technologies and partial recharges[J]. Transportation Research Part E, 2014, 71: 111-128.

[64] Bruglieri M, Mancini S, Pezzella F, et al. A three-phase matheuristic for the time-effective electric vehicle routing problem with partial recharges[J]. Electronic Notes in Discrete Mathematics, 2017, 58: 95-102.

[65] Goeke D, Schneider M. Routing a mixed fleet of electric and conventional vehicles[J]. European Journal of Operational Research, 2015, 245(1): 81-99.

[66] Macrina G, Pugliese L D P, Guerriero F, et al. The green mixed fleet vehicle routing problem with partial battery recharging and time windows[J]. Computers and Operations Research, 2019, 101: 183-199.

[67] Montoya A, Guéret C, Mendoza J E, et al. The electric vehicle routing problem with nonlinear charging function[J]. Transportation Research Part B: Methodological, 2017, 103: 87-110.

[68] Strehler M, Merting S, Schwan C. Energy-efficient shortest routes for electric and hybrid vehicles[J]. Transportation Research Part B, 2017, 103: 111-135.

[69] Mancini S. The hybrid vehicle routing problem[J]. Transportation Research Part C, 2017, 78: 1-12.

[70] Yang J, Sun H. Battery swap station location-routing problem with capacitated electric vehicles[J]. Computers & Operations Research, 2015, 55: 217-232.

[71] Zheng H, Peeta S. Routing and charging locations for electric vehicles for intercity trips [J]. Transportation Planning and Technology, 2017, 40(4): 393-419.

[72] Hof J, Schneider M, Goeke D. Solving the battery swap station location-routing problem with capacitated electric vehicles using an AVNS algorithm for vehicle-routing problems with intermediate stops[J]. Transportation Research Part B, 2017, 97: 102-112.

第 7 章　周期车辆路径问题

7.1　标准周期车辆路径问题

7.1.1　标准周期车辆路径问题描述

周期车辆路径问题 (periodic vehicle routing problem, PVRP) 是 Beltrami 和 Bodin[1] 在 1974 年提出来的. 这种车辆路径问题与带容量限制的车辆路径问题 (CVRP) 有很大的区别, 原因是 CVRP 只解决一天 (或一个时间段, 以下同) 的路径优化问题, 而 PVRP 要解决一个周期内多天的路径优化问题.

在 CVRP 中需要服务的客户集是给定的, 而且每一个客户需求都只需在这一天内被一辆车服务一次就得到满足, 因此在 CVRP 中只需决策一天内共派出多少车辆以及安排这些车辆的行车路线, 以使得所有客户都只被访问一次且使所有派遣车辆总的行驶费用最小. 而在 PVRP 中, 每个客户在一个周期内都有自己的被服务次数 (派车次数), 例如一个周期为 $T = 7$ 天, 某个客户的被服务次数为 $f = 3$(也称为该客户的服务频率), 其总的需求为 $W = 6$, 如果没有特殊要求, 那么在这 7 天中任意选出 3 天, 这 3 天中每天都派一辆车, 服务该客户一次满足其 $W/3 = 2$ 的需求, 就是对该客户的一个可行的派车方案或该客户的一个可行的服务时间组合, 因此在周期车辆路径问题中, 既要决策在一个周期内每天给哪些客户派车 (确定每天要服务的客户集), 又要决策每天派多少辆车以及安排这些车辆的行车路线使得该天要被服务的每一客户都只被访问一次, 以使得一个周期内所有派遣车辆总的行驶费用最小.

在上述例子中, 令

$$
S = \left\{ (a_1,\ a_2,\ a_3,\ a_4,\ a_5,\ a_6,\ a_7) \,\middle|\, a_j = 0 \ \text{或}\ 1,\ j = 1, 2, \cdots, 7,\ \sum_{j=1}^{7} a_j = 3 \right\}.
$$

那么 S 中每个元素都称为该客户的一个允许服务时间组合[2,3], 其中 $a_j = 0$ 表示该客户在第 j 天不被服务, $a_j = 1$ 表示该客户在第 j 天被服务, $j = 1, 2, \cdots, 7$.

标准周期车辆路径问题可描述如下[2,3]: 给定一个含有 T 天的计划周期, 在该计划周期内, 一个车场负责为 m 个客户服务 (送货或收集物品), 车场共有 K 辆车, 这 K 辆车都是同一型号的, 每辆车的容量都是 C. 客户 i 在 T 天内总的需求为 W_i, 需要被服务的次数 (也称为频率) 为 f_i, 其所有的允许服务时间组合构成的集

合记为 Λ_i, 目标是为每个客户 i 分配一个允许服务时间组合 $\lambda_i \in \Lambda_i$, 且生成每天的路径使其满足下列约束条件, 以极小化一个周期所有车辆的行驶费用:

(1) 所有被使用车辆都开始和结束于当天出发的车场;

(2) 在计划周期的每一天, 如果某一客户的产品被交付或收集, 其数量是预先给定的并且由一辆车全部满足;

(3) 车辆数给定;

(4) 每条路径的所有旅行时间有一个限制.

显然, $T = 1$ 时的标准周期车辆路径问题就是带容量限制的车辆路径问题 (CVRP0).

7.1.2   标准周期车辆路径问题文献综述

1974 年, Beltrami 和 Bodin[1] 以美国纽约市等的垃圾收集为背景首先提出了标准周期车辆路径问题, 给出两个启发式算法对其问题进行求解. 1979 年 Russell 和 Igo[4] 给出三个启发式算法, 1984 年 Christofides 和 Beasley[2] 给出一个启发式算法, Tan 和 Beasley[3] 给出一个启发式算法, 1991 年 Russell 和 Gribbin[5] 给出一个多阶段启发式算法, 1992 年 Gaudioso 和 Paletta[6] 给出一个启发式算法来求解标准周期车辆路径问题.

1995 年, Chao 等[7] 指出之前的文献给出的求解标准周期车辆路径问题的启发式算法都有容易陷入局部最优的缺点, 因此给出一个改进的启发式算法来求解标准周期车辆路径问题.

1997 年 Cordeau 等[8] 给出一个禁忌搜索启发式算法, Vianna 和 Ochi[9] 给出一个并行混合进化元启发式算法, 2001 年 Drummond 等[10] 给出一个异步并行元启发式算法, 2007 年 Mourgaya 和 Vanderbeck[11] 给出一个基于列生成的启发式算法, 2009 年 Vera 等[12] 给出一个变邻域搜索启发式算法, 2010 年 Pirkwieser 和 Raidl[13] 给出一个多层变邻域搜索启发式算法, 2011 年 Baldacci 等[14] 给出一个精确算法, 2013 年 Hamzadayi 等[15] 给出一个嵌套模拟退火算法, Yao 等[16] 给出一个人工蜂群算法, 2014 年 Cacchiani 等[17] 给出一个基于集覆盖的启发式算法, 蔡婉君等[18] 给出一个改进蚁群算法, 2015 年 Norouzi 等[19] 给出一个粒子群优化算法来求解标准周期车辆路径问题.

7.1.3   标准周期车辆路径问题的经典模型

1. 包含选择策略的路径优化模型

1984 年, Christofides 和 Beasley[2] 首先对标准周期车辆路径问题进行了数学建模, 把该问题描述为包含选择策略的路径优化问题, 给出的标准周期车辆路径问题的数学模型如下.

符号说明

n: 需要被服务的客户总数;

$i\,(i = 1, 2, \cdots, n)$: 表示第 i 个客户;

$N = \{1, 2, \cdots, n\}$: 所有客户构成的集合;

0: 车场;

S_i: 客户 $i\,(i = 1, 2, \cdots, n)$ 的所有允许或可行服务时间组合构成的集合;

q_i: 客户 $i\,(i = 1, 2, \cdots, n)$ 对每次服务的需求;

T: 一个周期含有的天数;

$t\,(t = 1, 2, \cdots, T)$: 表示第 t 天;

$P = \{1, 2, \cdots, T\}$: 一个周期各天构成的集合;

R_t: 第 $t\,(t = 1, 2, \cdots, T)$ 天可得到的全部车辆的集合;

Q_r: 车辆 r 的容量, $\forall r \in \bigcup_{t=1}^{T} R_t$;

D_r: 车辆 r 一天所允许的最大运行时间, $\forall r \in \bigcup_{t=1}^{T} R_t$;

c_{ij}: 车辆从 i 到 j 的运行时间, $i, j = 0, 1, 2, \cdots, n$, 且 $c_{jj} = 0, j = 0, 1, \cdots, n$;

a_{kt}: 如果第 t 天在服务时间组合 k 中, 即服务时间组合 k 规定在第 t 天有交付任务, 那么 $a_{kt} = 1$, 否则 $a_{kt} = 0$, $t = 1, 2, \cdots, T$, $\forall k \in \bigcup_{i=1}^{n} S_i$;

v_{it}: 如果客户 i 在第 t 天被访问, 那么 $v_{it} = 1$, 否则 $v_{it} = 0$, $t = 1, 2, \cdots, T$, $i = 1, 2, \cdots, n$, 特别地, $v_{0t} = 1, t = 1, 2, \cdots, T$.

决策变量

x_{ik}: 0-1 变量, 如果客户 i 的服务时间组合 k 被选择, 那么 $x_{ik} = 1$, 否则 $x_{ik} = 0$;

u_{ijtr}: 0-1 变量, 如果车辆 $r \in R_t$ 在第 t 天从 i 运行到 j, 那么 $u_{ijtr} = 1$, 否则 $u_{ijtr} = 0, t = 1, \cdots, T$, $i, j \in \{0\} \cup N$.

于是标准周期车辆路径问题可用下面的 0-1 规划来表示[2](记为 C-B 模型):

$$\min \quad \sum_{t=1}^{T} \sum_{i=0}^{n} \sum_{j=0}^{n} \sum_{r \in R_t} c_{ij} u_{ijtr}, \tag{7.1}$$

$$\text{s.t.} \quad \sum_{k \in S_i} x_{ik} = 1, \ \forall i \in N, \tag{7.2}$$

$$v_{it} = \sum_{k \in S_i} x_{ik} a_{kt}, \quad \forall t \in P, \ \forall i \in N, \tag{7.3}$$

$$\sum_{r \in R_t} u_{ijtr} \leqslant \frac{v_{it} + v_{jt}}{2}, \quad \forall i, j \in N\,(i \neq j), \ \forall t \in P, \tag{7.4}$$

$$\sum_{i=0}^{n} u_{iptr} = \sum_{j=0}^{n} u_{pjtr}, \quad \forall p \in N \cup \{0\}, \ \forall t \in P, \ \forall r \in R_t, \tag{7.5}$$

$$\sum_{r \in R_t} \sum_{i=0}^{n} u_{ijtr} = \begin{cases} v_{jt}, & \forall j \in N,\ \forall t \in P, \\ |R_t|, & j=0,\ \forall t \in P, \end{cases} \tag{7.6}$$

$$\sum_{i \in W} \sum_{j \in W} u_{ijtr} \leqslant |W| - 1, \quad \forall t \in P,\ \forall r \in R_t,\ \forall W \subseteq N, \tag{7.7}$$

$$\sum_{j=0}^{n} u_{0jtr} \leqslant 1, \quad \forall t \in P,\ \forall r \in R_t, \tag{7.8}$$

$$\sum_{i=1}^{n} q_i \left(\sum_{j=0}^{n} u_{ijtr} \right) \leqslant Q_r, \quad \forall t \in P,\ \forall r \in R_t, \tag{7.9}$$

$$\sum_{i=0}^{n} \sum_{j=0}^{n} c_{ij} u_{ijtr} \leqslant D_r, \quad \forall t \in P,\ \forall r \in R_t, \tag{7.10}$$

$$x_{ik} \in \{0,1\}, \quad \forall i \in N,\ \forall k \in S_i, \tag{7.11}$$

$$u_{ijtr} \in \{0,1\}, \quad \forall i,j \in N \cup \{0\},\ \forall t \in P,\ \forall r \in R_t. \tag{7.12}$$

式 (7.1) 表示极小化周期内所有被使用车辆总的运行时间; 式 (7.2) 确保对每个客户只有一个交付时间组合被选择; 式 (7.3) 保证每个客户仅在属于为其选定的服务时间组合的各天被访问; 式 (7.4) 确保两个客户只有当他们在某一天都被安排对其进行服务时才有车辆在他们之间运行; 式 (7.5) 确保计划周期内每天如果一个车辆访问一个客户, 那么该车辆也从此客户处离开; 式 (7.6) 确保每个客户在安排为他服务的那些天都只由一辆车对其进行访问, 且车场每天派出的车辆在该天都得返回车场; 式 (7.7) 是消除子回路约束; 式 (7.8) 确保在计划周期的每一天一辆车至多被使用一次; 式 (7.9) 是车辆的能力约束; 式 (7.10) 为车辆的运行时间约束; 式 (7.11) 和式 (7.12) 是变量的整性约束.

2. 含有路径优化的指派模型

1984 年, Tan 和 Beasley[3] 也给出了标准周期车辆路径问题的数学模型 (记为 T-B 模型), 把标准周期车辆路径问题描述为含有路径优化的指派问题, 他们的模型如下.

符号说明

T: 一个计划周期所含的天数, 记为 $t = 1, 2, \cdots, T$;

$\{1, 2, \cdots, R\}$: 所有客户的可行服务时间组合构成的集合;

S_i: 客户 i 的所有可行服务时间组合所组成的集合, $S_i \subseteq \{1, 2, \cdots, R\}$ $(i = 1, 2, \cdots, n)$;

q_i: 客户 i $(i = 1, 2, \cdots, n)$ 对每次服务的需求;

Q_k: 车辆 k 的容量, $k = 1, 2, \cdots, K$;

d_{ikt}: 表示如果客户 i 在第 t 天由车辆 k 送货时, 该客户对车辆 k 在该天所行驶线路距离贡献的一种度量 (这种度量以某种方式得到).

决策变量

a_{rt}: 0-1 变量, 如果服务时间组合 $r\,(r=1,\cdots,R)$ 在第 $t\,(t=1,\cdots,T)$ 天包含交付, 那么 $a_{rt}=1$, 否则 $a_{rt}=0$;

x_{ir}: 0-1 变量, 如果将服务时间组合 $r \in S_i$ 分配给客户 i, 那么 $x_{ir}=1$, 否则 $x_{ir}=0$;

y_{ikt}: 0-1 变量, 如果客户 i 在第 t 天由车辆 k 为其服务, 那么 $y_{ikt}=1$, 否则 $y_{ikt}=0$.

于是标准周期车辆路径问题可归结为下列 0-1 规划[3](记为 T-B 模型):

$$\min \quad \sum_{i=1}^{n}\sum_{k=1}^{K}\sum_{t=1}^{T} d_{ikt}y_{ikt}, \tag{7.13}$$

$$\text{s.t.} \quad \sum_{r \in S_i} x_{ir} = 1, \quad i=1,\cdots,n, \tag{7.14}$$

$$\sum_{k=1}^{K} y_{ikt} = \sum_{r \in S_i} a_{rt}x_{ir}, \quad i=1,\cdots,n,\ t=1,\cdots,T, \tag{7.15}$$

$$\sum_{i=1}^{n} q_i y_{ikt} \leqslant Q_k, \quad k=1,\cdots,K,\ t=1,\cdots,T, \tag{7.16}$$

$$x_{ir} \in \{0,1\}, \quad \forall r \in S_i,\ i=1,\cdots,n, \tag{7.17}$$

$$y_{ikt} \in \{0,1\}, \quad i=1,\cdots,n,\ k=1,\cdots,K,\ t=1,\cdots,T. \tag{7.18}$$

式 (7.13) 表示极小化周期内所有车辆的行驶距离; 式 (7.14) 确保为每个客户选一个可行服务时间组合; 式 (7.15) 的右端等于 1 如果为客户 i 选择的一个服务时间组合包含第 t 天 (即该服务时间组合规定在第 t 天给客户 i 送货), 否则等于零, 因此式 (7.15) 确保由一辆车为客户 i 在第 t 天送一次货, 如果为客户 i 选定的服务时间组合包含该天; 式 (7.16) 确保不超出车辆的容量; 式 (7.17) 和式 (7.18) 是变量的整性约束.

以上给出的 C-B 模型和 T-B 模型实际上代表了两种定义标准周期车辆路径问题的观点, Christofides 和 Beasley[2] 将标准周期车辆路径问题归结为一个含有选择决策的路径问题, 而 Tan 和 Beasley[3] 以及 Russell 和 Igo[4] 将标准周期车辆路径问题视为带有路径成分的扩展分配问题.

3. 柔性模型

1) C-G-G 柔性模型

1997 年, Cordeau 等[8] 给出的标准周期车辆路径问题的数学模型可以用来描述周期旅行商问题和多车场车辆路径问题, 因此这里我们称他们给出的模型为 C-G-G 柔性模型, Cordeau 等[8] 给出的标准周期车辆路径问题的数学模型如下.

符号说明

在标准周期车辆路径问题中, 一个计划周期含 t 天, 每个客户 i 指定一个服务频率 e_i 和一个允许访问的各天的组合 (下面称为访问时间组合) 构成的集合 C_i.

例如, 如果 $e_i = 2$, 以及 $C_i = \{\{1,3\}, \{2,4\}, \{3,5\}\}$, 那么客户 i 在计划周期内必须被访问两次, 并且这些访问应该发生在第 1 天和第 3 天, 或者第 2 天和第 4 天, 或者第 3 天和第 5 天. 于是标准周期车辆路径问题同时包含为每个客户选择一个访问时间组合 (在前面的模型中称为服务时间组合) 和为计划周期中的每一天建立车辆路径.

由于一条弧在一个计划周期中可以被穿过若干次, 因此在一个多重图上定义标准周期车辆路径问题是比较方便的.

$G = (V, A)$: 是一个多重图, $V = \{v_0, v_1, \cdots, v_n\}$ 是顶点集, 顶点 v_0 表示车场, 它中有 m 辆车, 容量依次为 $Q_1, Q_2, \cdots, Q_m$;

$V \setminus \{v_0\}$: 客户集, 其中第 i 个客户对每次访问有一个非负的需求 q_i 和一个非负的服务时间 d_i;

$A = \left\{(v_i, v_j)^{k,l}\right\}$: 是弧集, k, l 分别表示车辆和天的序号;

c_{ijkl}: 与弧 $(v_i, v_j)^{k,l}$ 相关联的一个非负的费用, 它与车辆 k 在第 l 天从客户 i 到客户 j 所行驶的时间成比例;

a_{rl}: 0-1 常量, $a_{rl} = 1$ 当且仅当第 l 天属于访问时间组合 r (即访问时间组合 r 规定第 l 天要访问客户);

$d_0 = 0$; $q_0 = 0$.

决策变量

x_{ijkl}: 0-1 变量, $x_{ijkl} = 1$ 当且仅当车辆 k 在第 l 天访问客户 i 之后直接去访问客户 $j\,(i \neq j)$.

y_{ir}: 0-1 变量, $y_{ir} = 1$ 当且仅当将访问时间组合 $r \in C_i$ 分配给客户 i.

于是标准周期车辆路径问题可以用下列 0-1 规划来表示[8]:

$$\min \sum_{i=0}^{n} \sum_{j=0}^{n} \sum_{k=1}^{m} \sum_{l=1}^{t} c_{ijkl} x_{ijkl}, \tag{7.19}$$

$$\text{s.t.} \quad \sum_{r \in C_i} y_{ir} = 1, \quad i = 1, \cdots, n, \tag{7.20}$$

$$\sum_{j=0}^{n} \sum_{k=1}^{m} x_{ijkl} - \sum_{r \in C_i} a_{rl} y_{ir} = 0, \quad i = 1, \cdots, n, \ l = 1, \cdots, t, \tag{7.21}$$

$$\sum_{i=0}^{n} x_{ihkl} - \sum_{j=0}^{n} x_{hjkl} = 0, \quad h = 0, 1, \cdots, n, \ k = 1, 2, \cdots, m,$$
$$l = 1, 2, \cdots, t, \tag{7.22}$$

$$\sum_{j=1}^{n} x_{0jkl} \leqslant 1, \quad k = 1, 2, \cdots, m, \ l = 1, 2, \cdots, t, \tag{7.23}$$

$$\sum_{i=0}^{n} \sum_{j=0}^{n} q_j x_{ijkl} \leqslant Q_k, \quad k = 1, \cdots, m, \ l = 1, \cdots, t, \tag{7.24}$$

$$\sum_{i=0}^{n} \sum_{j=0}^{n} (c_{ijkl} + d_i) x_{ijkl} \leqslant D_k, \quad k = 1, \cdots, m, \ l = 1, \cdots, t, \tag{7.25}$$

$$\sum_{v_i \in S} \sum_{v_j \in S} x_{ijkl} \leqslant |S| - 1, \quad k = 1, \cdots, m, \ l = 1, \cdots, t, \ S \subseteq V \setminus \{0\},$$
$$|S| \geqslant 2, \tag{7.26}$$

$$x_{ijkl} \in \{0, 1\}, \quad i, j = 0, 1, \cdots, n, \ k = 1, \cdots, m, \ l = 1, \cdots, t, \tag{7.27}$$

$$y_{ir} \in \{0, 1\}, \quad i = 1, \cdots, n, \ r \in C_i. \tag{7.28}$$

式 (7.19) 是极小化车辆总的行驶费用; 式 (7.20) 意味着必须为每个客户分配一个可行的访问时间组合; 式 (7.21) 保证每个客户仅在分配给他的访问时间组合包含的那些天被访问; 式 (7.22) 确保当一辆车在给定的一天到达一个客户那里, 也从这个客户处离开; 式 (7.23) 指定每辆车每天至多被使用一次; 式 (7.24) 与式 (7.25) 分别给出了车辆的容量和运行时间限制; 式 (7.26) 是标准的子路径排除约束; 式 (7.27) 与式 (7.28) 是变量的整性约束.

在该模型中, 如果 $t = 1$, 那么标准周期车辆路径问题就变成带容量限制的车辆路径问题 (CVRP); 如果 $m = 1$, $Q_1 = D_1 = \infty$, 那么标准周期车辆路径问题就归结为周期旅行商问题; 最后本模型可以用来描述多车场车辆路径问题: 将车场和一个计划周期中各天 (或各个时间段) 相联系, 为此假设有 t 个车场, 令 $C_i = \{\{1\}, \cdots, \{t\}\}\,(i = 1, \cdots, n)$, 之后定义 c_{0ikl} 和 c_{i0kl} 来表示车辆 k 在车场 l 与客户 i 之间的行驶费用. 注意, 多车场周期车辆路径问题要求决策变量具有五个下标, 所以不能将其作为柔性模型的特殊情况来对其进行建模.

2) B-B-M-V 柔性模型

2011 年, Baldacci 等[14] 也给出一个标准周期车辆路径问题的柔性模型, 称其为集划分模型, 并将其记为 (F) 问题.

符号说明

$G = (V', E)$: 是一个完全无向图, V' 包含 $n + 1$ 个节点, $V' = \{0\} \cup V$, 其中 0 表示车场, $V = \{1, 2, \cdots, n\}$ 为 n 个客户构成的集合;

p: 一个计划周期含 p 天;

m_k: 第 k 天可得到的容量为 Q 的车辆数;

f_i: 客户 $i \in V$ 的服务频率;

C_i: 客户 $i \in V$ 的访问天数为 f_i 的可允许的访问时间组合构成的集合;

q_i: 客户 $i \in V$ 每次被访问时的必须接受的产品数量;

$V^1 = \{i \in V | f_i = 1\}$, $V^2 = \{i \in V | f_i \geqslant 2\}$, 于是 $V^1 \cup V^2 = V$;

$[a_{ks}] = (a_{1s}, a_{2s}, \cdots, a_{ps})$: 其中的 s 是某一客户的一个访问时间组合, 且 $a_{ks} = 1$, 如果第 $k(k = 1, 2, \cdots, p)$ 天属于访问时间组合 s, 否则 $a_{ks} = 0$;

$P = \{1, 2, \cdots, p\}$: 一个计划周期中各天构成的集合;

$V_k \subset V$: 在第 $k \in P$ 天能被访问的客户构成的集合, 即

$$V_k = \left\{ i \in V \,\middle|\, \sum_{s \in C_i} a_{ks} \geqslant 1 \right\};$$

$[d_{ij}^k]$: 与 $k \in P$ 相关联的一个非负的费用矩阵, d_{ij}^k 表示第 k 天边 $\{i, j\} \in E$ 的非负旅行费用;

$\mathcal{R}^k$: 第 $k\,(k \in P)$ 天访问 V_k 中客户的所有路径构成的集合;

$\mathcal{R}_i^k \subset \mathcal{R}^k$: $\mathcal{R}^k$ 中覆盖客户 $i \in V_k$ 的路径构成的集合;

R_ℓ^k: 第 $k\,(k \in P)$ 天的路径 $\ell \in \mathcal{R}^k$ 包含的客户构成的集合;

c_ℓ^k: 第 $k \in P$ 天的路径 $\ell \in \mathcal{R}^k$ 的费用.

决策变量

y_{is}: 0-1 变量, $y_{is} = 1$ 当且仅当访问时间组合 $s \in C_i$ 被分配给客户 $i \in V^2$;

x_ℓ^k: 0-1 变量, $x_\ell^k = 1$ 当且仅当第 $k \in P$ 天的路径 $\ell \in \mathcal{R}^k$ 包含在解中.

于是标准周期车辆路径问题可用下列模型描述:

$$\min \quad \sum_{k \in P} \sum_{\ell \in \mathcal{R}^k} c_\ell^k x_\ell^k, \tag{7.29}$$

$$\text{s.t.} \quad \sum_{k \in P} \sum_{\ell \in \mathcal{R}_i^k} x_\ell^k = f_i, \quad \forall i \in V, \tag{7.30}$$

$$\sum_{\ell \in \mathcal{R}_i^k} x_\ell^k - \sum_{s \in C_i} a_{ks} y_{is} = 0, \quad \forall i \in V^2,\ k \in P, \tag{7.31}$$

$$\sum_{\ell \in \mathcal{R}^k} x_\ell^k \leqslant m_k, \quad \forall k \in P, \tag{7.32}$$

$$x_\ell^k \in \{0, 1\}, \quad \forall \ell \in \mathcal{R}^k,\ \forall k \in P, \tag{7.33}$$

$$y_{is} \in \{0, 1\}, \quad \forall s \in C_i,\ \forall i \in V^2. \tag{7.34}$$

式 (7.29) 为极小化总的费用; 式 (7.30) 保证在一个计划周期中每个客户 i 恰好被访问 f_i 次; 式 (7.31) 确保对每个客户 $i \in V^2$, 在分配给他的服务时间组合里的 f_i

天中恰好被访问 f_i 次 (每天一次); 式 (7.32) 确保在解中对每一天 $k \in P$ 至多包含 m_k 条路径; 式 (7.33) 与式 (7.34) 是变量的整性约束.

该模型很容易被简化为描述多车场车辆路径问题的数学模型, 只需令 $V^2 = \varnothing$, 于是对 $\forall i \in V$, 有 $f_i = 1$. 在 B-B-M-V 柔性模型中去掉约束式 (7.31)、变量 y_{is} 和约束式 (7.34), 由式 (7.29)、式 (7.30)、式 (7.32)、式 (7.33) 就给出了多车场车辆路径问题的数学模型.

4. 战术模型

前面三种模型都是标准周期车辆路径问题的运作模型. 2007 年, Mourgaya 和 Vanderbeck[11] 给出标准周期车辆路径问题的一个战术模型, 该模型强调了在从业者眼中是重要的但被上述三种运作模型忽略的准则, 即战术模型把重点放在决策客户的访问日期和为客户分配车辆上, 该种模型是为了试图避免客户点处缺货或货物过剩, 另外战术模型还要考虑下列三个方面: ① 平衡车辆的运载量; ② 让司机为他们熟悉的客户服务; ③ 将每个车辆的路径集中在有限的地理区域内.

符号说明

n: 客户数量, 客户标识为 $i = 1, 2, \cdots, n$;

T: 一个周期的长度 (含的天 (或时间段) 数), 各天 (或时间段) 的标识为 $t = 1, 2, \cdots, T$;

V: 型号相同的车辆的数目, 车辆标识为 $k = 1, 2, \cdots, V$;

S_i: 客户 i 的所有服务时间组合构成的集合, 对任一服务时间组合 $s \in S_i$, s 是一个 T 维向量, 它的分量 $s_t = 1 (t \in \{1, \cdots, T\})$ 当且仅当服务时间组合 s 在第 t 天包含一个访问 (访问客户 i);

d_i: 客户 $i (i = 1, 2, \cdots, n)$ 对每次服务的需求;

c_{ij}: 客户 i 与客户 j 之间距离的某种度量;

W: 一辆车的最大负载.

决策变量

x_{itk}: 0-1 变量, 如果客户 i 在第 t 天由车辆 k 为其服务, 那么 $x_{itk} = 1$, 否则 $x_{itk} = 0$;

y_{ijt}: 0-1 变量, 如果客户 i 和客户 j 在第 t 天被同一辆车服务, 那么 $y_{ijt} = 1$, 否则 $y_{ijt} = 0$;

z_{is}: 0-1 变量, 如果客户 i 的服务时间组合 s 被选择, 那么 $z_{is} = 1$, 否则 $z_{is} = 0$.

于是标准周期车辆路径问题的战术模型如下:

$$\min \sum_{i,j,t} c_{ij} y_{ijt}, \tag{7.35}$$

…

$$\text{s.t.} \quad \sum_{s \in S_i} z_{is} \geqslant 1, \quad \forall i, \tag{7.36}$$

$$\sum_{k=1}^{V} x_{itk} - \sum_{s \in S_i} s_t z_{is} \geqslant 0, \quad \forall i, t, \tag{7.37}$$

$$x_{itk} + x_{jtk} - y_{ijt} \leqslant 1, \quad \forall i, j, k, t, \tag{7.38}$$

$$\sum_i d_i x_{itk} \leqslant W, \quad \forall k, t, \tag{7.39}$$

$$x_{itk}, y_{ijt}, z_{is} \in \{0, 1\}, \quad \forall i, j, s, t, k. \tag{7.40}$$

式 (7.35) 为极小化总的距离; 式 (7.36) 确保为每个客户分配一个服务时间组合; 式 (7.37) 保证车辆在选定的服务时间组合要求的各天里访问客户; 式 (7.38) 为在同一天被同一辆车访问的客户节点间定义边; 式 (7.39) 为车辆的载货量限制; 式 (7.40) 是变量的整性约束.

7.1.4　标准周期车辆路径问题的求解方法

标准周期车辆路径问题是 NP-难问题, 因此解决该问题, 多用启发式算法.

1. 简单启发式算法

这类启发式算法基本上都是两阶段算法. 研究标准周期车辆路径问题的早期文献基本上都采用这类算法[1~7,11,17]. 下面只介绍 Christofides 和 Beasley[2] 以及 Tan 和 Beasley[3] 给出的启发式算法.

1) 一般启发式算法

1984 年 Christofides 与 Beasley[2] 给出了一个求解标准周期车辆路径问题的启发式算法, 称其为一般启发式算法, 该算法分两部分.

第一部分　初始分配.

(1) **形成一个客户排序**　按客户的重要性下降顺序安排客户形成一个列表, 即将所有带有固定交付时间组合的客户放置在该表的上端, 对剩下的客户按他们的需求下降顺序进行排序.

(2) **分配交付时间**　按列表顺序对每个客户重复下列操作:

① 对每个可允许的交付时间组合都评价其对整个周期所有费用的增加量;

② 选择给出最小所有费用增加量的可行交付时间组合;

③ 如果没有满足可行性约束的交付时间组合, 那么就分配所有费用增加量最小的交付组合 (此时初始分配不可行).

(3) **局部优化**　对周期内每一天分别应用一个优化过程以改进该天的费用.

第二部分　交换.

(1) 定义客户的子集族 Ω;

(2) **寻找改进解** 对每个集合 $U \in \Omega$ 执行下列操作:

① 将 U 中每个客户从问题中移除. 对 $i \in U$, 用 k_i^* 表示客户 i 当前的交付时间组合, d^* 表示当前的所有交付费用. 对 $\forall i \in U$, 暂时删除当前分配的交付时间组合 k_i^*, 这等价于将客户 $i \in U$ 从安排他被交付的那些天中移除以使得任意一天的交付量以及那一天的交付费用减少.

② 枚举 U 中客户的交付时间组合. 对客户集 U 生成所有可能的交付时间组合集, 并对每个交付时间组合集执行③.

③ 评价交付时间组合的发展潜力. 用 $K = \{k_i \,|\, i \in U\}$ 表示被考虑的交付时间组合集合. 如果这个交付时间组合集合的所有交付费用为 $d < d^*$, 且对周期中每一天 (出现在 K 中) 的解是可行的, 那么就得到一个改进的解. 于是可以将客户集 U 的交付时间组合换成 K, 并且更新 d^*.

(3) **终止规则** 如果在第二部分的 (2) 中没有改进, 停机, 目前的客户时间组合形成最终的分配. 若还有改进, 那么: ① 像第一部分中的 (3) 那样执行局部优化过程; ② 如果迭代次数的上限没有达到, 转到第二部分中的 (1) 重新定义客户集族 Ω, 否则停机.

2) 线性规划松弛算法

1984 年 Tan 和 Beasley[3] 给出的标准周期车辆路径问题的 T-B 模型是包含 $O(n + nT + KT)$ 个约束和 $O(nKT)$ 个变量的一个比较大的、复杂的 0-1 整数规划, 比较难求解, 因此 Tan 和 Beasley[3] 又给出标准周期车辆路径问题的另外一个数学模型, 称之为 PVRP 规划.

用 D_{it} 表示客户 i 对第 t 天包含他的那条路径总长度的贡献的一种度量, 称 (D_{it}) 为贡献矩阵. 那么标准车辆路径问题可归结为下列 0-1 规划:

$$\min \quad \sum_{i=1}^{n} \sum_{t=1}^{T} \sum_{r \in S_i} D_{it} a_{rt} x_{ir}, \tag{7.41}$$

$$\text{s.t.} \quad \sum_{r \in S_i} x_{ir} = 1, \quad i = 1, \cdots, n, \tag{7.42}$$

$$\sum_{i=1}^{n} \sum_{r \in S_i} q_i a_{rt} x_{it} \leqslant \sum_{k=1}^{K} Q_k, \quad t = 1, \cdots, T, \tag{7.43}$$

$$x_{ir} \in \{0, 1\}, \quad \forall r \in S_i, \ i = 1, \cdots, n. \tag{7.44}$$

式 (7.41) 表示极小化所有被使用车辆的行驶距离; 式 (7.42) 确保为每个客户选一个可接受的交货时间组合; 式 (7.43) 确保计划周期中任意一天所送的货物总量不超过所有车辆的容量; 式 (7.44) 是变量的整性约束.

Tan 和 Beasley[3] 指出, 由于 (D_{it}) 的原因, PVRP 规划不能真正地被当作标准周期车辆路径问题的精确模型, 但是他们利用该模型给出了一个求解标准周期车辆路径问题的启发式算法, 我们称其为线性规划松弛算法, 该算法的步骤如下.

步骤 1 将 PVRP 规划作线性规划松弛, 即将式 (7.44) 变成

$$x_{ir} \geqslant 0, \quad \forall r \in S_i, \ i = 1, 2, \cdots, n, \tag{7.45}$$

并求出 PVRP 规划的线性规划松弛问题的精确解 (x_{ir}), 用 (X_{ir}) 表示 (x_{ir}) 的值.

步骤 2 将 (X_{ir}) 中的非整数用下列方式进行舍入.

(1) 按下降顺序考虑 (X_{ir}) 中的数, 且对每个 $X_{js}(s \in S_j)$, 如果满足下列条件就将组合 s 分配给客户 j.

① 以前没给客户 j 分配交付时间组合;

② 交付时间组合 s 和以前分配的交付时间组合不产生任何能力不可行的天.

(2) 在 (1) 结束时, 对任何没有分配交付时间组合的客户 j, 将带有最大 X_{js} 值的交付时间组合 s 分配给客户 j.

2. 元启发式算法

由于标准周期车辆路径问题的复杂性, 为了得到其更好的解, 近些年来一些文献用元启发式算法来求解该问题[8-10,12,13,15,16,18,19], 下面只介绍 Vera 等[12] 给出的变邻域搜索启发式算法.

(1) **给出初始解的方法** 为每个客户随机分配一个服务时间组合, 之后用 C-W 节约算法求解计划周期中各天的车辆路径问题.

(2) 摇动: 用于产生不同的邻域结构.

① **移动算子** 用移动算子产生邻居, 该算子将一条路径中的一个片段移动插入到另外一条路径中如图 7.1 所示.

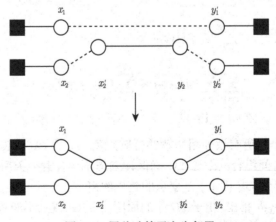

图 7.1 用移动算子产生邻居

② **交叉交换算子** 用交叉交换算子产生邻居, 该算子交换不同路径的两个片段如图 7.2 所示.

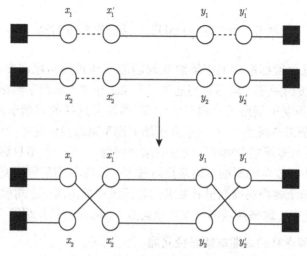

图 7.2 用交叉交换算子产生邻居

③ **改变服务时间组合** 用改变客户的服务时间组合来产生邻居, 即改变一个解中有限个客户的服务时间组合: 对这些客户随机为他们选定服务时间组合.

(3) **局部搜索** 迭代改进过程, 即 3-opt*, 它是不带序列反向的 3-opt.

于是 Vera 等[12] 给出的变邻域搜索启发式算法如下.

初始化 选择一族邻域结构 $N_k (k = 1, 2, \cdots, k_{\max})$, 找到一个初始解 x, 选择一个终止条件.

重复下列操作直到满足终止条件.

(1) 置 $k := 1$;

(2) 重复下列步骤直到 $k = k_{\max}$.

步骤 1 摇动: 采用第 k 个邻域结构随机生成 x 的一个邻居 $x'(x' \in N_k (x))$;

步骤 2 局部搜索: 以 x' 为初始解, 用 3-opt* 得到一个局部最优解记为 x'';

步骤 3 移动或不移动: 如果局部最优解 x'' 比当前解好或满足某个接受准则, 移动, 即置 $x := x''$, 继续以邻域结构 $N_1 (k := 1)$ 进行搜索; 否则, 置 $k := k + 1$.

在上述算法中, 邻域结构指的是给定生成邻居的方式, 例如邻域结构 N_1 为移动算子, 指的是用移动算子产生邻居.

3. 其他算法

2007 年, Mourgaya 和 Vanderbeck[11] 给出一个基于数学规划的方法来求解标准周期车辆路径问题的战术模型, 即使用一个删减的列生成过程接着跟随一个舍入启发式算法来给出近似解; 2011 年, Baldacci 等[14] 给出了一个求解标准周期车辆路径问题的精确算法.

7.2 扩展的周期车辆路径问题

由实际问题可得标准周期车辆路径问题的一些扩展问题或变种, 其中包括: ① 带同时取送货的周期车辆路径问题[20-22]; ② 开放式周期车辆路径问题[23-24]; ③ 带时间窗的周期车辆路径问题[25-33]; ④ 带服务选择的周期车辆路径问题[34]; ⑤ 柔性周期车辆路径问题[35-36]; ⑥ 多车场周期车辆路径问题[37-45]; ⑦ 带随机需求率的库存路径与多周期车辆路径问题的结合问题[46-47]; ⑧ 多目标周期车辆路径问题[48]; ⑨ 带中间设备的周期车辆路径问题[49]; ⑩ 车辆带里程限制的周期车辆路径问题[50]; ⑪ 每个客户在周期里其要求的时间段中都由同一个司机给其送货的周期车辆路径问题[51]. 这些问题都是 NP-难问题. 下面我们只介绍①—⑥.

7.2.1 带同时取送货的周期车辆路径问题

带同时取送货的周期车辆路径问题就是将标准周期车辆路径问题中客户的需求改为两个: 每个客户有一个送货需求、一个取货需求, 车辆到达每一客户处将送给他的货物卸下同时将他处需要取走的货物装上车运走.

1. 文献综述

2013 年, Rabbani 等[20] 研究了一个带同时取送货的多产品 (默认是单产品) 周期车辆路径问题, 给出两个基于粒子群优化的元启发式算法对其问题进行了求解. 2014 年, Suyanto 和 Mawengkang[21] 研究了一个带时间窗和同时取送货的多车型半开放式周期车辆路径问题, 给出一个邻域搜索算法对其问题进行了求解. 2016 年, 窦冰洁等[22] 研究了一个带退货的周期车辆路径问题, 给出一个 C-W 节约算法对其问题进行了求解.

2. 模型和算法介绍

下面只介绍窦冰洁等[22] 的模型和算法. 2016 年, 窦冰洁等[22] 以电子商务物流为背景考虑了一个带退货的周期车辆路径问题, 该问题将标准周期车辆路径问题中每个客户的需求改为两种: 一种是为其送货, 另一种是将客户处的退货取走. 这两种需求需同时满足, 即车辆到达客户点时将为其送的货物卸下后马上将该客户的退货装上车再到别的客户点处或返回车场, 其他各项不变.

1) 问题描述

在一个区域内有一个配送站点 (车场), m 个顾客, 一个周期含 T 天, 顾客 $l (l = 1, 2, \cdots, m)$ 在周期内要求的服务次数 (以下简称频率) 为 $f_l (0 < f_l \leqslant T)$, 在

第 t 天被访问时的需求量为 p_i^t, 退货量为 q_i^t, 且 p_i^t 和 q_i^t 没有固定的大小关系. 设配送站点的可用车辆数一定, 车型相同. 在一个周期的各天中, 所有被使用的车辆都是从配送站点出发, 完成其配送和取货任务后, 装载回收的退货返回配送站点. 设配送站点无存储量限制. 每个顾客在被服务的各天里仅能由一辆车服务, 且仅服务一次. 要求根据客户的地理位置、需求量、退货量及要求的服务次数确定实际配送路线, 完成配送货和取回退货任务, 使得总费用 (包括车辆行驶费用和车辆启动费用) 最小.

当各个顾客的退货量都是零时, 上述问题就是标准周期车辆路径问题, 因此标准周期车辆路径问题是该问题的子问题.

2) 数学模型

符号说明

$G = (V, A)$: 一个完全有向图, 其中 $V = \{0, 1, 2, \cdots, m\}$ 是顶点集, 0 表示车场, $i \in V_C = V \setminus \{0\}$ 表示第 i 个客户;

$A = \{(i, j) \,|\, i, j = 0, 1, 2, \cdots, m, i \neq j\}$: 为弧的集合, 其中 $(i, j), i, j = 0, 1, 2, \cdots, m, i \neq j$ 为连接客户或车场 i 与 j 的弧;

$d_{ij} \,((i, j) \in A)$: 表示顶点 i 与顶点 j 之间的距离, 且 $d_{ij} = d_{ji}, i, j = 0, 1, 2, \cdots, m, i \neq j, d_{ii} = 0, i = 0, 1, \cdots, m$;

C_1: 表示单位距离的运输费用;

K: 表示所有车辆的集合;

Q, C_2: 分别表示每辆车的容量和一次性启动费用;

T: 一个计划周期含的天数,

$P = \{1, 2, \cdots, T\}$: 一个计划周期中各天组成的集合;

f_i: 表示客户 i 要求的频率 (服务次数);

p_i^t, q_i^t: 分别表示客户 i 在第 t 天 $(t \in P)$ 的需求量与退货量.

决策变量

x_{ijk}^t: 0-1 变量, 如果车辆 k 在第 t 天经过弧 (i, j), 那么 $x_{ijk}^t = 1$, 否则 $x_{ijk}^t = 0$, $\forall t \in P, \forall k \in K, \forall (i, j) \in A$;

y_{ik}^t: 0-1 变量, 如果车辆 k 在第 t 天访问客户 i, 那么 $y_{ik}^t = 1$, 否则 $y_{ik}^t = 0$, $\forall t \in P, \forall k \in K, \forall i \in V_C$;

z_i^t: 0-1 变量, 如果客户 i 在第 t 天被访问, 那么 $z_i^t = 1$, 否则 $z_i^t = 0$, $\forall t \in P, \forall i \in V_C$;

w_{ijk}^t: 表示车辆 k 于第 t 天在弧 (i, j) 上的车载量, 那么

$$w_{0jk}^t = \left(\sum_{i \in V_C} p_i^t y_{ik}^t \right) x_{0jk}^t, \quad \forall j \in V_C, \forall k \in K, \forall t \in P;$$

$$w_{j0k}^t = \left(\sum_{i \in V_C} q_i^t y_{ik}^t \right) x_{j0k}^t, \quad \forall j \in V_C, \ \forall k \in K, \ \forall t \in P;$$

$$w_{ijk}^t = \left(\sum_{l \in V} x_{lik}^t \left(w_{lik}^t - p_i^t + q_i^t \right) \right) x_{ijk}^t, \quad \forall i, j \in V_C, \ i \neq j, \ \forall t \in P, \ \forall k \in K.$$

于是带退货的周期车辆路径问题可以用下列 0-1 整数规划模型来描述:

$$\min \left\{ \left(C_1 \sum_{t \in P} \sum_{k \in K} \sum_{(i,j) \in A} d_{ij} x_{ijk}^t \right) + C_2 \sum_{t \in P} \sum_{k \in K} \sum_{j \in V_C} x_{0jk}^t \right\}, \tag{7.46}$$

$$\text{s.t.} \quad \sum_{k \in K} y_{jk}^t = z_j^t, \quad \forall j \in V_C, \ \forall t \in P, \tag{7.47}$$

$$\sum_{t \in P} z_i^t = f_i, \quad \forall i \in V_C, \tag{7.48}$$

$$\sum_{k \in K} x_{ijk}^t \leqslant \left(z_i^t + z_j^t \right)/2, \quad \forall t \in P, \ \forall (i,j) \in A, \ i \neq 0, \ j \neq 0, \tag{7.49}$$

$$\sum_{k \in K} \sum_{(i,j) \in A} x_{ijk}^t = z_j^t, \quad \forall j \in V_C, \ \forall t \in P, \tag{7.50}$$

$$\sum_{k \in K} \sum_{(j,i) \in A} x_{jik}^t = z_j^t, \quad \forall j \in V_C, \ \forall t \in P, \tag{7.51}$$

$$\sum_{(l,i) \in A} x_{lik}^t = \sum_{(i,j) \in A} x_{ijk}^t, \quad \forall t \in P, \ \forall i \in V_C, \ \forall k \in K, \tag{7.52}$$

$$\sum_{k \in K} \sum_{j \in V_C} x_{0jk}^t = \sum_{k \in K} \sum_{i \in V_C} x_{i0k}^t, \quad \forall t \in P, \tag{7.53}$$

$$\sum_{i,j \in W, i \neq j} x_{ijk}^t \leqslant |W| - 1, \quad \forall t \in P; \ \forall k \in K, \ \forall \varnothing \neq W \subseteq V_C, \tag{7.54}$$

$$w_{ijk}^t \leqslant Q, \quad \forall (i,j) \in A, \ \forall t \in P, \ \forall k \in K, \tag{7.55}$$

$$\sum_{j \in V_C} x_{0jk}^t \leqslant 1, \quad \forall k \in K, \ \forall t \in P, \tag{7.56}$$

$$x_{ijk}^t \in \{0,1\}, \quad \forall t \in P, \ \forall k \in K, \ \forall (i,j) \in A, \tag{7.57}$$

$$z_i^t \in \{0,1\}, \quad \forall t \in P, \ i \in V_C, \tag{7.58}$$

$$y_{ik}^t \in \{0,1\}, \quad \forall t \in P, \ i \in V_C, \ \forall k \in K. \tag{7.59}$$

式 (7.46) 的第一项为总的行驶费用, 第二项为总的启动费用; 式 (7.47) 为每个客户在被访问的各天里都只有一辆车为其服务; 式 (7.48) 确保对每一个客户的总访问次数等于其要求的频率; 式 (7.49) 表示被一辆车依次服务的两个客户点必须被安排在同一天对他们进行服务; 式 (7.50)、式 (7.51) 分别表示每个客户在他被访问的各天里只有一辆车从其他一点进入该客户以及从该客户处离开到达另外一点; 式

(7.52) 确保计划周期内每天如果一个车辆访问一个客户, 那么该车辆也离开这个客户; 式 (7.53) 表示计划周期中各天里被派出的车辆当天都回到车场; 式 (7.54) 为消除子回路约束; 式 (7.55) 表示计划周期中各天里各个车辆在其经过的每条弧上的车载量不超过它的容量; 式 (7.56) 表示计划周期中各天里一辆车最多被使用一次; 式 (7.57)—(7.59) 是变量的整性约束.

3) 改进的 C-W 节约算法

变量说明

n_i: 存储对客户 $i(i = 1, 2, \cdots, n)$ 的已服务次数;

min_surplus_service_Times: 存储两个客户节点的剩余服务次数中的最小者;

δ_{ij}: 存储客户节点对 i, j 的节约值 $(\delta_{ij} = \delta_{ji}, i, j = 1, 2, \cdots, n, i \neq j)$;

$i\_j\_joint\_times$: 存储客户节点对 i, j 可行连接的次数;

clients_not_reach_frequence: 存储未达到服务频率的所有客户;

current_generate_path: 存储当前要生成的路径.

算法的步骤

步骤 1 (数据初始化) 置: $n_i := 0, i = 1, 2, \cdots, n, \delta_{ij} := d_{i0} + d_{0j} - d_{ij}, i, j = 1, 2, \cdots, n,$ 且 $i \neq j$, clients_not_reach_frequence:=$[1, 2, \cdots, n]$, current_generate_path:=[ ];

步骤 2 将 $\delta_{ij} (1 \leqslant i < j \leqslant n)$ 从大到小进行排序, 依次放在一个只有一行的表中, 该表称为节约值表;

步骤 3 如果节约值表不空, 取节约值表中第一个节约值对应的客户对 i, j, 对其进行如下操作:

(1) 如果 $n_i = f_i$, 且 $n_j = f_j$, 删除节约值表中第一个元素, 转步骤 3;

(2) 如果客户 i 与客户 j 中有一个已经达到服务频率, 另一个未达到服务频率, 不妨设 $n_i < f_i, n_j = f_j$ (当 $n_i = f_i, n_j < f_j$ 时做同样处理), 那么在客户 j 被服务的各天里寻找客户 i 未被服务的那些天, 如果这样的天不存在, 删除节约值表中的第一个元素转步骤 3, 否则, 设这些天的序号依次为 $t_1, t_2, \cdots, t_{l_{ij}}$, 执行下列操作.

① 置 $k: = 1$;

② 如果 $k \leqslant l_{ij}$ 且 $n_i < f_i$, 执行③ , 否则若 $n_i = f_i$, 置:

clients_not_reach_frequence:=clients_not_reach_frequence$\setminus \{i\}$,

删除节约值表中的第一个元素转步骤 3, 若 $k > l_{ij}$, 删除节约值表中的第一个元素转步骤 3;

③ 检查第 t_k 天客户 j 所在的路径 current_generate_path.

(i) 如果客户 j 在路径 current_generate_path 中与车场相连, 计算将客户 i 插到路径 current_generate_path 中车场与客户 j 之间后, current_generate_path 中每

一节点的车辆装载量, 若都满足车载限制, 则执行插入操作, 即将客户 i 插在 current_generate_path 中车场与客户 j 之间, 并置 $n_i := n_i + 1, k := k + 1$, 转②, 否则置 $k := k + 1$ 转②;

(ii) 如果客户 j 是路径 current_generate_path 中最后一个节点, 计算将客户 i 放到 current_generate_path 中客户 j 之后车辆在客户 i 的车载, 若满足车载限制, 就将客户 i 放到 current_generate_path 中客户 j 之后, 并置 $n_i := n_i + 1, k := k + 1$ 转②, 否则令 $k := k + 1$, 转②;

(iii) 如果客户 j 在路径 current_generate_path 中既不与车场相连, 也不是最后一个节点, 置 $k := k + 1$ 转②.

(3) 如果 $n_i < f_i$, 且 $n_j < f_j$, 找出客户 i 与客户 j 都未被服务的那些天, 如果这样的天不存在, 删除节约值表中的第一个元素转步骤 3, 否则, 设这些天的序号依次为 $b_1, b_2, \cdots, b_{m_{ij}}$, 置:

$$\text{min\_surplus\_service\_Times} := \min\{f_i - n_i, f_j - n_j\}, \ i\_j\_\text{joint\_times} = 0,$$

对 $k = 1, \cdots, m_{ij}$, 重复执行下列操作, 之后删除节约值表中的第一个元素转步骤 3.

① 判断路径: 车场 $\to i \to j \to$ 车场是否可行, 如果不可行转②, 如果可行, 置:

$$i\_j\_\text{joint\_times} := i\_j\_\text{joint\_times} + 1;$$

如果 $i\_j\_\text{joint\_times} \leqslant \text{min\_surplus\_service\_Times}$, 在第 b_k 天生成路径车场 $\to i \to j \to$ 车场, 置:

$$n_i := n_i + 1, \ n_j := n_j + 1;$$

如果 $n_i = f_i$, 置:

$$\text{clients\_not\_reach\_frequence} := \text{clients\_not\_reach\_frequence} \setminus \{i\};$$

如果 $n_j = f_j$, 置:

$$\text{clients\_not\_reach\_frequence} := \text{clients\_not\_reach\_frequence} \setminus \{j\}.$$

② 判断路径: 车场 $\to j \to i \to$ 车场是否可行, 如果可行, 置:

$$i\_j\_\text{joint\_times} := i\_j\_\text{joint\_times} + 1;$$

如果 $i\_j\_\text{joint\_times} \leqslant \text{min\_surplus\_service\_Times}$, 在第 b_k 天生成路径车场 $\to j \to i \to$ 车场, 置:

$$n_i := n_i + 1, \ n_j := n_j + 1;$$

如果 $n_i = f_i$, 置:

$$\text{clients\_not\_reach\_frequence} := \text{clients\_not\_reach\_frequence} \setminus \{i\};$$

如果 $n_j = f_j$, 置:

$$\text{clients\_not\_reach\_frequence} := \text{clients\_not\_reach\_frequence} \setminus \{j\}.$$

步骤 4 如果 clients_not_reach_frequence≠[ ], 对 clients_not_reach_frequence 中每一个客户 i 都执行下列操作: 在计划周期中寻找客户 i 未被服务的那些天, 在其中选出 $f_i - n_i$ 天, 在这些天中生成路径: 车场 $\to i \to$ 车场.

改进的 C-W 节约算法的 MATLAB 程序可扫本书封面的二维码获得电子版 (见第 7 章电子附件).

4) 例子

在 $[-500, 500] \times [-500, 500]$ 的区域内随机产生 21 个点, 第 1 个点为车场, 其坐标为 $(-9248/21, 12920/71)$, 其余的为客户, 它们的坐标见表 7.1. 设一个周期含 7 天, 随机产生每一客户在周期内要求的服务次数 (简称为频率), 见表 7.2. 表 7.3 为所有个客户在各天的需求量和退货量.

表 7.1 客户的坐标

客户	1	2	3	4	5
横坐标	−26539/58	6863/317	32133/101	20242/91	6065/38
纵坐标	−47141/110	−14921/37	16830/53	−18207/52	1469/79
客户	6	7	8	9	10
横坐标	18446/39	36340/121	−14333/212	−34572/83	−5879/18
纵坐标	17581/118	−4112/89	16591/51	−15040/41	−22794/209
客户	11	12	13	14	15
横坐标	26179/79	−45711/104	4112/153	7843/50	−13105/63
纵坐标	35797/118	−9772/97	−31117/374	9598/75	−2939/43
客户	16	17	18	19	20
横坐标	−18896/39	−31619/95	−7783/61	−4589/445	20775/46
纵坐标	22751/47	−14570/37	−22943/76	−12038/75	108866/259

表 7.2 客户的频率

客户	1	2	3	4	5	6	7	8	9	10
频率	1	5	4	4	6	5	5	6	6	4
客户	11	12	13	14	15	16	17	18	19	20
频率	2	2	6	1	4	2	7	5	4	4

表 7.3 客户在各天的需求量和退货量

客户	各天						
	1	2	3	4	5	6	7
1	3109/1956	843/518	1656/1271	256/157	1347/890	4303/3334	1601/1172
	989/442	1847/1012	1577/1176	773/474	1774/1239	708/833	1089/953
2	1469/994	714/433	527/319	596/453	6391/3863	1047/635	973/670
	214/229	635/609	1929/1688	737/505	3044/3791	1319/567	6150/2561

续表

客户	各天						
	1	2	3	4	5	6	7
3	1129/713	847/647	1651/1158	3826/2345	365/231	391/237	1738/1141
	902/567	659/415	797/605	852/367	511/372	3719/4074	333/158
4	425/336	1012/631	1490/909	1939/1265	941/601	2589/1660	400/283
	4266/3025	542/473	3464/2413	5586/6301	987/1039	1239/517	1654/683
5	626/411	1871/1416	332/215	1881/1489	71/52	6680/5263	1395/1081
	458/263	968/1179	747/659	2359/1754	1424/653	1333/1797	1193/1508
6	2866/1799	1578/1025	1067/772	1111/675	947/749	821/573	596/423
	1519/1495	8599/4590	1255/621	8367/4472	740/487	2239/1324	899/723
7	91/58	593/375	4127/3108	554/381	781/544	433/285	1238/801
	1298/635	956/909	2257/1163	273/262	317/231	163/89	1117/530
8	801/512	632/463	831/542	2554/1677	5752/4365	1245/958	981/673
	6838/7959	2165/912	1224/583	1772/1119	1312/879	1810/1197	584/463
9	1541/934	579/416	1095/733	677/504	4811/3078	1930/1423	466/319
	2513/1549	4279/2631	898/413	1453/681	4526/2427	260/187	2765/1278
10	5843/3791	10105/6233	2237/1356	504/341	1483/1134	559/426	642/473
	613/368	2157/1609	911/381	2381/1045	979/577	1667/913	1366/775
11	1069/668	1219/899	89/56	1242/919	2333/1425	4281/3067	313/235
	471/434	422/337	1028/661	3229/2868	1011/455	787/741	940/841
12	1188/877	1127/748	233/161	884/633	1253/785	1703/1140	812/549
	1972/1935	974/869	2040/1367	1313/1034	1874/793	2501/1687	1791/1715
13	883/541	319/233	1924/1229	818/523	1455/1033	2273/1529	2362/1843
	487/209	1567/636	1113/743	481/527	255/217	530/367	4358/2453
14	467/367	1199/815	907/576	4034/2461	1801/1381	3148/2117	425/294
	1989/1682	1789/999	506/255	1017/916	644/697	1310/1053	1177/917
15	2151/1714	1517/1091	1087/825	166/105	1181/856	1654/1125	4362/3307
	1989/1682	1789/999	506/255	1017/916	644/697	1310/1053	1177/917
16	908/605	760/559	1250/821	1468/955	253/162	1593/1108	699/544
	3173/1572	1563/985	8127/4651	1039/913	1572/1025	2585/1062	6161/3644
17	1040/773	2604/1597	331/252	1025/643	373/253	1034/621	758/591
	579/352	1535/1361	1627/1025	982/537	713/370	6259/4406	973/710
18	2057/1434	1187/917	9393/5690	1297/1036	2633/1674	1581/994	1483/920
	1155/466	401/513	817/356	992/423	1209/566	415/466	1137/962
19	1379/1073	1299/917	853/628	4625/2921	3277/2292	1561/958	818/617
	2189/1667	1984/1029	984/1027	913/456	1266/1399	1893/1006	2189/1667
20	665/489	1983/1513	605/463	819/508	1411/946	531/359	857/654
	1777/844	1348/677	2065/887	574/249	274/209	1189/606	585/548

　　在表 7.3 中, 每个客户对应两行, 第一行和第二行分别给出该客户在各天的需求量和退货量. 每辆车的一次性启动费用与单位距离的运输费用分别为 10 和 1.

根据上面所给出的改进的 C-W 节约算法, 得到一个周期内各天的所有路径如表 7.4 的第 3 列所示. 例如第 4 天的第 3 条路径为 [9,17,10], 其含义为一辆车从车场出发依次访问客户点 9、客户点 17、客户点 10, 之后返回车场.

表 7.4 各天的路径

各天	路径序号	路径
1	1	[7,6,20,11,3,5]
	2	[15,18,2,4,19,13]
	3	[17,1,9,12]
	4	[8,16]
2	1	[5,7,6,20,3]
	2	[15,18,2,4,19,13]
	3	[9,17,10,8]
3	1	[8,17]
4	1	[5,7,6,20,3]
	2	[18,2,4,19,13]
	3	[9,17,10]
5	1	[8,14,6,7,5,13]
	2	[15,2,18]
	3	[9,17,10]
6	1	[5,7,6,20,11,3]
	2	[15,18,2,4,19,13]
	3	[12,9,17,10,8]
7	1	[9,17]
	2	[16,8,5,13]

在此例子中,

① 所有被使用车辆总的启动费用为 $(4+3+1+3+3+3+2)\times10=190$;

② 所有被使用车辆总的行驶费用为 3.406208160081322e+04;

③ 所有被使用车辆的总费用为

$$190 + (3.406208160081322e + 04) = 3.425208160081322e + 04.$$

7.2.2 开放式周期车辆路径问题

开放式周期车辆路径问题就是将标准周期车辆路径问题中要求每天被使用车辆从车场出发, 完成当天任务后再返回车场改为车辆从车场出发完成当天任务后不返回车场, 而是终止在该车辆配送路径上的最后一个客户处, 其他各项不变的周期车辆路径问题. 2010 年, Danandeh 等[23] 开始对该问题进行研究, 给出一个基于容量聚类的快速启发式算法对问题进行求解. 2016 年, 窦冰洁等[24] 研究了一个优化油耗的单车场多车型开放式周期车辆路径问题, 给出一个改进的最近邻算法对其问题进行了求解. 下面分别对上述工作进行介绍.

1. 开放式周期车辆路径问题

2010 年 Danandeh 等[23] 开始研究开放式周期车辆路径问题. 由于车辆不返回车场, 同时也是为了利用 Christofides 等[2] 给出的标准周期车辆路径问题的数学模型, Danandeh 等[23] 引入一个人造节点, 并设客户节点和车场到该人造节点的距离皆为零. 他们给出了该问题的数学模型如下.

符号说明

D: 计划周期所含的天数;

N: 客户数量, 客户节点标号为 $1, 2, \cdots, N$;

i, j: 节点标号, 车场标号为 0, 人造节点标号为 $N+1$;

K: 车辆数;

C: 每辆车的容量;

L: 每辆车每天的最大行驶距离;

c_{ij}: 节点 i, j 间的距离, 或弧 (i, j) 的费用;

w_i: 节点 i 在计划周期中的所有需求;

v_i^d: 如果客户 i 在第 d 天被访问, 那么 $v_i^d = 1$, 否则 $v_i^d = 0$;

S_i: 客户点 i 的所有允许访问时间组合构成的集合;

a_{sd}: 如果第 d 天在访问组合 s 中, 那么 $a_{sd} = 1$, 否则 $a_{sd} = 0$.

决策变量

x_{ijk}^d: 0-1 变量, 如果车辆 k 在第 d 天访问弧 (i, j), 那么 $x_{ijk}^d = 1$, 否则 $x_{ijk}^d = 0$;

z_i^s: 0-1 变量, 如果访问时间组合 s 被选择来服务客户 i, 那么 $z_i^s = 1$, 否则 $z_i^s = 0$.

于是开放式周期车辆路径问题可以用下列 0-1 整数规划模型描述:

$$\min \quad \sum_{d=1}^{D}\sum_{i=0}^{N}\sum_{j=1}^{N+1}\sum_{k=1}^{K} c_{ij}x_{ijk}^d, \tag{7.60}$$

$$\text{s.t.} \quad \sum_{s\in S_i} z_i^s = 1, \quad i=1,2,\cdots,N, \tag{7.61}$$

$$v_i^d = \sum_{s\in S_i} z_i^s a_{sd}, \quad d=1,2,\cdots,D,\ i=0,1,2,\cdots,N,N+1, \tag{7.62}$$

$$\sum_{k=1}^{K} x_{ijk}^d \leqslant \frac{v_i^d + v_j^d}{2}, \quad d=1,2,\cdots,D,\ i,j=1,2,\cdots,N\,(i\neq j), \tag{7.63}$$

$$\sum_{j=1}^{N+1} x_{ijk}^d = \sum_{j=0}^{N} x_{jik}^d, \quad k=1,2,\cdots,K,\ i=1,\cdots,N,\ d=1,2,\cdots,D, \tag{7.64}$$

$$\sum_{k=1}^{K}\sum_{i=0}^{N} x_{ijk}^{d} = v_{j}^{d}, \quad j=1,2,\cdots,N,\ d=1,2,\cdots,D, \tag{7.65}$$

$$\sum_{i=0}^{N} x_{i(N+1)k}^{d} \leqslant 1, \quad k=1,2,\cdots,K,\ d=1,2,\cdots,D, \tag{7.66}$$

$$\sum_{k=1}^{K}\sum_{i=0}^{N} x_{(N+1)ik}^{d} = 0, \quad d=1,2,\cdots,D, \tag{7.67}$$

$$\sum_{j=1}^{N+1} x_{0jk}^{d} \leqslant 1, \quad k=1,2,\cdots,K,\ d=1,2,\cdots,D, \tag{7.68}$$

$$\sum_{k=1}^{K}\sum_{i=1}^{N+1} x_{i0k}^{d} = 0, \quad d=1,2,\cdots,D, \tag{7.69}$$

$$\sum_{i,j\in Q} x_{ijk}^{d} \leqslant |Q|-1, \quad \forall Q\subset\{1,2,\cdots,n\},\ k=1,2,\cdots,K,$$

$$d=1,2,\cdots,D, \tag{7.70}$$

$$\sum_{i=1}^{N} w_{i} \sum_{j=1}^{N+1} x_{ijk}^{d} \leqslant C, \quad k=1,2,\cdots,K,\ d=1,2,\cdots,D, \tag{7.71}$$

$$\sum_{i=0}^{N}\sum_{j=1}^{N+1} c_{ij} x_{ijk}^{d} \leqslant L, \quad k=1,2,\cdots,K,\ d=1,2,\cdots,D, \tag{7.72}$$

$$\sum_{k=1}^{K}\sum_{i=0}^{N+1} x_{iik}^{d} = 0, \quad d=1,2,\cdots,D, \tag{7.73}$$

$$z_{i}^{s} \in \{0,1\}, \quad i=1,2,\cdots,N,\ s\in S_{i}, \tag{7.74}$$

$$x_{ijk}^{d} \in \{0,1\}, \quad i=0,1,\cdots,N+1,\ k=1,2,\cdots,K,\ d=1,2,\cdots,D. \tag{7.75}$$

式 (7.60) 极小化车辆的行驶距离; 式 (7.61) 为每个客户节点从约定的访问时间组合中仅选出一个时间组合; 式 (7.62) 为每个客户定义哪些天对其进行访问, 且假设车场和人造节点每天都被访问; 式 (7.63) 确保只有两个客户在同一天被访问时, 他俩之间才可能有弧; (7.64) 确保车辆在同一天访问和离开一个节点, 这个约束未考虑车场和人造节点; 式 (7.65) 让客户在为其选择的访问时间组合里的那些天对其进行服务; 式 (7.66) 确保每条路径都终止于人造节点; 式 (7.67) 确保每条路径都不从人造节点开始; 式 (7.68) 确保一辆车一天至多被使用一次; 式 (7.69) 确保车辆不返回车场; 式 (7.70) 为消除子回路约束; 式 (7.71) 为车辆的能力约束; 式 (7.72) 限制路径的长度; 式 (7.73) 删除圈; 式 (7.74)—(7.75) 定义变量的整性约束.

Danandeh 等给出一个启发式算法对该问题进行了求解.

2. 优化油耗的单车场多车型开放式周期车辆路径问题

2016 年, 窦冰洁等[24] 研究了一个优化油耗的单车场多车型开放式周期车辆路径问题. 下面对他们的模型和算法进行介绍.

1) 问题描述及数学模型

在一个区域内有一个配送站点 (车场), m 个顾客, 一个周期中有 T 个时间段, 顾客 $l\,(l = 1, 2, \cdots, m)$ 在周期内要求的服务次数 (以下简称频率) 为 $f_l\,(0 < f_l \leqslant T)$, 在时间段 t 被访问时的需求量为 g_l^t. 设配送站点中共有 H 种类型的车辆, 其中第 $h\,(1 \leqslant h \leqslant H)$ 种类型共有 K_h 辆车 (K_h 足够大, 即各种类型的车辆足够用). 在一个周期的各个时间段内, 所有被使用的车辆都是从配送站点出发, 完成其配送任务后, 结束于其最后服务的客户点. 每个顾客在被服务的每个时间段仅能由一辆车服务, 且仅服务一次. 要求根据客户的地理位置、需求量及要求的频率, 确定实际配送路线, 被派出完成配送任务的每辆车的费用为它所产生的油耗与它的启动费用, 目标为使所有被派出的车辆的费用之和最小. 该问题的数学模型如下.

符号说明

N: 客户点的集合, $N = \{1, 2, \cdots, m\}$;

0: 车场;

A: 弧的集合, (i, j) 为连接节点 i 和 j 的弧;

d_{ij}: 节点 i 与 j 之间的距离 (当 $i = j$ 时, $d_{ij} = 0$);

H: 车型数, 即一共有 H 种类型的车辆供使用;

K_h: 第 h 种类型车辆一共有 K_h 辆;

c_h, Q_h, C_h: 分别表示第 h 种类型车辆, 每一辆车的单位距离单位重量的燃油费、车载限制、一次性启动费用;

f_i: 客户 i 要求的频率;

g_i^t: 客户 i 在第 $t\,(1 \leqslant t \leqslant T)$ 个时间段的需求量;

w_{ijt}^{hk}: 第 t 个时间段弧 (i, j) 上第 h 种类型的第 k 辆车的车载量.

决策变量

x_{ijt}^{hk}: 0-1 变量, 如果第 h 种车型里的第 k 辆车在第 t 个时间段经过弧 $(i, j) \in A$, 那么 $x_{ijt}^{hk} = 1$, 否则 $x_{ijt}^{hk} = 0$.

y_{it}^{hk}: 0-1 变量, 如果第 h 种车型里的第 k 辆车在第 t 个时间段访问客户节点 i, 那么 $y_{it}^{hk} = 1$, 否则 $y_{it}^{hk} = 0$.

z_i^t: 0-1 变量, 如果第 t 个时间段对客户 i 进行服务, 那么 $z_i^t = 1$, 否则 $z_i^t = 0$.

于是带油耗的单车场多车型开放式周期车辆路径问题的数学模型如下:

$$\min \left\{ \sum_{t=1}^{T} \sum_{h=1}^{H} \sum_{k=1}^{K_h} \sum_{(i,j) \in A} c_h d_{ij} w_{ijt}^{hk} x_{ijt}^{hk} + \sum_{t=1}^{T} \sum_{h=1}^{H} \sum_{k=1}^{K_h} \sum_{j \in N} C_h x_{0jt}^{hk} \right\}, \tag{7.76}$$

$$\text{s.t.} \quad \sum_{t=1}^{T} z_i^t = f_i, \quad \forall i \in N, \tag{7.77}$$

$$\sum_{h=1}^{H} \sum_{k=1}^{K_h} x_{ijt}^{hk} \leqslant (z_i^t + z_j^t)/2, \quad t = 1, 2, \cdots, T, \ \forall (i,j) \in A, \tag{7.78}$$

$$\sum_{h=1}^{H} \sum_{k=1}^{K_h} \sum_{i=0}^{N} x_{ijt}^{hk} = \sum_{h=1}^{H} \sum_{k=1}^{K_h} y_{jt}^{hk} = z_j^t, \quad \forall j \in N, \ t = 1, 2, \cdots, T, \tag{7.79}$$

$$\sum_{i \in N} x_{i0t}^{hk} = 0, \quad t = 1, 2, \cdots, T, \ h = 1, 2, \cdots, H, \ k = 1, 2, \cdots, K_h, \tag{7.80}$$

$$\sum_{j \in N} x_{0jt}^{hk} \leqslant 1, \quad t = 1, 2, \cdots, T, \ h = 1, 2, \cdots, H, \ k = 1, 2, \cdots, K_h, \tag{7.81}$$

$$\sum_{k=1}^{K_h} \sum_{j \in N} x_{0jt}^{hk} \leqslant K_h, \quad h = 1, 2, \cdots, H, t = 1, 2, \cdots, T, \tag{7.82}$$

$$\sum_{i \in N} g_i^t y_{it}^{hk} \leqslant Q_h, \quad t = 1, 2, \cdots, T, \ h = 1, 2, \cdots, H, \ k = 1, 2, \cdots, K_h, \tag{7.83}$$

$$x_{ijt}^{hk} \in \{0, 1\}, \quad t = 1, 2, \cdots, T, \ h = 1, 2, \cdots, H, \ k = 1, 2, \cdots,$$
$$K_h, \ (i,j) \in A, \tag{7.84}$$

$$z_j^t, \ y_{jt}^{hk} \in \{0, 1\}, \quad t = 1, 2, \cdots, T, \ h = 1, 2, \cdots, H, \ k = 1, 2, \cdots,$$
$$K_h, j \in N. \tag{7.85}$$

式 (7.76) 的第一项为所有被使用车辆总的油耗费用, 第二项为这些车辆总的启动费用; 式 (7.77) 保证对每一个客户点总访问次数等于其要求的频率; 式 (7.78) 表示被一辆车依次服务的两个客户点必须被安排在同一个时间段对其进行访问; 式 (7.79) 表示分配到每一个时间段的所有客户点在该时间段都被访问到, 且每个客户只被一辆车访问一次; 式 (7.80) 表示每个时间段所使用的车辆都不返回车场; 式 (7.81) 表示每辆车在每个时间段至多被使用一次; 式 (7.82) 表示每个时间段所使用的每种类型车辆数量不超过此类型车辆总数; 式 (7.83) 表示车辆的容量约束; 式 (7.84) 与式 (7.85) 是变量的整性约束.

2) 改进的最近邻算法求次优解

变量说明

CNRF: 存储未达到服务频率的所有客户;

CNACS: 存储当前时间段未安排为其服务的所有客户;

CCV: 存储当前使用车辆的剩余车载量;

SUMD: 用以累加一条路径上客户点的需求量;

CS: 存储当前时间段;

SOPsolution: 存储最近邻算法求得的问题的次优解;

pathsCS: 存储当前时间段的全部路径;

CVT: 存储当前车型;

PACS: 存储当前时间段的路径总数;

CGpath: 存储当前要生成的路径;

last_node: 存储当前未完成路径中的最后一个节点;

nodeWA: 存储当前被选中要为其安排路线的那个节点;

$\max g_i = \max \{g_i^1, g_i^2, \cdots, g_i^T\}$;

$\max Q = \max \{Q_1, Q_2, \cdots, Q_H\}$;

threshold= $\left[(\sum_{i \in N} \max g_i)/\max Q\right]$: 阈值, 限制每个时间段中至多使用的车辆数;

leftF: 是一个含 N 个元素的一维数组, 其第 i 个元素存储客户 $i\,(i = 1, 2, \cdots, N)$ 的剩余配送次数.

改进的最近邻算法的具体步骤如下.

步骤 1(数据初始化)　置: CNRF:=$\{1, 2, \cdots, N\}$, leftF(i):=$f_i, i = 1, 2, \cdots, N$, SOPsolution:=[ ];

步骤 2　对 CS=1, 2, $\cdots$, T, 重复以下操作:

(1) 置: pathsCS:=[ ], PACS:=0, CGpath:=[ ], SUMD:=0, CNACS:=CNRF, last_node:=[ ], nodeWA:=[ ];

(2) 如果 CNACS$\neq$[ ] 且 PACS$\leqslant$threshold, 执行下列操作:

① 如果 CGpath=[ ], 随机选一个车型, 将其赋值给 CVT, 置:

$$\text{CGpath}:=[\text{CGpath, CVT}], \quad \text{CCV}:=Q_{\text{CVT}},$$

在 CNACS 中选择其需求量与它和车场距离之比最大者, 将其序号赋给 node WA, 置:

$$\text{CNACS}:=\text{CNACS}\backslash\{\text{nodeWA}\}, \text{CGpath}:=[\text{CGpath, nodeWA}], \text{last\_node}:=\text{nodeWA},$$
$$\text{SUMD}:=\text{SUMD}+g_{\text{nodeWA}}^{\text{CS}}, \text{leftF}(\text{nodeWA}):=\text{leftF}(\text{nodeWA})\text{-1}.$$

若 leftF(nodeWA)$= 0$, 置:

$$\text{CNRF}:=\text{CNRF}\backslash\{\text{nodeWA}\},$$

转 (2).

② 如果 CGpath$\neq$[ ], 在 CNACS 中选取其需求量与它到 CGpath 中最后一个节点的距离之比最大者, 将其序号赋给 nodeWA, 置:

$$\text{SUMD}:=\text{SUMD}+g_{\text{nodeWA}}^{\text{CS}}.$$

如果 CCV-SUMD$\geqslant$ 0, 置:

  CNACS:=CNACS\\{nodeWA}, CGpath:=[CGpath,nodeWA],

   last_node:=nodeWA, leftF(nodeWA):=leftF(nodeWA)-1.

如果 leftF(nodeWA)= 0, 置:

$$CNRF:=CNRF\backslash\{nodeWA\};$$

如果 CCV-SUMD$>$ 0, 转 (2);

如果 CCV-SUMD$=$ 0, 置:

  PACS:=PACS+1, pathsCS{PACS}:=CGpath, CGpath:=[ ],

转 (2).

  如果 CCV-SUMD$<$ 0, 且 CNACS 只含一个客户, 置:

  PACS:=PACS+1, pathsCS{PACS}:=CGpath, CGpath:=[ ],

转 (2).

  如果 CCV-SUMD$<$ 0, 且 CNACS 中含客户个数 $>$ 1, 置:

$$SUMD:=SUMD-g_{nodeWA}^{CS},$$

并在 CNACS 中选取其需求量与它到 CGpath 中最后一个节点距离之比次大者, 将其序号赋值给 nodeWA, 置:

$$SUMD:=SUMD+g_{nodeWA}^{CS}.$$

如果 CCV-SUMD$\geqslant$ 0, 置:

  CNACS:=CNACS\\{nodeWA}, CGpath:=[CGpath, nodeWA],

   last_node:=nodeWA, leftF(nodeWA):=leftF(nodeWA)-1.

如果 leftF(nodeWA)=0, 置:

$$CNRF:=CNRF\backslash\{nodeWA\};$$

如果 CCV-SUMD$>$ 0, 转 (2);

如果 CCV-SUMD$=$ 0, 置:

  PACS:=PACS+1, pathsCS{PACS}:=CGpath, CGpath:=[ ],

转 (2).

如果 CCV-SUMD$<$ 0, 置:

  PACS:=PACS+1, pathsCS{PACS}:=CGpath, CGpath:=[ ],

转 (2).

(3) 置 SOPsolution{CS,1}:=PACS, SOPsolution{CS,2}:=pathsCS.

步骤 3   如果 CNRF=[ ], 输出 SOPsolution, 停机. 否则, 首先将各个时间段按含路径个数从小到大重新排列, 并将排好的时间段依次记为 $k_1, k_2, \cdots, k_T$, 之后对 CS=$k_1, k_2, \cdots, k_T$ 重复下列操作:

(1) 置 CNACS:= CNRF, 将 CNACS 里当前时间段中已经被安排服务的客户删除, 置 PACS:=SOPsolution{CS,1}, pathsCS:=SOPsolution{CS,2}, last_node:=[ ], nodeWA:=[ ], CGpath:=[ ], SUMD:=0; ·

(2) 如果 CNACS≠[ ], 执行下列操作:

① 如果 CGpath=[ ], 随机选一个车型, 将其赋值给 CVT, 置:

$$CGpath=[CGpath, CVT], \quad CCV:=Q_{CVT},$$

在 CNACS 中选择其需求量与它和车场距离之比最大者, 将其序号赋给 nodeWA, 置:

CNACS:=CNACS\{nodeWA}, CGpath:=[CGpath, nodeWA],
last_node:= nodeWA, SUMD:=SUMD+g_{nodeWA}^{CS},
leftF(nodeWA):=leftF(nodeWA)-1.

若 leftF(nodeWA)= 0, 置:

$$CNRF:= CNRF\setminus\{nodeWA\},$$

转 (2).

② 如果 CGpath≠[ ], 在 CNACS 中选取其需求量与它到 CGpath 中最后一个节点 last_node 的距离之比最大者, 将其序号赋给 nodeWA, 置:

$$SUMD:=SUMD+g_{nodeWA}^{CS}.$$

如果 CCV-SUMD≥ 0, 置:

CNACS:=CNACS\{nodeWA}, CGpath:=[CGpath,nodeWA],
last_node:=nodeWA, leftF(nodeWA):=leftF(nodeWA)-1.

如果 leftF(nodeWA)= 0, 置:

$$CNRF:=CNRF\setminus\{nodeWA\}.$$

如果 CCV-SUMD> 0, 转 (2).

如果 CCV-SUMD= 0, 置:

$$PACS:=PACS+1, pathsCS\{PACS\}:=CGpath, CGpath:=[ ],$$

转 (2).

如果 CCV-SUMD< 0, 且 CNACS 只含一个客户, 置:

PACS:=PACS+1, pathsCS{PACS}:=CGpath, Cgpath:=[ ],

转 (2).

如果 CCV-SUMD< 0, 且 CNACS 中含客户个数 > 1, 置:

$$\text{SUMD:=SUMD} - g_{\text{nodeWA}}^{\text{CS}},$$

并在 CNACS 中选取其需求量与它到 CGpath 中最后一个节点的距离之比次大者, 将其赋值给 nodeWA, 置:

$$\text{SUMD:=SUMD} + g_{\text{nodeWA}}^{\text{CS}}.$$

如果 CCV-SUMD⩾ 0, 置:

CNACS:=CNACS \{nodeWA}, CGpath:=[CGpath, nodeWA],

last_node:=nodeWA, leftF(nodeWA):=leftF(nodeWA)-1.

如果 leftF(nodeWA)= 0, 置:

CNRF:=CNRF\{nodeWA};

如果 CCV-SUMD> 0, 转 (2);

如果 CCV-SUMD= 0, 置:

PACS:=PACS+1, pathsCS{PACS}:=CGpath, Cgpath:=[ ],

转 (2).

如果 CCV-SUMD< 0, 置:

PACS:=PACS+1, pathsCS{PACS}:=CGpath, Cgpath:=[ ],

转 (2).

(3) 置:

SOPsolution{CS,1}:=PACS, SOPsolution{CS,2}:=pathsCS.

输出 SOPsolution, 停机.

为了实现本问题要求的尽量降低油耗, 用改进后的最近邻算法, 在周期内每个时间段生成新路径添加客户点时, 选取其需求量与它到当前未完成路径的最后一个节点 (如果当前未完成路径为空时则为到车场) 的距离之比最大或次大者进行添加, 此方法可以明显地降低油耗. 而且在每个时间段初始安排路径时设置了一个阈值, 使得每个时间段的使用车辆数 (即路径数) 较为平均, 减少浪费使资源利用最大化.

改进的最近邻算法的 MATLAB 程序可扫本书封面的二维码获得电子版 (见第 7 章电子附件).

3) 例子

将坐标原点设为车场, 在 $[-500, 500] \times [-500, 500]$ 的区域内随机产生一个车场和 40 个客户点, 它们的坐标见表 7.5. 表 7.6 表示所使用的车型信息, 设一个周期为 7 个时间段, 随机产生每一客户在周期内要求的服务次数 (简称为频率), 见表 7.7. 表 7.8 为每个客户在各个时间段的需求量. 每一辆车的单位距离单位重量的燃油费为 10.

表 7.5　客户点的坐标

客户	1	2	3	4	5
横坐标	10901/59	−12195/34	20688/55	−4034/327	2963/189
纵坐标	12883/96	−18090/43	−87608/1101	−10117/255	−40585/178
客户	6	7	8	9	10
横坐标	−13421/50	13487/33	−7412/55	6571/39	−62725/152
纵坐标	35159/88	1451/14	10352/105	15388/39	11313/290
客户	11	12	13	14	15
横坐标	−1431/20	8537/145	−30452/77	−60396/137	41642/149
纵坐标	25188/215	−18368/67	−22051/45	−37243/210	−23033/140
客户	16	17	18	19	20
横坐标	6098/51	26049/176	−13655/51	50958/131	17568/181
纵坐标	17251/35	15791/397	35735/149	9355/26	18106/117
客户	21	22	23	24	25
横坐标	29466/71	−9671/46	−13093/64	−33030/73	−31083/106
纵坐标	−4744/71	2242/17	16962/139	20279/41	30384/283
客户	26	27	28	29	30
横坐标	−7009/46	−70329/149	13239/31	−23129/138	−24069/95
纵坐标	50515/232	−8230/19	−14428/35	5210/199	8108/189
客户	31	32	33	34	35
横坐标	14886/53	8639/20	−5327/64	31294/319	−29233/67
纵坐标	45209/2066	−44111/125	−9008/41	−18541/40	−3011/17
客户	36	37	38	39	40
横坐标	−14860/37	−14945/116	17367/83	−10756/33	−12881/138
纵坐标	−14848/45	−9665/21	5795/41	−20141/46	−5282/143

表 7.6　各车型信息

车型	启动费用	最大载重量
1	10	10
2	15	20
3	30	50

表 7.7 客户的频率

客户	1	2	3	4	5	6	7	8	9	10
频率	5	4	1	5	4	5	6	6	1	6
客户	11	12	13	14	15	16	17	18	19	20
频率	4	1	3	2	4	4	1	7	3	3
客户	21	22	23	24	25	26	27	28	29	30
频率	3	1	4	3	3	7	7	2	5	3
客户	31	32	33	34	35	36	37	38	39	40
频率	5	4	3	4	6	5	2	2	3	6

表 7.8 客户在各个时间段的需求量

客户点	时间段						
	1	2	3	4	5	6	7
1	1925/369	1272/415	1371/211	9473/2223	5387/2788	3587/1162	1302/601
2	773/437	4861/818	4015/1247	2218/325	589/233	4080/523	1571/1234
3	2007/353	1337/190	2758/519	2270/1801	2179/1091	833/814	2554/871
4	8096/1739	4466/1145	2054/435	7271/1462	2496/641	1056/317	1822/231
5	1061/281	3766/515	740/527	2583/395	1916/605	7352/1425	1006/609
6	1485/206	1233/620	2260/699	2773/495	7612/1763	4975/859	4257/556
7	589/145	1490/227	1328/185	1807/264	997/279	3181/971	1051/620
8	1273/1260	790/121	3042/397	2037/664	3513/857	229/171	2211/299
9	5157/778	9035/2083	1718/363	1931/391	1071/1006	1783/285	1789/650
10	4063/523	2182/439	1076/341	2053/834	1096/425	1393/300	3107/389
11	1913/249	1347/710	7548/3925	1307/700	2923/529	4711/2045	1847/1177
12	1423/1194	2813/473	9775/1741	1903/241	1718/475	1509/316	4022/527
13	1603/274	1595/439	2246/611	1726/331	41513/8072	3117/485	153/22
14	1421/216	3058/541	3171/1229	1827/229	2622/439	867/292	203/52
15	4357/570	2565/2003	1297/289	913/119	1887/511	9398/1533	757/149
16	3176/911	3718/1211	1159/234	2041/285	2727/508	1633/304	1104/725
17	1763/667	1042/495	437/143	3151/921	433/204	5385/776	7712/1691
18	2117/994	944/331	1311/251	1945/357	2014/311	2915/422	7972/2489
19	1624/393	1766/465	1657/726	1811/551	2693/358	645/218	797/218
20	651/440	1770/737	3435/667	2366/971	3282/653	1207/199	4115/596
21	799/166	3161/744	8075/2036	1667/355	1685/1072	1568/683	647/533
22	3978/811	979/448	1622/401	1822/333	1361/228	207/167	2381/462
23	3735/583	1424/375	3054/581	1741/1249	3797/1029	4539/650	1262/385
24	1445/471	1814/321	1872/383	652/183	1591/294	2765/803	1867/235
25	1488/431	2462/507	723/95	1909/812	5652/1871	1004/135	3331/448
26	1158/413	1054/417	1107/679	1496/375	1525/209	1488/295	101/13
27	5721/881	476/79	3412/845	2502/535	2851/709	999/301	3299/445
28	647/333	632/493	2921/404	962/523	4669/838	1741/240	2815/621
29	3726/1007	2428/663	3086/425	1647/541	580/241	1393/528	3568/691

续表

客户点	时间段						
	1	2	3	4	5	6	7
30	8641/1613	2554/461	2041/709	1784/269	2216/363	895/518	134/31
31	397/237	1543/305	1363/181	831/160	2975/2426	1357/515	2241/325
32	3701/538	3956/1307	3130/639	913/375	1149/518	2423/453	1343/1189
33	1257/164	931/313	3103/525	4726/757	1961/409	4981/791	2402/885
34	240/31	1793/444	1421/473	387/148	2306/947	1376/289	884/443
35	3461/528	3840/571	3219/887	4161/622	9747/2038	359/49	6382/1071
36	374/185	2529/956	1111/853	5401/2051	765/349	679/249	612/209
37	1566/457	2678/425	2827/369	5309/1723	1293/415	272/71	1256/357
38	2309/434	3125/442	999/533	307/88	611/413	3622/1023	2233/531
39	2193/299	2789/1162	196/127	2113/711	2287/406	927/175	3142/407
40	2021/422	2763/631	345/61	2139/302	806/701	730/149	4739/712

　　根据上面所给出的改进的最近邻算法, 得到一个周期内各个时间段的路径, 见表 7.9.

表 7.9　各个时间段的路径

时间段	路径序号	路径
1	1	[1,4,40]
	2	[3,11,23,29,30,33,10,26,6]
	3	[3,15,21,32,34,38,1,5,7]
	4	[2,35,14,27]
	5	[1,39,2]
	6	[2,25,18,13,24,8,16]
	7	[2,20,19,31,37,28,36]
2	1	[1,40]
	2	[3,8,26,10,35,18,7,2,27,34,6]
	3	[2,32,36]
3	1	[1,4]
	2	[3,40,29,8,33,25,23,12]
	3	[2,1,38,20]
	4	[1,31]
	5	[3,17,7,3,15,21,28,37,9,18]
	6	[2,22,30,26,10,11,6]
	7	[1,16,24]
	8	[1,27]

续表

时间段	路径序号	路径
4	1	[1,4]
	2	[2,40,30,33]
	3	[2,5,15]
	4	[2,1,31,7,20]
	5	[2,8,29,26,11,18,23]
	6	[1,14]
	7	[1,35]
	8	[2,27]
5	1	[2,4,26,8,5]
	2	[3,18,6,16,19,35,10,29,39,13,27]
	3	[2,40,7,1,2,34,36,32,31]
6	1	[2,4,40,23]
	2	[2,25,18,10]
	3	[2,5,15,34]
	4	[1,26,11]
	5	[3,35,2,13,39,36,27,6,29,16]
	6	[3,1,31,7,32,19,21,24,8]
7	1	[1,26]
	2	[3,10,35,27,18,36]

在表 7.9 中, 第 3 列给出了各个时间段的所有路径. 在各条路径中, 第 1 个数字表示该路径使用的车辆类型, 后面的数字表示车辆从车场出发依次所要访问的客户点, 例如第 1 个时间段的第 7 条路径为 [2,20,19,31,37,28,36], 其含义为该路径使用第 2 种车型的一辆车, 该车从车场出发, 依次给客户 20, 19, 31, 37, 28, 36 送货.

此例子中每个时间段的总费用为所有被使用车辆总的启动费用与总的油耗费用之和, 所有时间段的费用总和为 7.755639640310922e+06.

7.2.3 带时间窗的周期车辆路径问题

带时间窗的周期车辆路径问题就是在标准周期车辆路径问题中再加上每个客户以及车场对车辆的时间窗约束.

1. 文献综述

2001 年, Cordeau 等[25] 第一个研究了带时间窗的周期车辆路径问题, 给出一个统一的禁忌搜索启发式算法对其进行求解. 2008 年和 2009 年, Pirkwieser 和 Raidl[26-29] 给出一个变邻域搜索元启发式算法、一个变邻域搜索与整数线性规划混合算法、一个多重变邻域搜索与整数线性规划混合算法、一个列生成方法求解该问题. 2011 年, Yu 和 Yang[30] 给出一个蚁群优化算法; 2014 年, Nguyen 等[31] 给出一个混合遗传算法求解带时间窗的周期车辆路径问题. 同年, Michallet 等[32] 研究了一个带时间窗的半开放式周期车辆路径问题, 他们问题中的时间窗与带时间窗的车辆路径问题 CVRP5, 以及前边这些带时间窗的周期车辆路径问题不同的是, 在每个客户的时间窗下限之前不允许等待, 即车辆不允许在每个客户的时间窗下限之前到达该客户处, 另外, 还要求车辆在两个不同时间段到达同一个客户处的时间间隔不小于一个给定的时间区间 ε. Michallet 等[32] 给出一个多起点迭代局部搜索算法对其问题进行了求解. 2017 年, Hernandeza 等[33] 研究了一个带时间窗的周期车辆路径问题, 在他们的问题中, 一个周期有若干天, 每天被分成若干时间区间, 比如分成上午和下午两个时间区间, 每个客户在一个周期的某些天 (天数为此客户的频率) 的每一天里都取某一个时间区间作为其时间窗, 该客户在一个周期的这些天和这些天所取的时间区间构成该客户的一个时间组合, 要为每个客户在一个周期中选定一个时间组合以及为周期中每天的客户集安排车辆路径, 以使得一个周期所有使用车辆总的行驶费用最小, 他们给出一个启发式算法对其问题进行了求解.

2. 经典模型

这里只介绍 Pirkwieser 和 Raidl[27−29] 给出的带时间窗的周期车辆路径问题的数学模型.

符号说明

带时间窗的周期车辆路径问题被定义在一个完全有向图 $G = (V, A)$ 上, $V = \{0, 1, \cdots, n\}$ 是顶点集, $A = \{(i, j) \,|\, i, j \in V, i \neq j\}$ 是弧集. 一个计划周期包含 t 天, 记作 $T = \{1, 2, \cdots, t\}$. 顶点 0 表示车场, 其时间窗为 $[e_0, l_0]$, 车场有 m 辆车, 这些车辆的最大车载量分别为 $Q_1, \cdots, Q_m$, 每天的最大工作时间长度分别为 $D_1, \cdots, D_m$. 每个顶点 $i \in V_C = V \setminus \{0\}$ 对应一个客户, 其需求为 $q_i \geqslant 0$, 服务时间为 $d_i \geqslant 0$, 时间窗为 $[e_i, l_i]$, 服务频率为 f_i, 允许访问的时间组合构成的集合为 C_i. 每条弧 $(i, j) \in A$ 都分配了一个旅行时间 $c_{ij} \geqslant 0$. 目的是为每个客户选择一个访问时间组合, 以及在图 G 上为计划周期中每一天找到 (至多)m 辆车的行驶路径, 使得:

(1) 每条路径都开始和结束于车场;

(2) 每个客户 i 在计划周期中属于 f_i 条路径;

(3) 对每一车辆 $k = 1, \cdots, m$, 每条路径上客户的需求之和都不能超过其容量限制 Q_k, 且该辆车每天的运行时间不能超过其每天的最长运行时间 D_k;

(4) 对每个客户 i 的开始服务时间属于区间 $[e_i, l_i]$, 于是如果车辆在时刻 e_i 之前到达客户 i 处, 意味着车辆需要等待且无额外费用, 而车辆在时刻 l_i 之后到达客户 i 处是不允许的. 每辆车离开和返回车场的时间都得属于区间 $[e_0, l_0]$;

(5) 极小化所有车辆的所有旅行费用.

用 Ω 表示访问客户集 V_C 的一个子集且满足上面条件 (1), (3), (4) 的所有可行路径构成的集合.

对每条路径 $\omega \in \Omega$, 用 γ_ω 表示其对应的费用.

决策变量

$x_{\omega\tau}$: 0-1 变量, 如果路径 ω 在第 τ 天被使用, 那么 $x_{\omega\tau} = 1$, 否则 $x_{\omega\tau} = 0$, $\forall \omega \in \Omega$, $\tau \in T$;

y_{ir}: 0-1 变量, 如果客户 i 的访问时间组合 $r \in C_i$ 被选中, 那么 $y_{ir} = 1$, 否则 $y_{ir} = 0$, $\forall i \in V_C$.

于是带时间窗的周期车辆路径问题可用下列的集覆盖整数线性规划模型来描述:

$$\min \sum_{\tau \in T} \sum_{\omega \in \Omega} \gamma_\omega x_{\omega\tau}, \tag{7.86}$$

$$\text{s.t.} \sum_{r \in C_i} y_{ir} \geqslant 1, \quad \forall i \in V_C, \tag{7.87}$$

$$\sum_{\omega \in \Omega} x_{\omega\tau} \leqslant m, \ \forall \tau \in T, \tag{7.88}$$

$$\sum_{\omega \in \Omega} \alpha_{i\omega} x_{\omega\tau} - \sum_{r \in C_i} \beta_{ir\tau} y_{ir} \geqslant 0, \ \forall i \in V_C, \ \forall \tau \in T, \tag{7.89}$$

$$y_{ir} \in \{0, 1\}, \quad \forall i \in V_C, \ \forall r \in C_i, \tag{7.90}$$

$$x_{\omega\tau} \in \{0, 1\}, \quad \forall \omega \in \Omega, \ \forall \tau \in T. \tag{7.91}$$

目标函数式 (7.86) 对应所有被选择路径总的费用; 覆盖约束式 (7.87) 保证至少为每个客户选择一个访问时间组合; 车队约束式 (7.88) 限定每天的路径数不能超过可得到的车辆数 m; 访问约束式 (7.89) 连接路径和访问时间组合, 而 $\alpha_{i\omega}$ 与 $\beta_{ir\tau}$ 都是 0, 1 常数, 且如果路径 ω 访问客户 i, 那么 $\alpha_{i\omega} = 1$, 否则 $\alpha_{i\omega} = 0$; 如果第 τ 天属于客户 i 的访问时间组合 $r \in C_i$, 那么 $\beta_{ir\tau} = 1$, 否则 $\beta_{ir\tau} = 0$. 式 (7.90) 与式 (7.91) 是变量的整性约束.

7.2.4 带服务选择的周期车辆路径问题

带服务选择的周期车辆路径问题就是将标准周期车辆路径问题中客户点的访问频率改为决策变量, 其他各项不变而得到的车辆路径问题. Francis 和 Smilowitz[34] 给出了该问题的数学模型.

符号说明

N: 所有客户构成的集合, $N = \{1, 2, \cdots, n\}$;

0: 车场;

A: 弧的集合, $A = \{(i, j) \,|\, i, j \in N \cup \{0\}\}$;

K: 车辆集合;

C: 每辆车的容量;

T: 计划周期中各天构成的集合, $T = \{1, \cdots, t\}$, t 表示一个周期的长度;

S: 服务时间组合构成的集合, $S = \{1, \cdots, |S|\}$, $s \in S$ 是 T 的一个子集;

a_{sd}: 0-1 常量, 如果第 $d(d \in T)$ 天在服务时间组合 $s \in S$ 中, 那么 $a_{sd} = 1$, 否则 $a_{sd} = 0$;

t_{ij}: 弧 $(i,j) \in A$ 上的行驶费用;

w_i: 客户 $i \in N$ 每天的需求 (已知);

f_i: 客户 $i \in N$ 的最小服务频率 (天数);

$\gamma^s = \sum_{d \in T} a_{sd}$: 服务时间组合 s 的频率; $H^s = 1/\gamma^s$;

τ_i^s: 当服务时间组合 s 分配给节点 i 时在节点 i 的停留费用;

α^s: 对服务时间组合 s 的服务收益;

β^s: 对服务时间组合 s 的需求累积调整因子.

决策变量

y_{ik}^s: 0-1 变量, 如果客户 $i\,(i \in N)$ 在服务时间组合 $s \in S$ 里被车辆 k 访问, 那么 $y_{ik}^s = 1$, 否则 $y_{ik}^s = 0$;

x_{ijk}^d: 0-1 变量, 如果车辆 k 在第 $d(d \in T)$ 天行驶过弧 $(i,j) \in A$, 那么 $x_{ijk}^d = 1$, 否则 $x_{ijk}^d = 0$.

于是带服务选择的周期车辆路径问题可由下列数学模型来描述:

$$Z^* = \min \sum_{k \in K} \left(\sum_{d \in T} \sum_{(i,j) \in A} t_{ij} x_{ijk}^d + \sum_{s \in S} \sum_{i \in N} (\gamma^s \tau_i^s - w_i \alpha^s) y_{ik}^s \right), \qquad (7.92)$$

$$\text{s.t.} \quad \sum_{s \in S} \sum_{k \in K} \gamma^s y_{ik}^s \geqslant f_i, \quad \forall i \in N, \qquad (7.93)$$

$$\sum_{s \in S} \sum_{k \in K} y_{ik}^s \leqslant 1, \quad \forall i \in N, \qquad (7.94)$$

$$\sum_{s \in S} \sum_{i \in N} (\beta^s w_i) a_{sd} y_{ik}^s \leqslant C, \quad \forall k \in K, \, d \in T, \qquad (7.95)$$

$$\sum_{j \in N \cup \{0\}} x_{ijk}^d = \sum_{s \in S} a_{sd} y_{ik}^s, \quad \forall i \in N, \, k \in K, \, d \in T, \qquad (7.96)$$

$$\sum_{j \in N \cup \{0\}} x_{ijk}^d = \sum_{j \in N \cup \{0\}} x_{jik}^d, \quad \forall i \in N \cup \{0\}, \, k \in K, \, d \in T, \qquad (7.97)$$

$$\sum_{i,j \in Q} x_{ijk}^d \leqslant |Q| - 1, \quad \forall Q \subseteq N, \, k \in K, \, d \in T, \qquad (7.98)$$

$$y_{ik}^s \in \{0,1\}, \quad \forall i \in N, \, k \in K, \, s \in S, \qquad (7.99)$$

$$x_{ijk}^d \in \{0,1\}, \quad \forall (i,j) \in A, \, k \in K, \, d \in T. \qquad (7.100)$$

式 (7.92) 平衡了旅行时间和服务收益, 第一项表示弧的被旅行次数, 第二项表示节点停留费用和一个加权需求服务收益; 约束式 (7.93) 对每个客户节点的访问强加了最小频率约束; 约束式 (7.94) 确保为每个需求节点安排一个访问时间组合和一辆车; 约束式 (7.95) 为车辆的能力约束; 约束式 (7.96) 为客户节点连接 x 和 y 的变量; 约束式 (7.97) 确保在每个节点的流平衡; 约束式 (7.98) 为消除子回路约束和确保所有的回路包含对车场的访问; 约束式 (7.99) 和式 (7.100) 定义了 0-1 变量.

Francis 和 Smilowitz[34] 给出一个精确算法和一个启发式算法来求解带服务选择的周期车辆路径问题.

7.2.5 柔性周期车辆路径问题

柔性周期车辆路径问题与带服务选择的周期车辆路径问题关系比较密切, 带服务选择的周期车辆路径问题是将标准周期车辆路径问题中每个客户的频率改为决策变量得到的周期车辆路径问题, 柔性周期车辆路径问题则更进一步, 该问题是将标准周期车辆路径问题中每个客户的频率和每次访该客户的送货量也变成决策变量而得到的周期车辆路径问题.

1. 文献综述

2017 年, Archetti 等[35] 首先提出并研究了柔性周期车辆路径问题, 给出一个基于车载量的混合整数线性规划模型, 并给出三组不等式对其进行加强, 最后利用软件 CPLEX 12.5.0.0 做了计算实验. 2018 年, Archetti 等开发了一个迭代两阶段元启发式算法来求解柔性周期车辆路径问题的中等或大的例子.

2. 经典模型

下面介绍 2017 年 Archetti 等[35] 给出的柔性周期车辆路径问题的数学模型. 考虑一个有向完全图 $G = (N, A)$, 其中 $N = \{0\} \cup C$, 0 表示车场, $C = \{1, \cdots, n\}$ 是客户集. 令 $T = \{1, \cdots, H\}$ 是一个时间段的离散集合. 每个客户 $i \in C$ 在计划周期 T 上有一个总的需求 W_i 和一个存储能力 w_i. 每次访问客户 i 时交付给他的货物量 $q_i^t \leqslant w_i$, 且在计划周期 T 上 q_i^t 的和为 W_i. 车场 0 拥有的车辆的集合为 $K = \{1, \cdots, m\}$, 车辆是同型的, 有着同样的容量 Q. 每条弧 $(i, j) \in A$ 关联一个非负的费用 c_{ij}, 而且车辆每次穿过弧 (i, j) 都要支付费用 c_{ij}. 要寻求一组路径来极小化所有路径的费用并满足客户的需求.

决策变量

z_i^t: 0-1 变量, 如果客户 i 在时间段 t 被访问, 那么 $z_i^t = 1$, 否则 $z_i^t = 0$;

y_{ij}^t: 0-1 变量, 如果弧 (i, j) 在时间段 t 被穿过, 那么 $y_{ij}^t = 1$, 否则 $y_{ij}^t = 0$;

z_0^t: 时间段 t 使用的车辆数;

l_{ij}^t: 车辆在时间段 t 穿过弧 (i, j) 时的装载量;

q_i^t: 在时间段 $t \in T$ 交付给客户 $i \in C$ 的货物量.

于是 Archetti 等[35] 给出的柔性周期车辆路径问题的数学模型如下：

$$\min \sum_{t \in T} \sum_{(i,j) \in A} c_{ij} y_{ij}^t, \tag{7.101}$$

$$\text{s.t.} \quad q_i^t \leqslant w_i z_i^t, \quad i \in C, \, t \in T, \tag{7.102}$$

$$\sum_{i \in C} q_i^t \leqslant Q z_0^t, \quad t \in T, \tag{7.103}$$

$$\sum_{j|(i,j) \in A} y_{ij}^t = z_i^t, \quad i \in C, \, t \in T, \tag{7.104}$$

$$\sum_{j|(i,j) \in A} y_{ij}^t = \sum_{j|(j,i) \in A} y_{ji}^t, \quad i \in N, \, t \in T, \tag{7.105}$$

$$\sum_{j|(i,j) \in A} l_{ij}^t - \sum_{j|(j,i) \in A} l_{ji}^t = \begin{cases} -q_i^t, & i \in C, \\ \sum_{i' \in C} q_{i'}, & i = 0, \end{cases} \quad t \in T, \tag{7.106}$$

$$l_{ij}^t \leqslant Q y_{ij}^t, \quad (i,j) \in A, \, t \in T, \tag{7.107}$$

$$\sum_{j|(0,j) \in A} y_{0j}^t \leqslant |K|, \quad t \in T, \tag{7.108}$$

$$z_0^t = \sum_{i \in C} y_{0i}^t, \quad t \in T, \tag{7.109}$$

$$\sum_{t \in T} q_i^t = W_i \quad i \in C, \tag{7.110}$$

$$q_i^t \geqslant 0, \quad i \in C, \, t \in T, \tag{7.111}$$

$$z_0^t \in Z, \quad t \in T, \tag{7.112}$$

$$z_i^t \in \{0, 1\}, \quad i \in C, \, t \in T, \tag{7.113}$$

$$y_{ij}^t \in \{0, 1\}, \quad l_{ij}^t \geqslant 0 \quad (i,j) \in A, \, t \in T, \tag{7.114}$$

目标函数式 (7.101) 极小化路径费用；约束式 (7.102) 迫使每次交付给每个客户 $i \in C$ 的货物数量不能超过客户 $i \in C$ 的存储能力 w_i；约束式 (7.103) 确保在时间段 t 交付给客户的货物数量不能超过该时间段所使用的车辆的容量；约束式 (7.104) 要求一条弧必须从一个被访问的客户节点退出；约束式 (7.105) 为流保持 (平衡) 约束；约束式 (7.106) 为车载保持约束；约束式 (7.107) 确保车辆的载货量不能超过其容

量并把变量 y 和 l 联系起来; 约束式 (7.108) 确保每个时间段使用车辆的数目不超过 $|K|$; 约束式 (7.109) 确保 z_0^t 取适当的值; 约束式 (7.110) 迫使在一个周期结束时交付给每个客户 $i \in C$ 的货物数量等于 W_i; 最后, 约束式 (7.111)—(7.114) 定义了变量的定义域.

7.2.6 多车场周期车辆路径问题

标准多车场周期车辆路径问题就是将标准的周期车辆路径问题中只有一个车场推广为有若干个车场可供使用, 而其他各项都未改变的情形.

1. 标准多车场周期车辆路径问题描述

标准多车场周期车辆路径问题可以描述为[37]: 考虑一个无向图 $G = (V, E)$. 节点集合 V 是其两个子集的并, 即 $V = V_C \cup V_D$, 其中 $V_C = \{v_1, v_2, \cdots, v_n\}$ 为所有客户构成的集合, $V_D = \{v_{n+1}, v_{n+2}, \cdots, v_{n+m}\}$ 是所有车场构成的集合. 每个客户 $i \in V_C$, 在计划周期中 T 个时间段里都有一个确定的需求 q_i 需要被满足, 每个客户 $i \in V_C$ 都有一个服务频率 f_i 来陈述在计划周期 T 个时间段里该节点被访问的次数, 还有一个可能的访问时间段组合列表 L_i, 称为模式. 边集 E 包含每对客户组成的边和车场、客户组成的边. 车场之间没有边. 每条边 $(v_i, v_j) \in E$ 都关联一个旅行费用 c_{ij}. 每个车场都有 K 辆车供使用, 每辆车的最大容量都是 Q. 每辆车在每个时间段至多仅完成一条路径且每辆车的路径必须开始和结束于同一车场, 且路径长度不能超过 D. 多车场周期车辆路径问题的目标是设计一个车辆路径集合服务所有的客户, 使得车辆容量和路径长度约束被满足, 且使得所有的旅行费用最少.

2. 文献综述

1998 年 Hadjiconstantinou 和 Baldacci[38] 将一个实际问题视为多车场周期车辆路径问题, 并给出一个启发式算法对问题进行了求解. 2000 年 Yang 和 Chu[39] 对多车场周期车辆路径问题进行了详细描述, 建立了多车场周期车辆路径问题的数学模型, 且给出一个启发式算法对其进行求解. 2012 年, Vidal 等[40] 给出一个混合遗传算法, 2013 年 Rahimi-Vahed 等[37] 给出一个元启发式算法 —— 路径重连算法, 2014 年 Mirabi[41] 给出一个元启发式算法 —— 电磁学算法, 2015 年 Mohammad[42] 给出一个新奇的混合遗传算法来求解多车场周期车辆路径问题. 2009 年薄非凡与魏法杰[43] 将城市垃圾清运问题转化为多车场周期车辆路径问题, 但目标是极小化每天的路径数目, 他们给出一个混合遗传算法对问题进行求解. 2015 年 Rahimi-Vahed 等[44] 研究了目标为极小化车辆使用数量的多车场周期车辆路径问题, 给出一个模块化的启发式算法. 2017 年 Cantu-Funes 等[45] 研究了一个带交货期和时间窗的多车场周期车辆路径问题, 给出一个元启发式算法对其问题进行了求解.

7.3　周期车辆路径问题的应用

7.3.1　周期车辆路径问题的应用实例

1. 取货

用周期车辆路径问题解决下列取货或补货问题.

(1) 收集城市垃圾[1,52,53];

(2) 收集可回收产品[54−57];

(3) 收集医院的感染性废弃物[58−59]、屠宰场等的动物粪便[60];

(4) 收集牛奶[61];

(5) 收集用于汽车零部件制造的部件[62]、工厂门口定价问题[63]、从矿井里抽提油[64].

2. 送货

(1) 解决给商店送可口可乐产品问题[65]、给零售商或食品杂货店送货问题[66];

(2) 从几个配送中心给若干商店补货[67];

(3) 向医院送亚麻制品[68];

(4) 求解库存路径问题 (inventory routing problems, IRP)[69−72].

3. 取送货

馆际互借服务[34] 等.

7.3.2　周期车辆路径问题的综述文献介绍

2008 年, Franci 等[73] 考察了周期车辆路径问题的演变过程, 并对周期车辆路径问题及其扩展问题的模型和求解方法进行了介绍, 包括经典启发式算法、元启发式算法和基于数学规划的方法. 他们回顾了周期车辆路径问题的三种重要的变种: 带时间窗的周期车辆路径问题、多车场周期车辆路径问题、带服务选择的周期车辆路径问题. 2014 年, Campbell 和 Wilson[74] 对国外从 1974 年到 2012 年研究周期车辆路径问题的文献以及 2013 年研究周期车辆路径问题的部分文献进行了详细综述.

7.4　小　　结

本章介绍和讨论了标准周期车辆路径问题和它的六种变种: ① 带同时取送货的周期车辆路径问题; ② 开放式周期车辆路径问题; ③ 带时间窗的周期车辆路径问题; ④ 带服务选择的周期车辆路径问题; ⑤ 柔性周期车辆路径问题; ⑥ 多车场

周期车辆路径问题. 关于每种周期车辆路径问题, 首先对研究这种车辆路径问题的文献进行综述, 之后介绍该种车辆路径问题的经典数学模型. 另外对其中的某些问题还详细介绍了求解算法.

参 考 文 献

[1] Beltrami E J, Bodin L D. Networks and vehicle routing for municipal waste collection[J]. Networks, 1974, 4(1): 65-94.

[2] Christofides N, Beasley J E. The period routing problem[J]. Networks, 1984, 14(2): 237-256.

[3] Tan C C R, Beasley J E. A heuristic algorithm for the period vehicle routing problem[J]. Omega, 1984, 12(5): 497-504.

[4] Russell R A, Igo W. An assignment routing problem[J]. Networks, 1979, 9(1): 1-17.

[5] Russell R A, Gribbin D. A multiphase approach to the period routing problem[J]. Networks, 1991, 21(7): 747-765.

[6] Gaudioso M, Paletta G. A heuristic for the periodic vehicle routing problem[J]. Transportation Science, 1992, 26(2): 86-92.

[7] Chao I M, Golden B L, Wasil E. An improved heuristic for the period vehicle routing problem[J]. Networks, 1995, 26(1): 25-44.

[8] Cordeau J F, Gendreau M, Laporte G. A tabu-search heuristic for periodic and multi-depot vehicle routing problems[J]. Networks, 1997, 30(2): 105-119.

[9] Vianna D S, Ochi L S, Drummond L M A. A parallel hybrid evolutionary metaheuristic for the period vehicle routing problem[M]. Lecture Notes in Computer Science. Berlin: Springer-Verlag, 1999, 1586: 183-191.

[10] Drummond L M A, Ochi L S, Vianna D S. An asynchronous parallel metaheuristic for the period vehicle routing problem[J]. Future Generation Computer Systems, 2001, 17(4): 379-386.

[11] Mourgaya M, Vanderbeck F. Column generation based heuristic for tactical planning in multi-period vehicle routing[J]. European Journal of Operational Research, 2007, 183: 1028-1041.

[12] Vera C H, Doerner K F, Hartl R F. A variable neighborhood search heuristic for periodic routing problems[J]. European Journal of Operational Research, 2009, 195(3): 791-802.

[13] Pirkwieser S, Raidl G R. Multilevel variable neighborhood search for period vehicle routing problem[M]. Lecture Notes in Computer Science. Berlin: Springer-Verlag, 2010, 6022: 226-238.

[14] Baldacci R, Bartolini E, Mingozzi A, et al. An exact algorithm for the period routing problem[J]. Operations Research, 2011, 59(1): 228-241.

[15] Hamzadayi A, Topaloglu S, Kose S Y. Nested simulated annealing approach to periodic routing problem of a retail distribution system[J]. Computers & Operations Research, 2013, 40(12): 2893-2905.

[16] Yao B Z, Hu P, Zhang M H, et al. Artificial bee colony algorithm with scanning strategy for the periodic vehicle routing problem[J]. Simulation: Transactions of the Society for Modeling and Simulation International, 2013, 89(6): 762-770.

[17] Cacchiani V, Hemmelmayr V C, Tricoire F. A set-covering based heuristic algorithm for the periodic vehicle routing problem[J]. Discrete Applied Mathematics, 2014, 163: 53-64.

[18] 蔡婉君, 王晨宇, 于滨, 等. 改进蚁群算法优化周期性车辆路径问题 [J]. 运筹与管理, 2014, 23(5): 70-77.

[19] Norouzi N, Sadegh-Amalnick M, Alinaghiyan M. Evaluating of the particle swarm optimization in a periodic vehicle routing problem[J]. Measurement, 2015, 62: 162-169.

[20] Rabbani M, Manavizadeh N, Shamekhi A. A particle swarm optimization method for periodic vheicle routing problem with pickup and delivery in transporation[J]. Advances in Railway Engineering, 2013, 1(1): 51-60.

[21] Suyanto, Mawengkang H. A model for periodic vehicle routing problem with delivery and pick-up considering maximum distance[J]. International Journal of Science and Advanced Technology, 2014, 4(8): 1-9.

[22] 窦冰洁, 张丽华, 赵丽娜, 等. 带退货的周期车辆路径问题的 C-W 节约算法 [J]. 物流科技, 2016, 39(3): 67-72.

[23] Danandeh A, Ghazanfari M, Tavakoli-Moghaddam R, et al. A swift heuristic algorithm based on capacitated clustering for the open periodic vehicle routing problem[C]. Proceedings of the 9th WSEAS International Conference on Artificial Intelligence,Knowledge Engineering and Data Bases, February 20-22, 2010, Cambridge, UK. Stevens Point, Wisconsin, USA: World Scientific and Engineering Academy and Society, 2010: 208-214.

[24] 窦冰洁. 两类周期性车辆路径问题研究 [D]. 沈阳: 沈阳师范大学, 2016, 5: 17-24.

[25] Cordeau J F, Laporte G, Mercier A. A unified tabu search heuristic for vehicle routing problems with time windows[J]. Journal of the Operational Research Society, 2001, 52(8): 928-936.

[26] Pirkwieser S, Raidl G R. A variable neighborhood search for the periodic vehicle routing problem with time windows[C]. Proceedings of the 9th EU/Meeting on Metaheuristics for Logistics and Vehicle Routing, October 23-24, University of Technology of Troyes, France, 2008: 1-7.

[27] Pirkwieser S, Raidl G R. Boosting a variable neighborhood search for the periodic vehicle routing problem with time windows by ILP techniques[C]. Proceedings of the

8th Metaheuristic International Conference, July 13-16, 2009, Hamburg, Germany, c2009: id1-id10.

[28] Pirkwieser S, Raidl G R. Multiple variable neighborhood search enriched with ILP techniques for the periodic vehicle routing problem with time windows[M]. Lecture Notes in Computer Science. Berlin: Springer-Verlag, 2009, 5818: 45-59.

[29] Pirkwieser S, Raidl G R. A column generation approach for the periodic vehicle routing problem with time windows[C]//International Network Optimization Conference. April, 26-29, Pisa, Italy, 2009: 1-6.

[30] Yu B, Yang Z Z. An ant colony optimization model: The period vehicle routing problem with time windows[J]. Transportation Research Part E, 2011, 47: 166-181.

[31] Nguyen P K, Crainic T G, Toulouse M. A hybrid generational genetic algorithm for the periodic vehicle routing problem with time windows[J]. Journal of Heuristics, 2014, 20: 383-416.

[32] Michallet J, Prins C, Amodeo L, et al. Multi-start iterated local search for the periodic vehicle routing problem with time windows and time spread constraints on services[J]. Computers & Operations Research, 2014, 41: 196-207.

[33] Hernandez F, Gendreau M, Potvin J Y. Heuristics for tactical time slot management a periodic vehicle routing problem view[J]. International Transactions in Operational Research, 2017, 24: 1233-1252.

[34] Francis P, Smilowitz K, Tzur M. The period vehicle routing problem with service choice[J]. Transportation Science, 2006, 40(4): 439-454.

[35] Archetti C, Fernández E, Huerta-Muñoz D L. The flexible periodic vehicle routing problem[J]. Computers & Operations Research, 2017, 85: 58-70.

[36] Archetti C, Fernández E, Huerta-Muñoz D L. A two-phase solution algorithm for the flexible periodic vehicle routing problem[J]. Computers & Operations Research, 2018, 99: 27-37.

[37] Rahimi-Vahed A, Crainic T G, Gendreau M, et al. A path relinking algorithm for a multi-depot periodic vehicle routing problem[J]. Journal of Heuristics, 2013, 19(3): 497-524.

[38] Hadjiconstantinou E, Baldacci R. A multi-depot period vehicle routing problem arising in the utilities sector[J]. Journal of the Operational Research Society, 1998, 49(12): 1239-1248.

[39] Yang W T, Chu L C. A heuristic algorithm for the multi-depot periodic vehicle routing problem[J]. Journal of Information and Optimization Sciences, 2000, 21(3): 359-367.

[40] Vidal T, Crainic T G, Gendreau M, et al. A hybrid genetic algorithm for multi-depot and periodic vehicle routing problems[J]. Operations Research, 2012, 60(3): 611-624.

[41] Mirabi M. A hybrid electromagnetism algorithm for multi-depot periodic vehicle routing problem[J]. The International Journal of Advanced Manufacturing Technology,

2014, 71: 509-518.

[42] Mohammad M. A novel hybrid genetic algorithm for the multi-depot periodic vehicle routing problem[J]. Artificial Intelligence for Engineering Design, Analysis and Manufacturing, 2015, 29(1): 45-54.

[43] 薄非凡, 魏法杰. 城市垃圾清运中的周期多车场车辆路径问题 [J]. 交通标准化, 2009, 206: 104-107.

[44] Rahimi-Vahed A, Crainic T G, Gendreau M, et al. Fleet-sizing for multi-depot and periodic vehicle routing problems using a modular heuristic algorithm[J]. Computers & Operations Research, 2015, 53: 9-23.

[45] Cantu-Funes R, Salazar-Aguilar M A, Boyer V. Multi-depot periodic vehicle routing problem with due dates and time windows[J]. Journal of the Operational Research Society, 2018, 69(2): 296-306.

[46] Schedl M, Strauss C. A periodic routing problem with stochastic demands[C]. Proceedings of International Conference on Complex, Intelligent, and Software Intensive Systems, June 30-July 2, 2011, Korean Bible University, Seoul, Korea. Los Alamitos California: IEEE Computer Society, 2011: 350-357.

[47] Albareda-Sambola M, Ferández E, Laporte G. The dynamic multiperiod vehicle routing problem with probabilistic information[J]. Computers & Operations Research, 2014, 48(4): 31-39.

[48] Alinaghian M, Ghazanfari M, Salamatbakhsh A, et al. A new competitive approach on multi-objective periodic vehicle routing problem[J]. International Journal of Applied Operational Research, 2012, 1(3): 33-41.

[49] Angelelli E, Speranza M G. The periodic vehicle rout-ing problem with intermediate facilities[J]. European Journal of Operational Research, 2002, 137(1): 233-247.

[50] Tenahua A, Olivares-Benítez E, Sánchez-Partida D, et al. ILS Metaheuristic to solve the periodic vehicle routing problem[J]. International Journal of Combinatorial Optimization Problems and Informatics, 2018, 9(3): 55-63.

[51] Rodríguez-Marín I, Salazar-González J J, Yaman H. The periodic vehicle routing problem with driver consistency[J]. European Journal of Operational Research, 2009, 273: 575-584.

[52] Nuortio T, Kytöjoki J, Niska H, et al. Improved route planning and scheduling of waste collection and transport[J]. Expert Systems with Applications, 2006, 30(2): 223-232.

[53] Matos A C, Oliveira R C. An experimental study of the ant colony system for the period vehicle routing problem[J]. Lecture Notes in Computer Science, 2004, 3172: 286-293.

[54] Baptista S, Oliveira R C, Zúquete E. A period vehicle routing case study[J]. European Journal of Operational Research, 2002, 139(2): 220-229.

[55] Bommisetty D, Dessouky M, Jacobs L. Scheduling collection of recyclable material at northern illinois university campus using a two-phase algorithm[J]. Computers & Industrial Engineering, 1998, 35(3-4): 435-438.

[56] Teixeira J, Antunes A P, De Sousa J P. Recyclable waste collection planning: A case study[J]. European Journal of Operational Research, 2004, 158: 543-554.

[57] Hemmelmayr V, Doerner K F, Hartl R F, et al. A heuristic solution method for node routing based solid waste collection problems[J]. Journal of Heuristics, 2013, 19: 129-156.

[58] Shih L H, Lin Y T. Optimal routing for infectious waste collection[J]. Journal of Environmental Engineering, 1999, 125(5): 479-484.

[59] Shih L H, Chang H C. A routing and scheduling system for infectious waste collection[J]. Environmental Modeling & Assessment, 2001, 6(4): 261-269.

[60] Coene S, Arnout A, Spieksma F C R. On a periodic vehicle routing problem[J]. Journal of the Operational Research Society, 2010, 61(12): 1719-1728.

[61] Claassen G D H, Hendriks T H B. An application of special ordered sets to a periodic milk collection problem[J]. European Journal of Operational Research, 2007, 180(2): 754-769.

[62] Alegre J, Laguna M, Pacheco J. Optimizing the periodic pick-up of raw materials for a manufacturer of auto parts[J]. European Journal of Operational Research, 2007, 179: 736-746.

[63] Le Blanc H M, Cruijssen F, Fleuren H A, et al. Factory gate pricing: An analysis of the dutch retail distribution[J]. European Journal of Operational Research, 2006, 174(3): 1950-1967.

[64] Gonçalves L B, Ochi L S, Martins S L. A GRASP with adaptive memory for a period vehicle routing problem[C]. Proceedings of International Conference on Computational Intelligence for Modelling, Control and Automation Jointly with International Conference on Intelligent Agents, Web Technologies & Internet Commerce, November 28-30, 2005, Vienna, Austria. Los Alamitos California: IEEE Computer Society, c2005: 721-727.

[65] Golden B L, Wasil E A. Computerized vehicle routing in the soft drink industry[J]. Operations Research, 1987, 35(1): 6-17.

[66] Rademeyer A L, Benetto R. A rich multi-period delivery vehicle master routing problem case study[C]. Proceedings of the 42nd International Conference on Computers and Industrial Engineering (CIE'12), July 16-18, 2012, Cape Town, South Africa. Los Alamitos California: IEEE Computer Society Press, 2012: 35-1-35-15.

[67] Ronen D, Goodhart C A. Tactical store delivery planning[J]. Journal of the Operational Research Society, 2008, 59(8): 1047-1054.

[68] Banerjea-Brodeur M,Cordeau J F, Laporte G, et al. Scheduling linen deliveries in a large hospital[J]. Journal of the Operational Research Society, 1998, 49(8): 777-780.

[69] Xie B L,An S, Wang J.Stochastic inventory routing problem under b2c e-commerce[C]. Proceedings of the 2005 IEEE International Conference on e-Business Engineering, October 18-21, 2005, Beijing, China. Los Alamitos California: IEEE Computer Society Press, 2005: 630-633.

[70] Coelho L C, Cordeau J F, Laporte G. Thirty years of inventory routing[J]. Transportation Science, 2014, 48(1): 1-19.

[71] Hemmelmayr V, Doerner K, Hartl R, et al. Delivery strategies for blood products supplies[J]. OR Spectrum, 2009, 31(4): 707-725.

[72] Rusdiansyah A, Tsao D B. An integrated model of the periodic delivery problems for vending machine supply chains[J]. Journal of Food Engineering, 2005, 70(3): 421-434.

[73] Francis P M, Smilowitz K R, Tzur M. Period vehicle routing problem and its extensions[M]// Golden B L, Raghavan S, Wasil E A. The Vehicle Routing Problem—Latest Advances and New Challenges. New York: Springer, 2008: 73-102.

[74] Campbell A M, Wilson J H. Forty years of periodic vehicle routing[J]. Networks, 2014, 63(1): 2-15.

第8章 满载车辆路径问题

带容量限制的车辆路径问题 (CVRP) 按车辆载货情况可分为两种: ① 非满载车辆路径问题, 在这种车辆路径问题中, 每个客户的需求量都不超过单车的容量, 因此一辆车一次可以给多个客户送货, 第 5—7 章讨论的车辆路径问题都属于非满载车辆路径问题; ② 满载车辆路径问题, 在这种车辆路径问题中, 每个客户的需求量都大于或等于单车的容量, 于是一辆车一次只能给一个客户送货. 另外满载车辆路径问题与非满载车辆路径问题的区别还在于: ① 前者对服务的需求是双端点的, 即每次装运货物都有一个指定的起点 (发货点) 和一个指定的终点 (收货点), 而后者只有一个发货点就是车场; ② 前者在任意两个端点之间的需求不限制为只有一次整车货物运输, 即成对的两个端点可以有多整车货物需求, 因此它们可能被多次访问, 而后者除了车场以外的各客户节点都限定只被访问一次.

在满载车辆路径问题中, 如果每个收货点都有唯一指定的发货点, 那么这对节点可被压缩为一个节点, 称其为一个重载点[1], 这样的满载车辆路径问题被称为带重载点的满载车辆路径问题. 由于这种问题的这种特殊结构, 因此它们比较容易被转化为弧路径问题进行解决. 而如果每个收货点都有多个发货点可以为其供货, 这样的满载车辆路径问题被称为不带重载点的满载车辆路径问题. 这种问题中的节点常被分成几层, 位于前层 (或上层) 的节点可以向位于后层 (或下层) 的节点发货. 还有一种情形就是如果只有部分收货点它们各自都有多个发货点可以为其供货, 而剩下的收货点都有唯一指定的发货点为其供货, 这样的满载车辆路径问题被称为带部分重载点的满载车辆路径问题. 于是满载车辆路径问题可分为三种类型: ① 带重载点的满载车辆路径问题; ② 不带重载点的满载车辆路径问题; ③ 带部分重载点的满载车辆路径问题. 由于讨论第三种情形的文献很少, 下面我们只介绍和讨论前两种满载车辆路径问题.

8.1 带重载点的满载车辆路径问题

标准带重载点的满载车辆路径问题指的是车队的车辆要完成若干任务, 每项任务都有自己指定的唯一的发货点和唯一的收货点. 于是每一项任务的发货点和送货点被压缩为一个重载点. 注意每个任务 (或重载点) 可能有多整车的货物需求, 于是一辆车从车场空车出发, 到一个重载点的发货点取货, 接着满载货物运送到该重载点的收货点, 之后车辆空驶返回车场 (多车场情形返回其出发车场或某一车场),

或者返回该重载点的发货点取货, 取完货满载到该重载点的收货点, 也可到下一个
重载点的发货点取货, 取完货满载运送到其收货点. 如此下去, 一般而言, 每辆车要
有一个最大行驶里程 (或运行时间) 限制. 而每个重载点可能被一辆车访问多次或
被多辆车访问来满足其需求. 各个车场收发空车的数目不能超过其能力. 目标是完
成所有任务且使所有使用车辆总的空载行驶费用最小.

8.1.1　文献综述

　　1983 年 Ball 等[2] 首先提出并研究了满载车辆路径问题, 这是个带重载点的满
载车辆路径问题. 在他们的问题中有多个车场被 Ball 等[2] 称为住所, 一定数目的整
车货物 (称为 trips) 每周需要被从一个特定的起点运到一个特定的终点 (称为一个
O-D(origins and destinations) 对), 每个 O-D 对的起点和终点可以是仓库、配送中
心或客户的位置. 如果从一个 O-D 对的起点到终点有一整车的货物运输, 那么这一
整车的货物被称为一个需求 trip, 该 O-D 对就被视为一个节点即重载点, 这个 O-D
对的起点和终点也称为其对应的那个需求 trip 的起点和终点, 这些重载点被从一
个重载点的终点到下一个重载点的起点的有向弧来连接. Ball 等[2] 的问题中的车
辆有公共运输车辆和租用车辆之分. 租用车辆有行驶时间限制, 且完成任务后返回
指定的车场. 他们的目标是: ① 确定租用车辆的数目; ② 确定哪些需求 trips 由租
用车辆服务, 哪些需求 trips 由公共运输车辆服务; ③ 为租用车辆确定路径 (每条
路径有一个最大路径时间限制). 他们给出了其问题的数学模型和三个启发式算法
对其问题进行求解.

　　1988 年, 郭耀煌[3] 研究了一个带重载点的多车场半开放式满载车辆路径问题,
在他的问题中有多个车场, 车辆都是车场的, 没有公共运输车辆和租用车辆之分, 车
辆完成任务后返回某一车场, 而且保证各个车场收发车辆数目不能超过其收发车辆
的能力, 该问题的目标也比较单一, 就是极小化车辆总的空驶里程. 郭耀煌[3] 构造
了问题的整数线性规划模型, 给出一个基于表上作业法的启发式算法来对其问题进
行求解. 1989 年, 郭耀煌[4], 郭耀煌和范莉莉[5] 又对此问题进行了研究.

　　1995 年, 郭耀煌和李军[6] 将文献 [3] 问题里的车辆增加了里程限制, 并给出一
个启发式算法对问题进行了求解. 2001 年, 李军和郭耀煌[1] 将文献 [6] 问题中的车
辆改为多车型, 并给出一个启发式算法对问题进行了求解.

　　2002 年, 张明善和唐小我[7] 研究了文献 [3] 中的问题, 建立了该问题的网络流
模型, 并给出了一种基于该网络流最优解的启发式算法对问题进行了求解.

　　2003 年, Arunapuram 等[8] 将文献 [3] 的问题推广为带重载点的、各个发货点
都带软时间窗限制的多车场满载车辆路径问题, 给出一个分支定界精确算法对问
题进行了求解. 同年, Gronalt 等[9] 将文献 [3] 的问题推广为带重载点、带时间窗
(每项任务的发货点有一个最早取货时间, 收货点有一个最迟的收货时间) 和车辆

里程限制的多车场满载车辆路径问题, 给出 4 个不同的基于节约的启发式算法对其问题进行了求解. Currie 和 Salhi[10] 研究了一个带重载点、带多货物品种、多车型的多车场满载车辆路径问题, 给出两个启发式算法对其问题进行了求解. 2004 年, Currie 和 Salhi[11] 在文献 [10] 的基础上又考虑了每项任务的发货点和收货点都有时间窗约束的满载车辆路径问题, 给出一个禁忌搜索算法对其问题进行了求解.

2005 年, 魏航等[12] 研究了文献 [6] 的问题, 即研究了一个带重载点和车辆有里程限制的多车场半开放式满载车辆路径问题, 给出一个遗传算法对其问题进行了求解.

2006 年, 霍佳震和张磊[13] 研究了一个带重载点的、车辆有最大行驶时间限制以及各个任务的完成时间都有相应的硬时间窗限制的多车场满载车辆路径问题, 给出了问题的数学模型, 并开发了一个基于节约值比较的启发式算法对其问题进行了求解. 同年, 霍佳震和王新华[14] 研究了一个带重载点的、考虑装载时间和次序的、具有动态时间窗以及考虑车辆固定费用的多车场满载车辆路径问题, 给出一个基于动态构造原理的启发式算法对其问题进行了求解.

2009 年, 刘冉等[15] 将文献 [3] 的问题中要求车辆完成任务后返回某一车场改为返回其出发的车场, 其他都没变, 给出一个基于贪婪算法的两阶段启发式算法来求解这个问题. 同年, 徐为明[16] 研究了一个带重载点和车辆里程限制的单车场满载车辆路径问题, 给出一个双层最大最小蚁群算法对其问题进行了求解. 吴守仓[17] 研究了文献 [14] 的问题, 也给出一个基于动态构造原理的启发式算法对问题进行了求解.

2010 年, Liu 等[18] 研究了一个满载车辆路径问题, 该问题与 1983 年 Ball 等[2] 研究的问题类似, 但 Liu 等[18] 研究的问题里只有一个车场, 他们给出一个文化基因算法对其问题进行了求解. 同年, Liu 等[19] 研究了一个带重载点和车辆有里程限制的多车场满载车辆路径问题, 给出一个两阶段贪婪启发式算法来对其问题进行了求解.

2011 年和 2012 年, 孙国华[20,21] 研究了一个带重载点和每项任务的发货点和收货点都有软时间窗限制的开放式多车场满载车辆路径问题, 给出一个粒子群算法和一个遗传算法对问题进行了求解.

2014 年, 谭莉[22] 研究了文献 [19] 的问题, 给出一个两阶段启发式算法对问题进行了求解.

2016 年, Bouyahyiouy 和 Bellabdaoui[23] 在文献 [17] 的基础上要求每个任务的取货点和送货点都有时间窗限制, 给出一个遗传算法对其问题进行了求解.

8.1.2　经典模型

1. 带重载点的半开放式多车场满载车辆路径问题

1989 年, 郭耀煌[4] 研究了一个带重载点的半开放式多车场满载车辆路径问题. 已知客户有 m 项货运任务, 记为 $A_1, A_1, \cdots, A_m$, 其货运量分别为 $g_1, g_1, \cdots, g_m$. 有 n 个车场记为 $A_{m+1}, A_{m+2}, \cdots, A_{m+n}$, 这些车场与各货运任务的发货点和收货点在同一个连通的道路网络上. 而且各车场的车辆都是同型号的, 每辆车的车载量都是 Q, 完成上述第 i 项任务 A_i 所需的车辆数 a_i 可如下确定: 如果 g_i/Q 为整数, 那么 $a_i = g_i/Q$, 否则 $a_i = \left[\dfrac{g_i}{Q}\right] + 1 \left(\left[\dfrac{g_i}{Q}\right]$ 为不大于 g_i/Q 的最大整数$\right)$. 各车场最多可发出的空车数分别为 $a_{m+1}, a_{m+2}, \cdots, a_{m+n}$, 可接收的空车数分别为 $a_{m+1}, a_{m+2}, \cdots, a_{m+n}$.

将每项货运任务视为一压缩了的点 —— 重载点. 在重载点内, 车辆的行驶路线和行驶里程可用求最短路径的方法确定. 车辆由车场到重载点, 完成一项货运任务后由重载点驶向别的重载点或该重载点的发货点, 以及由重载点返回车场, 这些都是空驶. 需要确定这些空车的去向, 以使得总的空驶里程最少.

决策变量

x_{ij}: 非负整数变量, 表示由节点 i 派往节点 j (车场或重载点) 的空车数.

于是郭耀煌[4] 给出的其问题的数学模型如下:

$$\min \quad \sum_{i=1}^{m+n}\sum_{j=1}^{m+n} C_{ij}x_{ij}, \tag{8.1}$$

$$\text{s.t.} \quad \sum_{i=1}^{m+n} x_{ij} = a_j, \quad j = 1, 2, \cdots, m, \tag{8.2}$$

$$\sum_{i=1}^{m+n} x_{ij} \leqslant a_j, \quad j = m+1, m+2, \cdots, m+n, \tag{8.3}$$

$$\sum_{j=1}^{m+n} x_{ij} = a_i, \quad i = 1, 2, \cdots, m, \tag{8.4}$$

$$\sum_{j=1}^{m+n} x_{ij} \leqslant a_i, \quad i = m+1, m+2, \cdots, m+n, \tag{8.5}$$

$$x_{ij} \geqslant 0 \text{ 且为整数}, \quad i, j = 1, 2, \cdots, m+n. \tag{8.6}$$

在式 (8.1) 中, 当节点 i 和节点 j 都是重载点时, C_{ij} 取节点 i 的收货点到节点 j 的发货点的距离 (最短路径的长度, 以下同); 当节点 i 为车场而节点 j 为重载点时, C_{ij} 取车场 i 到节点 j 的发货点的距离; 当节点 i 为重载点而节点 j 为车场时, C_{ij}

取节点 i 的收货点到车场 j 的距离, 当 $i,j=m+1,\cdots,m+n$ 时, 令 $C_{ij}=M, M$ 为足够大的正数. 于是式 (8.1) 为极小化所有使用车辆总的空驶里程; 式 (8.2) 表示派往第 j 项任务 $A_j(j=1,2,\cdots,m)$ 的发货点的空车数需等于第 j 项任务 A_j 的需求 a_j; 式 (8.3) 表示车场 $j(j=m+1,m+2,\cdots,m+n)$ 可接收的空车数目不超过其能力 a_j, 式 (8.4) 表示从重载点 $i(i=1,2,\cdots,m)$ 的收货点派出的空车数等于任务 i 的需求 a_i; 式 (8.5) 表示从车场 $i(i=m+1,m+2,\cdots,m+n)$ 发出的空车数不能超过该车场的能力 a_i; 式 (8.6) 为变量的取值范围.

从上述模型可知, 该问题与运输问题类似, 因此郭耀煌[4] 给出一个基于表上作业的启发式算法对该问题进行了求解.

2. 带重载点和软时间窗约束的多车场满载车辆问题

2003 年, Arunapuram 等[8] 研究了一个带重载点的、各个发货点都带软时间窗约束的多车场满载车辆路径问题. 该问题为在指定的若干城市对之间运送一给定数量的整车货物的车辆确定最小费用运输路径, 这些车辆位于几个车场, 每条路径需要在每项任务的取货点满足一个软时间窗约束.

符号说明

R: 所有可行路径构成的集合;

c_r: 在路径 $r\in R$ 上空车行驶的费用;

$\mathbf{Z}_+$: 非负整数集合;

V: 所有车场构成的集合;

w_v: 车场 $v\in V$ 可供使用的车辆数;

Q: 所有整车线路构成的集合, 每条线路 $q\in Q$ 是一条有向弧, 要求从该弧的起点城市运送一整车货物或多整车的货物到该弧的终点城市, 于是每条线路 $q\in Q$ 对应一项货运任务, 即一个重载点;

d_q: 必须沿着线路 $q\in Q$ 移动的整车货物的数量;

p_{qr}: 由路径 r 所满足的线路 q 的整车货物的数目, 即路径 r 中通过线路 q 的整车货物的数目;

a_q: 线路 q 的开时间窗, 即在线路 q 的起点城市每次开始装车的时间必须在时刻 a_q 或在时刻 a_q 之后;

b_q: 线路 q 的闭时间窗, 即在线路 q 的起点城市每次开始装车的时间必须在时刻 b_q 或在时刻 b_q 之前, 于是线路 q 的起点城市的时间窗为 $[a_q,b_q]$, 车辆在 a_q 之前到达线路 q 的起点城市, 车辆可以等待, 车辆在 b_q 之后到达线路 q 的起点城市, 要受到惩罚, 因此 $[a_q,b_q]$ 是软时间窗;

T_q: 车辆从线路 q 的起点城市到其终点城市的行驶时间;

$\tau(q_i,q_j)$: 车辆从线路 q_i 的终点城市到线路 q_j 的起点城市的行驶时间;

$c(q_i, q_j)$: 车辆从线路 q_i 的终点城市到线路 q_j 的起点城市的空车行驶费用.

决策变量

x_r: 表示使用路径 r 的车辆的数目;

y_{vr}: 0-1 变量, 如果路径 r 开始和结束于车场 v, 那么 $y_{vr} = 1$, 否则 $y_{vr} = 0$.

用 S 来表示决策变量 x 的所有取值构成的集合, 于是 Arunapuram 等[8] 给出的其问题的数学模型如下:

$$\min \sum_{r \in R} c_r x_r, \tag{8.7}$$

$$\text{s.t.} \sum_{r \in R} y_{vr} x_r \leqslant w_v, \quad v \in V, \tag{8.8}$$

$$\sum_{r \in R} p_{qr} x_r \geqslant d_q, \quad q \in Q, \tag{8.9}$$

$$x \in S, \tag{8.10}$$

$$x_r \in \mathbf{Z}_+, \quad r \in R. \tag{8.11}$$

式 (8.7) 为极小化所有路径的空车行驶费用; 式 (8.8) 表示使用车场 v 的车辆数不能超过该车场拥有的车辆数; 式 (8.9) 表示通过线路 q 的整车货物的数量要大于或等于必须沿着线路 q 移动的整车货物的数量; 式 (8.10) 和式 (8.11) 为变量的取值范围.

由上述模型可知, Arunapuram 等[8] 将他们研究的带重载点和软时间窗约束的多车场满载车辆问题视为了一个弧路径问题, 给出一个精确算法 —— 分支定界算法对其问题进行了求解.

8.2　不带重载点的满载车辆路径问题

8.2.1　文献综述

1985 年, Skitt 和 Levary[24] 研究了一个四层不带重载点的满载车辆路径问题. 第一层为若干个原材料供应商节点, 第二层为若干初级生产工厂节点, 第三层为若干二次加工工厂或包装工厂节点, 第四层为若干仓库节点. 位于第一层的各个原材料供应商为第二层的初级生产工厂提供原材料; 第二层的初级生产工厂生产成品准备运到第四层的仓库或生产中间产品准备运送到第三层的二次加工工厂进行二次加工或送到包装设备上进行包装; 第三层的二次加工工厂将中间产品加工成成品或将产品包装好送往第四层的配送仓库. 第二层的每个节点都有一定的需求需要第一层的节点来满足, 第三层的每个节点都有一定的需求需要第二层的节点来满足, 第四层的每个节点都有一定的需求需要第二层或第三层的节点来满足. 一个货运公司租用若干车辆来完成上述所有需求, 车辆都开始和终止于第二层的初级生产工厂节点, 即车辆都从第二层的初级生产工厂节点出发, 完成任务后再返还这些节点. 车辆的每次装载都有一个唯一的起始点和终止点. 每条路径都有统一的一个最大里程 (或行驶时间) 限制. 目标是生成一组车辆路径使得总的行驶路程或总的费用最小, 且满足下列条件: ① 每次装载都是从其起始点运到其终止点; ② 每条路径满足其行驶时间限制; ③ 每辆车都开始和结束于第二层的初级生产工厂节点. Skitt 和 Levary[24] 给出了上述问题的数学模型, 且给出一个基于列生成的启发式算法对问题进行了求解.

1988 年, Desrosiers 等[25] 研究了一个两层不带重载点的满载车辆路径问题. 第一层是若干车场 (也是发货点), 第二层是若干客户, 每个客户都有一定量的整车货物需求需要第一层的节点给提供, 各个车场的车辆是相同型号的, 车辆从某一车场出发载满货物直接运送到某一客户处, 之后回到他出发的车场结束路径, 或再装满货物直接运往某一客户处, ⋯⋯. 每条路径所用时间都不能超过一个预先设定的时限 T. 每次装载货物都有指定的起点和终点, 且该车货物必须从其起点运往其终点. 每辆车都开始和结束于所在的车场. 目标是极小化所有行驶距离. Desrosiers 等[25] 将该问题转化为带重载点的多车场满载车辆路径问题, 进而被转化为一个约束非对称旅行商问题, 并给出一个精确算法 —— 分支定界算法对其问题进行了求解.

2003 年, Currie 和 Salhi[26] 将 Desrosiers 等[25] 的问题进行了扩展: 将车辆改为多车型, 货物改为多品种, 并要求每次取货和送货都有时间窗约束, 并给出一个启发式算法对其问题进行了求解.

2008 年, 陈新庄等[27] 研究了一个三层不带重载点的满载车辆路径问题. 第一层是若干车场, 第二层是若干配送中心, 第三层是若干客户, 每一个客户有一定数量的整车货物需求需要第二层的配送中心来满足. 车辆从其所在的车场出发, 空车前往某一配送中心装满货物后直接开往某一客户处为其送货, 之后返回其出发的车场. 各个车场的车辆数一定, 各个配送中心所能提供的整车货物数量一定. 车辆和货物足够满足客户的需求. 需要确定: ① 每个车场派往配送中心的车辆数目; ② 每个配送中心向客户运送货物的车数; ③ 各车由车场到配送中心, 再到客户最后返回原车场的路径, 以使得消耗的总费用最少. 陈新庄等[27] 给出一个基于节约算法的启发式算法对其问题进行了求解. 2011 年范昌胜等[28] 将陈新庄等[27] 问题里的车辆返回其出发车场改为车辆可以返回任意车场, 但是要保证每个车场的收发车辆的数目一致, 并给出一个遗传算法对其问题进行了求解.

2012 年, Derigs 等[29] 也研究了一个三层不带重载点的满载车辆路径问题. 在他们的问题里第一层为若干车场, 车场里有不同型号的运送圆木的卡车, 第二层为若干森林位置, 第三层为若干生物质发电厂. 卡车从车场出发空车行驶到某个森林位置装满圆木运到某一生物质发电厂, 此时司机可以返回其出发车场结束其路径,或继续新的运输任务, 即返回某一森林位置装满圆木运到某一生物质发电厂, · · · .
这里需要注意的是, 有些森林道路由于其承重约束而不适合某些类型的卡车通过,
因此在安排路径时要避开这一点, 而且每条路径都需满足路径长度约束和时间窗
约束, 其中时间窗发生在生物质发电厂以及司机在一天里有确定的在岗时间, 在这
段时间他们被允许开始和结束工作. 另外, 在森林位置和生物质发电厂处分别有装
卸货时间. 目标是极小化总的空车行驶时间. Derigs 等[29] 给出一个多层邻域搜索
启发式算法对其问题进行了求解.

   2015 年, Gendreaua 等[30] 研究了一个 1-满载车辆路径问题, 这个问题本质上
和 Desrosiers 等[25] 的问题相同, 也被转化为一个约束非对称旅行商问题, 他们给出
一个分支切割精确算法对其问题进行了求解.

   2016 年, 孙蕊等[31] 将范昌胜等[28] 问题里的一辆车只能访问一次配送中心和
访问一次客户修改为在不违反路径最大长度的前提下, 客户可以两次访问配送中心
两次访问客户, 即一辆车空车从某一车场出发到达某一配送中心装满货物后直接行
驶到某一客户处为其送货, 此时如果其路径不超过最大里程限制, 那么允许该车辆
返回某一配送中心装满货物后开往某一客户处为其送货, 之后返回某一车场. 他们
给出一个遗传算法对其问题进行了求解.

   2017 年, Grimault 等[32] 研究了一个本质上与 Derigs 等[29] 的问题相类似的问
题, 给出了一个自适应大邻域搜索元启发式算法对其问题进行了求解.

8.2.2   模型与算法

   下面只介绍文献 [31] 的模型与求解算法. 文献 [31] 中研究了一个多车场、多个
配送中心、整车配送 (满载) 车辆路径问题, 该问题可以描述为: 物流配送网络由相
互连通的多个车场、多个配送中心和多个客户组成, 车场的车辆足够用, 配送中心
的货物足够多. 车辆从车场出发空车行驶到配送中心装货, 完成整车配送任务后可
直接返回任意车场结束其路径, 也可以在不超过其里程限制的基础上从客户处返回
配送中心进行二次取货, 之后给有需求的客户进行配送, 再返回任意车场结束其路
径. 要求各个车场在配送任务前后保持车辆数相同. 优化目标为车辆完成所有配送
任务的总运输成本 (车辆总的固定费用、空车行驶总费用和满载行驶总费用之和)
最低.

1. 问题描述

   在一个连通的运输网络上有 n 个节点, 其中节点 1, 2, · · · , m 为车场, $m +$
$1, · · · , m+p$ 为配送中心, $m+p+1, · · · , m+p+q (n = m + p + q)$ 为客户. 设各车场
车型都相同, 且第 $i (i = 1, · · · , m)$ 个车场停有 a_i 辆车, 而第 $j (j = m + 1, · · · , m + p)$
个配送中心存储的货物量可以供给 b_j 辆车整车运送, 客户点 $k(k = m+p+1, · · · , m+$

$p+q$) 需要 c_k 辆整车的货物满足其需求. 假设车辆足够用, 所有配送中心的货物合起来足以满足所有客户的需求.

车辆从其所在车场空车出发到某一配送中心取货送至某客户处, 之后它可以直接返回某车场 (这种车辆被称为不带返回的车辆), 也可再到某一配送中心取货送给某个需求未满足的客户然后返回某车场 (这种车辆被称为带返回的车辆), 要求各车场派遣的车辆数与返回该车场的车辆数相同.

在该问题中将不带返回的车辆所行驶的最大里程设为车辆的里程限制, 各个被使用车辆在不超过里程限制的基础上, 可返回有能力的配送中心进行二次配送, 并且它们都有相同的启动费用. 求一个满足上述要求的配送方案, 使得所有被使用车辆总的行驶费用和总的启动费用之和最小.

2. 数学模型

符号说明

m: 车场数量, 标号为 $1, 2, \cdots, m$;

p: 配送中心个数, 标号为 $m+1, \cdots, m+p$;

q: 客户个数, 标号为 $m+p+1, \cdots, m+p+q \, (n=m+p+q)$;

a_i: 第 $i \, (i=1, \cdots, m)$ 个车场停有 a_i 辆车;

b_j: 第 $j \, (j=m+1, \cdots, m+p)$ 个配送中心存储的货物量可以供给 b_j 辆车整车运送;

c_k: 客户点 $k \, (k=m+p+1, \cdots, m+p+q)$ 需要 c_k 辆整车的货物满足其需求, 并且 $\sum_{k=m+p+1}^{m+p+q} c_k \leqslant \sum_{j=m+1}^{m+p} b_j$;

λ_0: 车辆空载时的单位里程费用;

λ_1: 车辆满载时的单位里程费用 $(\lambda_1 \geqslant \lambda_0 > 0)$;

d_{ij}: 从节点 i 到节点 j 的距离;

L: 车辆的里程限制;

L_i^s: 第 $i \, (i=1, \cdots, m)$ 个车场的第 s 辆车行驶的总里程 $(0 \leqslant s \leqslant a_i)$;

R: 单车的启动费用;

$K = \max\{a_1, \cdots, a_m, b_{m+1}, \cdots, b_{m+p}, c_{m+p+1}, \cdots, c_{m+p+q}\}$.

决策变量

x_{ij}: 从节点 i 到节点 j 的发车数目 (x_{ij} 为非负整数), 且:

当 $i \in \{1, 2, \cdots, m\}$ 时, $j \in \{m+1, \cdots, m+p\}$,

当 $i \in \{m+1, \cdots, m+p\}$ 时, $j \in \{m+p+1, \cdots, m+p+q\}$,

当 $i \in \{m+p+1, \cdots, m+p+q\}$ 时, $j \in \{1, 2, \cdots, m\} \cup \{m+1, \cdots, m+p\}$.

于是上述多车场多配送中心半开放式满载车辆路径问题可用下列整数规划模

型来描述:

$$\min \sum_{i=1}^{m} \sum_{j=m+1}^{m+p} (\lambda_0 d_{ij} + R) x_{ij} + \sum_{j=m+1}^{m+p} \sum_{k=m+p+1}^{m+p+q} \lambda_1 d_{jk} x_{jk}$$

$$+ \sum_{k=m+p+1}^{m+p+q} \sum_{i=1}^{m+p} \lambda_0 d_{ki} x_{ki}, \tag{8.12}$$

$$\text{s.t.} \quad \sum_{j=m+1}^{m+p} x_{ij} \leqslant a_i, \quad i=1,\cdots,m, \tag{8.13}$$

$$\sum_{k=m+p+1}^{m+p+q} x_{jk} \leqslant b_j, \quad j=m+1,\cdots,m+p, \tag{8.14}$$

$$\sum_{j=m+1}^{m+p} x_{jk} = c_k, \quad k=m+p+1,\cdots,m+p+q, \tag{8.15}$$

$$L_i^s \leqslant L, \quad i=1,\cdots,m, \, s=1,\cdots,a_i, \tag{8.16}$$

$$\sum_{j=m+1}^{m+p} x_{ij} = \sum_{k=m+p+1}^{m+p+q} x_{ki}, \quad i=1,\cdots,m, \tag{8.17}$$

$x_{ij} \in \{0,1,\cdots,K\}$, 且

$$\begin{cases} \text{当} i \in \{1,2,\cdots,m\} \text{时}, & j \in \{m+1,\cdots,m+p\}, \\ \text{当} i \in \{m+1,\cdots,m+p\} \text{时}, & j \in \{m+p+1,\cdots,m+p+q\}, \\ \text{当} i \in \{m+p+1,\cdots,m+p+q\} \text{时}, & j \in \{1,2,\cdots,m\} \cup \{m+1,\cdots,m+p\}. \end{cases} \tag{8.18}$$

式 (8.12) 右侧第一项为所有被使用车辆从所在车场出发到达配送中心的总的空车行驶费用与总的启动费用之和; 第二项为从配送中心满载货物出发到客户处的所有车辆的满载行驶费用; 第三项为所有被使用车辆从客户点出发返回车场或配送中心的空车行驶费用; 式 (8.13) 表示从各车场出发的车辆数目不超过其拥有的车辆数; 式 (8.14) 表示从各配送中心发出的货物数量不超过其存储量; 式 (8.15) 表示到达各用户的车辆次数等于其需求量; 式 (8.16) 表示各被使用车辆行驶里程不超过里程限制; 式 (8.17) 表示各车场发出与返回的车辆数相同; 式 (8.18) 为变量的整性约束.

3. 算法设计

文献 [31] 给出了下面的遗传算法来求解上述多车场多配送中心半开放式满载车辆路径问题.

1) 生成初始种群

种群规模设为含 100 条染色体, 用 Floyd 算法求解原始运输网络中任意两点之间的最小距离, 同时得到从节点 i 到节点 j 的最小费用路径.

可行解的类型 将多车场多配送中心半开放式满载车辆路径问题的一个可行配送方案称为一个可行解. 在一个可行解中, 如果所有使用车辆都是不带返回的, 那么该解就被称为不带返回的可行解, 若被使用车辆中至少有一辆是带返回的, 就称该解为带返回的可行解.

染色体的编码 每一条染色体由两部分组成: 第一部分为问题的一个可行解 (可能是带返回的, 也可能是不带返回的), 第二部分为该可行解的适应值.

设 $c = c_{m+p+1} + \cdots + c_{m+p+q}$ 为所有客户总的需求, 由于要用 MATLAB 实现遗传算法, 因此用一个 c 行 6 列的矩阵存储一个可行解. 该解中不带返回车辆的路径用该矩阵的一行来表示, 该行的第 1 个到第 6 个元素依次存储 0、该车辆出发车场序号、到达的配送中心序号、到达的客户序号、返回的车场序号、该车经过上述节点的总行驶里程, 而该解中某一带返回车辆的路径用这个矩阵的两行来表示: 这两行的第一行 6 个元素依次存储 1、该车辆出发车场的序号、到达的配送中心序号、到达的客户序号、0、车辆从车场经配送中心到达客户的行驶里程; 第二行 6 个元素依次存储 2、该车第一次到达的客户序号、该车辆返回的配送中心序号、到达的客户序号、返回的车场序号、经过上述节点的行驶里程. 例如在本章结尾处给出的例子中有 2 个车场、3 个配送中心、7 个客户, 客户总需求为 10 整车, 10 行 6 列矩阵 (表 8.1) 表示该实例的一个不带返回的可行解.

表 8.1 不带返回的可行解

0	1	3	9	1	6
0	2	3	7	1	15
0	1	3	6	2	10
0	1	3	10	1	16
0	1	4	9	1	8
0	2	4	11	2	12
0	2	5	11	2	16
0	1	5	12	1	12
0	2	5	7	2	10
0	2	5	8	2	16

表 8.1 的各行第一个元素都是 0, 表示该解共使用了 10 辆车, 它们都是不带返回的 (它们都只送一次货), 每行对应一辆车的路径. 例如第 1 行对应一车辆, 该车从车场 1 出发经车场 1 到配送中心 3 的最短路径到配送中心 3 取货, 再经配送中心 3 到客户点 9 的最短路径到达客户点 9 处送货, 之后经客户点 9 到车场 1 的最

短路径返回车场 1, 这之间总行驶里程为 6, 即第 1 行对应车辆的行驶路径长度为 6. 同理可知表 8.1 中其他各行对应的车辆的行驶路径及路径长度. 表 8.2 表示该例子的一个带返回的可行解.

表 8.2　带返回的可行解

1	1	3	9	0	5
2	9	3	8	1	5
1	1	4	9	0	7
2	9	3	11	1	7
0	1	3	6	2	10
1	2	5	7	0	6
2	7	5	11	2	10
0	2	4	11	2	12
0	1	5	12	1	12
0	2	3	7	1	15

　　表 8.2 的第 1 行和第 2 行对应一辆车的路径, 第 3 行和第 4 行对应一辆车的路径, 第 6 行和第 7 行对应一辆车的路径, 而第 5 行和第 8 行到第 10 行各分别对应一辆车的路径, 于是该可行解一共使用 7 辆车. 第 1 行和第 2 行对应的车辆其路径为: 该车从车场 1 出发经车场 1 到配送中心 3 的最短路径到配送中心 3 取货, 再经配送中心 3 到客户点 9 的最短路径到客户点 9 处送货, 这之间该车行驶的总里程为 5, 之后该车辆经客户点 9 到配送中心 3 的最短路径返回到配送中心 3 取货, 再经配送中心 3 到客户点 8 的最短路径给客户点 8 送货, 之后经客户点 8 到车场 1 的最短路径返回车场 1, 这之间行驶的总里程为 5, 于是第 1 行和第 2 行对应的车辆行驶的总里程为 10, 即该车辆行驶的路径长度为 10. 同理可得第 3 行和第 4 行对应车辆, 以及第 6 行和第 7 行对应车辆的行驶路径及路径长度, 而其他各行分别对应一辆车的行驶路径, 其含义同表 8.1 的各行.

　　用一个 1 行 2 列的元胞数组来存储一条染色体, 该元胞数组的第一个元素存储一个可行解, 第二个元素存储该可行解的适应值. 每条染色体适应值的计算方法为: 先求出该染色体对应的可行解中所有车辆总的行驶费用与总的启动费用之和 C, 那么该染色体的适应值为 $1/C$.

　　带返回可行解的生成方法　　根据问题的条件诸如车场、配送中心的个数及它们的能力, 客户的数量及其需求, 随机生成一个不带返回的可行解, 如表 8.1 所示. 将该可行解中所有车辆的最大行程 (各条路径的最大长度) 作为里程限制, 在表 8.1 中第 4 行、第 7 行、第 10 行对应的车辆的行驶里程最长, 都是 16, 将 16 作为里程限制, 将该可行解的各行按最后一个元素 (各行对应车辆的行驶里程) 从小到大顺序排列, 例如对表 8.1 实施该操作得到表 8.3.

在表 8.3 中, 根据里程限制判断第 10 行对应车辆的配送任务能否交由第 1 行对应的车辆来完成, 即判别第 1 行的车辆能否在给客户 9 送完货之后再返回某一有能力并且离客户点 9 和客户点 8 路程之和最小的配送中心取货, 将货物送至客户点 8 处再返回某一车场 (要保证所有车场收发车辆数目相同) 而总的行程不超过 16, 如果能, 就将第 10 行对应的车辆删除, 而将其配送任务交给第 1 行对应的车辆完成, 此时第 1 行对应的车辆送两次货: 给客户点 9 和客户点 8 送货, 该辆车就由不带返回的车辆变为带返回的车辆, 如果不能就对第 9 行对应的车辆进行判别, 如此下去直到在第 10 行到第 2 行中找到第一个符合要求的行或第 10 行到第 2 行对应的车辆都不符合要求为止. 在表 8.3 中第 10 行对应的车辆符合要求, 于是它的配送任务就交由第 1 行对应的车辆来完成, 而表 8.3 被修改为表 8.4.

表 8.3 表 8.1 的行重新排列

0	1	3	9	1	6
0	1	4	9	1	8
0	1	3	6	2	10
0	2	5	7	2	10
0	2	4	11	2	12
0	1	5	12	1	12
0	2	3	7	1	15
0	1	3	10	1	16
0	2	5	11	2	16
0	2	5	8	2	16

表 8.4 生成带返回车辆的路径

1	1	3	9	0	5
2	9	3	8	1	5
0	1	4	9	1	8
0	1	3	6	2	10
0	2	5	7	2	10
0	2	4	11	2	12
0	1	5	12	1	12
0	2	3	7	1	15
0	1	3	10	1	16
0	2	5	11	2	16

在将表 8.3 修改为表 8.4 的过程中, 表 8.3 的第 2 行到第 9 行的内容有可能被修改, 这是因为需要保证各个车场收发车的数目相同, 如果被修改了, 就将表 8.4 的第 3 行至第 10 行按最后一个元素 (行驶里程) 从小到大进行排列, 之后对表 8.4 的

第 3 行实施对表 8.3 的第 1 行同样的操作, · · · , 最后得到表 8.2 这个带返回的可行解, 将它和它的适应值放在一个 1 行 2 列的元胞数组中作为一条染色体.

用上述方法生成 100 条染色体, 将它们存储到一个 100 行 2 列的元胞数组中作为初始种群.

2) 个体的选择

用轮盘赌在父代中随机选择子代的个体, 并使用精英保留策略, 即用父代的最好解代替选择操作后得到的最差解.

3) 交叉和变异

i) 交叉

取交叉概率为 0.6, 对满足交叉概率的两条染色体还需满足下列条件才能进行交叉. 它们对应的两个可行解中: ① 都有不带返回的车辆; ② 在不带返回的车辆中都有出发车场与返回车场相同的车辆; ③ 在满足①和②的车辆里能各选出一辆, 使得这两辆车对应的车场和配送中心都有能力, 那么这两条染色体就可以交叉: 交换两辆车的车场和配送中心, 客户保持不变, 并重新计算总里程.

例如: 表 8.5 也是本章结尾处例子的一个可行解 (带返回的).

表 8.5　带返回的可行解

1	1	3	11	0	5
2	11	3	11	1	7
0	1	3	6	2	10
1	1	3	7	0	7
2	7	5	7	1	9
1	2	4	9	0	6
2	9	3	8	1	5
0	2	4	9	2	12
0	1	5	12	1	12
0	2	3	10	2	17

表 8.2 和表 8.5 表示的可行解满足上述条件①—③, 这是因为表 8.2 的第 9 行为

0	1	5	12	1	12

表 8.5 的第 10 行为

0	2	3	10	2	17

交叉后这两行依次变为

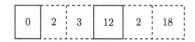

与

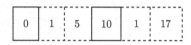

ii) 变异

取变异概率为 0.4, 对满足变异概率的染色体, 对应的可行解中第 1 个元素为 0 或 1 的行中第 3 个元素 (配送中心) 进行修改: 在有能力的配送中心中寻找一个使其到这些行对应的车辆出发车场和送货客户总行程最近的配送中心, 用它去替换该行的配送中心, 例如在表 8.5 中, 第 1 行、第 3 行、第 4 行、第 6 行, 第 8 行到第 10 行的第 3 个元素 (配送中心) 都要做修改. 比如第 3 行需要在有能力的配送中心 3, 5 中寻找一个到车场 1 和客户点 6 总的行程最近的配送中心来替换配送中心 3, 表 8.5 经变异操作后变为表 8.6.

表 8.6   变异后的可行解

1	1	3	11	0	5
2	11	3	11	1	7
0	1	3	6	2	10
1	1	3	7	0	7
2	7	5	7	1	9
1	2	4	9	0	6
2	9	3	8	1	5
0	2	4	9	2	12
0	1	3	12	1	12
0	2	5	10	2	10

遗传算法的 MATLAB 程序可扫本书封面的二维码获得电子版 (见第 8 章电子附件).

4. 例子

文献 [31] 采用范昌胜等[28] 给出的例子. 有 12 个节点的某一网络如图 8.1 所示. 图 8.1 给出了原始运输网络的连接状况和相邻两节点间的距离. 在图 8.1 中, 节点 1, 2 为车场, 3, 4, 5 为配送中心, 6-12 为客户.

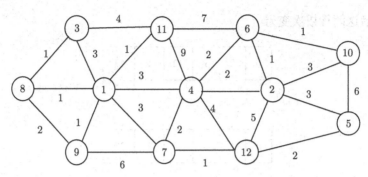

图 8.1　车场及客户点分布图

由图 8.1 可得各节点间的距离矩阵如表 8.7 所示.

表 8.8 给出了每个车场拥有的车辆数、每个配送中心存放的货物数 (整车) 和每个用户点需要的货物数 (整车).

设每辆车的启动费为 3, 当 $\lambda_0 = \lambda_1 = 1$ 时, 运行上面给出的遗传算法后得到该例子的一个次优解如表 8.9 所示.

表 8.9 表示的次优解解码后的含义为: 该次优解一共使用了 5 辆车, 即一共有 5 条路径依次为

(1) $\boxed{1} \to 8 \to \boxed{3} \to 8 \to \boxed{9} \to 8 \to \boxed{3} \to \boxed{8} \to \boxed{1}$;

(2) $\boxed{1} \to 8 \to \boxed{3} \to 8 \to \boxed{9} \to 8 \to \boxed{3} \to 8 \to 1 \to \boxed{11} \to \boxed{1}$;

(3) $\boxed{1} \to \boxed{4} \to \boxed{6} \to \boxed{4} \to 6 \to \boxed{10} \to 6 \to \boxed{2}$;

(4) $\boxed{2} \to \boxed{5} \to \boxed{12} \to \boxed{5} \to 12 \to \boxed{7} \to \boxed{1}$;

(5) $\boxed{1} \to 8 \to \boxed{3} \to 8 \to 1 \to \boxed{11} \to 1 \to 8 \to \boxed{3} \to 8 \to 1 \to \boxed{7} \to \boxed{1}$.

表 8.7　各节点之间的距离矩阵

	1	2	3	4	5	6	7	8	9	10	11	12
1	0	inf	3	3	inf	inf	3	1	1	inf	1	inf
2	inf	0	inf	2	3	1	inf	inf	inf	3	inf	5
3	3	inf	0	inf	inf	inf	inf	1	inf	inf	4	inf
4	3	2	inf	0	inf	2	2	inf	inf	inf	9	4
5	inf	3	inf	inf	0	inf	inf	inf	inf	6	inf	2
6	inf	1	inf	2	inf	0	inf	inf	inf	1	7	inf
7	3	inf	inf	2	inf	inf	0	inf	6	inf	inf	1
8	1	inf	1	inf	inf	inf	inf	0	2	inf	inf	inf
9	1	inf	inf	inf	inf	inf	6	2	0	inf	inf	inf
10	inf	3	inf	inf	6	1	inf	inf	inf	0	inf	inf
11	1	inf	4	9	inf	7	inf	inf	inf	inf	0	inf
12	inf	5	inf	4	2	inf	1	inf	inf	inf	inf	0

表 8.8　车场和配送中心的能力以及客户的需求

节点类型	车场		配送中心			客户点						
节点	1	2	3	4	5	6	7	8	9	10	11	12
车数	8	9	7	2	4	1	2	1	2	1	2	1

表 8.9　遗传算法得到的次优解

1	1	1	4	0	5
2	4	1	3	1	5
1	1	1	4	0	5
2	4	1	6	1	7
1	1	2	1	0	5
2	1	2	5	2	7
1	2	3	7	0	5
2	7	3	2	1	8
1	1	1	6	0	5
2	6	1	2	1	11

5 条路径的长度依次为: 10, 12, 12, 13, 16. 第 1 条路径的含义是: 车辆从车场 1 出发经车场 1 到配送中心 3 的最短路径 $\boxed{1} \to 8 \to \boxed{3}$ 到配送中心 3 取货, 再经配送中心 3 到客户点 9 的最短路径 $\boxed{3} \to 8 \to \boxed{9}$ 给客户点 9 送货, 之后经客户点 9 到配送中心 3 的最短路径 $\boxed{9} \to 8 \to \boxed{3}$ 到配送中心 3 取货, 再经配送中心 3 到客户点 8 的最短路径 $\boxed{3} \to \boxed{8}$ 给客户点 8 送货, 最后经客户点 8 到车场 1 的最短路径 $\boxed{8} \to \boxed{1}$ 返回车场 1, 同理可得其他路径的含义. 表 8.29 表示的次优解其目标函数值为: $3 \times 5 + 63 = 78$, 其中 3×5 是 5 辆车总的启动费用, 63 为 5 条路径的长度之和.

范昌胜等[28] 得到的本例的次优解一共使用 10 辆车, 即一共有 10 条路径依次为

(1) $\boxed{1} \to 8 \to \boxed{3} \to \boxed{8} \to \boxed{1}$;

(2) $\boxed{1} \to 8 \to \boxed{3} \to 8 \to \boxed{9} \to \boxed{1}$;

(3) $\boxed{1} \to 8 \to \boxed{3} \to 8 \to \boxed{9} \to \boxed{1}$;

(4) $\boxed{1} \to 8 \to \boxed{3} \to 8 \to 1 \to \boxed{11} \to \boxed{1}$;

(5) $\boxed{1} \to 8 \to \boxed{3} \to 8 \to 1 \to \boxed{11} \to \boxed{1}$;

(6) $\boxed{1} \to \boxed{4} \to \boxed{6} \to \boxed{2}$;

(7) $\boxed{1} \to 7 \to 12 \to \boxed{5} \to 12 \to \boxed{7} \to \boxed{1}$;

(8) $\boxed{2} \to \boxed{4} \to 6 \to \boxed{10} \to 6 \to \boxed{2}$;

(9) $\boxed{2} \to \boxed{5} \to \boxed{12} \to 7 \to 4 \to \boxed{2}$;

(10) $\boxed{2} \to \boxed{5} \to 12 \to \boxed{7} \to \boxed{1}$.

这 10 条路径中每条路径的含义同上, 它们的长度依次为: 4, 6, 6, 6, 6, 6, 12, 7, 10, 9. 这 10 条路径的长度之和为 72, 该次优解目标函数值为: $3 \times 10 + 72 = 102$, 其中 3×10 为 10 辆车的总启动费用.

对上述两个次优解进行比较发现: ① 在车辆的使用数量上, 文献 [31] 得到的次优解中车辆使用数量是文献 [28] 给出的次优解中使用车辆数的一半, 而在实际生活中多派一辆车的启动费用要比多走一段路程费用多很多, 因此文献 [31] 得到的解更实用; ② 综合每条线路的长短来看, 文献 [31] 得到的次优解中各条线路长短比较均衡, 因此各辆车的使用量以及司机工作量比较接近, 更符合实际需求; ③ 从运算结果来看, 文献 [28] 给出的次优解的目标函数值为 $3 \times 10 + 72 = 102$, 而文献 [31] 得到的次优解的目标函数值为 $3 \times 5 + 63 = 78$, 因此文献 [31] 得到的结果更优.

8.3　小　　结

本章主要介绍和讨论了两类满载车辆路径问题: ① 带重载点的满载车辆路径问题; ② 不带重载点的满载车辆路径问题. 对每类满载车辆路径问题, 首先对研究这类车辆路径问题的文献进行综述, 之后介绍该类车辆路径问题的经典数学模型. 另外对求解一种不带重载点的满载车辆路径问题的算法进行了详细介绍.

参 考 文 献

[1] 李军, 郭耀煌. 物流配送车辆优化调度理论与方法 [M]. 北京: 中国物资出版社, 2001: 135-182.

[2] Ball M O, Golden B L, Assad A, et al. Planning for truck fleet size in the presence of a common-carrier option[J]. Decision Sciences, 1983, 14(1): 103-120.

[3] 郭耀煌. 复杂道路网上货运卡车的优化调度 [J]. 西南交通大学学报, 1988, (4): 67-75.

[4] 郭耀煌. 安排城市卡车行车路线的一种新算法 [J]. 系统工程学报, 1989, 4(2): 70-78.

[5] 郭耀煌, 范莉莉. 货运汽车调度的一种启发式算法 [J]. 系统工程, 1989, (1): 47-53.

[6] 郭耀煌, 李军. 满载问题的车辆路线安排 [J]. 系统工程学报, 1995, 10(2): 106-118.

[7] 张明善, 唐小我. 多车场满载货运车辆优化调度的网络流算法 [J]. 系统工程学报, 2002, 17(3): 216-220.

[8] Arunapuram S, Mathur K, Solow D. Vehicle routing and scheduling with full truck-loads[J]. Transportation Science, 2003, 37(2): 170-182.

[9] Gronalt M, Hartl R F, Reimann M. New savings based algorithms for time constrained pickup and delivery of full truckloads[J]. European Journal of Operational Research,

2003, 151(3): 520-535.

[10] Currie R H, Salhi S. Exact and heuristic methods for a full-load, multi-terminal, vehicle scheduling problem with backhauling and time windows[J]. Journal of the Operational Research Society, 2003, 54(4): 390-400.

[11] Currie R H, Salhi S. A tabu search heuristic for a full-load, multi-terminal, vehicle scheduling problem with backhauling and time windows[J]. Journal of Mathematical Modelling & Algorithms, 2004, 3: 225-243.

[12] 魏航, 李军, 魏洁. 有行驶里程限制的满载车辆调度问题 [J]. 西南交通大学学报, 2005, 40(6): 798-802.

[13] 霍佳震, 张磊. 用节约法解决带有时间窗的满载车辆调度问题 [J]. 工业工程与管理, 2006, (4): 39-49.

[14] 霍佳震, 王新华. 一种考虑动态时间窗的满载问题模型及算法 [J]. 管理学报, 2006, 3(3): 277-282.

[15] 刘冉, 江志斌, 陈峰, 等. 多车场满载协同运输问题模型与算法 [J]. 上海交通大学学报, 2009, 43(3): 455-459.

[16] 徐为明. 多目标满载装卸货问题的蚁群算法研究 [J]. 计算机工程与应用, 2009, 45(31): 227-229.

[17] 吴守仓. 基于动态时间窗的满载车辆调度系统 [J]. 物流技术, 2009, 28(12): 137-139.

[18] Liu R, Jiang Z B, Liu X，et al. Task selection and routing problems in collaborative truckload transportation[J]. Transportation Research Part E: Logistics and Transportation Review, 2010, 46(6): 1071-1085.

[19] Liu R, Jiang Z B, Fung R Y K, et al. Two-phase heuristic algorithms for full truckloads multi-depot capacitated vehicle routing problem in carrier collaboration[J]. Computers & Operations Research, 2010, 37(5): 950-959.

[20] 孙国华. 带软时间窗的开放式满载车辆路径问题研究 [J]. 计算机工程与应用, 2011, 47(17): 13-17.

[21] 孙国华. 带时间窗的开放式满载车辆路径问题建模及其求解算法 [J]. 系统工程理论与实践, 2012, 32(8): 1801-1807.

[22] 谭莉. 运输环节满载车辆车场间协同的算法和模型研究 [J]. 物流技术, 2014, 33(2): 201-203.

[23] Bouyahyiouy K E, Bellabdaoui A. A new crossover to solve the full truckload vehicle routing problem using genetic algorithm[C]. Proceedings of 3rd International Conference on Logistics Operations Management(GOL). IEEE, May 23-25, 2016, Fez, Morocco.

[24] Skitt R A, Levary R R. Vehicle routing via column generation[J]. European Journal of Operational Research, 1985, 21(1): 65-76.

[25] Desrosiers J, Laporte G, Sauve M, et al. Vehicle routing with full loads[J]. Computers & Operations Research, 1988, 15(3): 219-226.

[26] Currie R H, Salhi S. Exact and heuristic methods for a full-load multi-terminal vehicle scheduling problem with backhauling and time windows[J]. Journal of the Operational Research Society, 2003, 54(4): 390-400.

[27] 陈新庄, 郭强, 范昌胜. 多车场满载车辆路径优化算法 [J]. 计算机工程与设计, 2008, 29(22): 5866-5868.

[28] 范昌胜, 郭强, 岳爱峰. 多车场满载车辆路径问题遗传算法 [J]. 陕西科技大学学报, 2011, 29(2): 69-74.

[29] Derigs U, Pullmann M, Vogel U, et al. Multilevel neighborhood search for solving full truckload routing problems arising in timber transportation[J]. Electronic Notes in Discrete Mathematics, 2012, 39(39): 281-288.

[30] Gendreau M, Nossack J, Pesch E. Mathematical formulations for a 1-full-truckload pickup- and-delivery problem[J]. European Journal of Operational Research, 2015, 242: 1008-1016.

[31] 孙蕊, 张丽华, 赵丽娜, 等. 多车场多配送中心半开放式满载车辆路径问题研究 [J]. 物流科技, 2016, 39(1): 39-43.

[32] Grimault A, Bostel N, Lehuéé F. An adaptive large neighborhood search for the full truckload pickup and delivery problem with resource synchronization[J]. Computers & Operations Research, 2017, 88: 1-14.

索　引